Kai Rannenberg

Zertifizierung mehrseitiger IT-Sicherheit

Kriterien und organisatorische Rahmenbedingungen

Die Deutsche Bibliothek – CIP-Einheitsaufnahme

Rannenberg, Kai:
Zertifizierung mehrseitiger IT-Sicherheit: Kriterien und
organisatorische Rahmenbedingungen / Kai Rannenberg. –
Braunschweig; Wiesbaden: Vieweg, 1998
  (DuD-Fachbeiträge)
  ISBN 978-3-528-05666-7   ISBN 978-3-322-90281-8 (eBook)
  DOI 10.1007/978-3-322-90281-8

ISBN 978-3-528-05666-7

Inhaltsübersicht

Vorwort

Telekommunikation wird nicht nur immer wichtiger für Arbeitswelt und Privatleben, sie basiert auch in zunehmendem Maße auf Informationstechnik (IT). Der Austausch von Bestell-, Produktions- und Konstruktionsdaten zwischen Unternehmen ist ein Beispiel dafür, ebenso die Internet-Recherche von Privatpersonen. Selbst der schon „klassisch" anmutende Telefonanruf „von Mensch zu Mensch" wird durch Rechner technisch gestützt und vermittelt. Die Gesellschaft ist, wie auf begeh- und befahrbare Straßen, auf eine funktionsfähige Telekommunikationsinfrastruktur angewiesen, und niemand kann sich ihr wirklich entziehen.

Damit ergeben sich Anforderungen an die Sicherheit dieser Telekommunikation und der ihr zugrundeliegenden Informationstechnik, die sich unter dem Begriff „Mehrseitige Sicherheit" zusammenfassen lassen. Mehrseitige Sicherheit bedeutet, daß nicht nur die Sicherheit einer der an der Kommunikation beteiligten Parteien berücksichtigt wird. Dies gilt für Diensteanbieter, Netzbetreiber, aber auch für Teilnehmer oder Nutzer. Wichtig sind insbesondere der Schutz und die Stärkung der Teilnehmer und Nutzer, damit ernsthafte – etwa kommerzielle – Anwendungen überhaupt realisierbar sind. Wer einerseits keine Kontrolle über seine via Homebanking verwalteten Finanzen oder seine elektronische Unterschrift hat und andererseits fürchten muß, daß sein Einkaufs- oder Telefonverhalten von anderen kontrolliert und ausgewertet werden kann, wird kein Vertrauen in die Technik fassen, sondern sich bei ihrer Nutzung und der damit verknüpften Übernahme von Verantwortung und Preisgabe persönlicher Informationen eher zurückhalten. Dies gilt erst recht, da elektronisch erfaßte Information als immaterielles Gut mindestens eine besondere Eigenschaft hat: Sie läßt sich zwar vergleichsweise leicht sammeln, nutzen und vervielfältigen, jedoch kann kaum eine Garantie für ihre Vernichtung oder Löschung gegeben werden, insbesondere nicht angesichts weltweiter Computernetze.

Wichtig für Vertrauen ist nicht nur, daß mehrseitige Sicherheit technisch unterstützt wird, sondern auch, daß sie als Eigenschaft der jeweiligen Kommunikations- oder Informationstechnik *erkennbar* ist. Diese Anforderung kollidiert mit der Komplexität heutiger Hardware- und Softwarekomponenten und erst recht der Komplexität zusammengesetzter Systeme, deren Sicherheitseigenschaften nicht durch einfache „Draufschau", sondern nur durch sorgfältige Prüfung zu ermitteln sind.

Ein seit den 70er Jahren beschrittener Weg, begründetes Vertrauen in Informationstechnik zu schaffen, ist die Evaluation und Zertifizierung der entsprechenden Produkte auf der Basis veröffentlichter Kriterien, sogenannter IT-Sicherheitsevaluationskriterien. Zertifikate mit Aussagen über

Sicherheitseigenschaften sollen Anwendern helfen, die angebotenen Produkte bezüglich ihrer Sicherheit zu beurteilen und auch untereinander zu vergleichen. Vergeben werden die Zertifikate von möglichst unabhängigen und fachkundigen Stellen. Als Voraussetzung muß das jeweilige Produkt eine Evaluation durch eine neutrale Instanz, im allgemeinen ein Prüflabor, erfolgreich bestehen. Entsprechende Zertifizierungssysteme existieren schon seit einiger Zeit in mehreren Staaten.

Grundlage der Evaluationen sind Kriterienkataloge wie die im Rahmen der Europäischen Gemeinschaft harmonisierten „Information Technology Security Evaluation Criteria" (ITSEC). Es ist absehbar, daß diese Kriterien erheblichen Einfluß auf die Entwicklung von IT-Systemen haben werden, da z.B. verschiedene Anwender der öffentlichen Hand Zertifikate zur Voraussetzung für die Zulassung von Produkten machen wollen. Anwenderorganisationen, wie etwa die Kassenärztliche Bundesvereinigung, haben dies bereits getan. Zusätzlich enthalten Gesetz und Verordnung zur digitalen Signatur eine entsprechende Vorschrift für wesentliche technische Komponenten, etwa zum Signieren und zum Schlüsselmanagement.

Die bisher gültigen Kriterienkataloge haben jedoch nach Ansicht vieler Kritiker erhebliche Schwächen und Lücken, gerade wenn es darum geht, im Hinblick auf mehrseitige Sicherheit zu evaluieren. Diese Schwächen wirken sich besonders bei der Anwendung auf rechnergestützte Kommunikationstechnik aus. Sie sind neben Problemen der weltweiten Harmonisierung ein Grund dafür, daß auch in der internationalen Normung (z.B. bei ISO/IEC) an Evaluationskriterien gearbeitet wird.

Ziele und Gliederung dieses Buches

In den fünf Teilen dieses Buches werden Evaluationskriterien, Zertifizierungssysteme und die relevanten Rahmenbedingungen im Hinblick auf die Anforderungen mehrseitiger Sicherheit untersucht und Verbesserungen vorgeschlagen. Drei Ziele werden dabei vorrangig verfolgt:

(1)   Kriterien und Maßstäbe sollen mehrseitige Sicherheit als Qualitätsmerkmal erkennbar, prüfbar und zertifizierbar machen.

(2)   Zertifizierung, Evaluation und die Information darüber sollen Anwendern und Nutzern eine realistische Möglichkeit geben, das für sie Relevante zu erfahren, den jeweiligen Zertifikaten in angemessenem Umfang zu vertrauen und um deren Grenzen zu wissen.

(3)   Die Organisation der Zertifizierung und der Weiterentwicklung der Kriterien sollen auch auf neue oder heute noch unbekannte Anforderungen reagieren können.

Die zur Bearbeitung nötige Zusammenführung technischer und organisatorischer Argumente verlangt einen ständigen Spagat zwischen unterschiedlichen Gebieten. Einige Zusammenhänge zwischen Politik und technischer Entwicklung – oder Nichtentwicklung – ließen sich erst während jahrelanger Mitarbeit in der Normung ermitteln bzw. erfahren. Zudem ist Sicherheit mindestens innerhalb der Informationstechnik ein Querschnittsgebiet, was den Untersuchungsraum noch weiter aufspannt und die Lektüre nicht immer vereinfacht. Dies und die Tatsache, daß zum Thema „IT-

Sicherheitszertifizierung und -kriterien" Überblicksliteratur fehlt, machten eine recht umfangreiche Darstellung des Standes von Praxis und Entwicklung erforderlich. Deswegen führt **Teil A** zunächst allgemein in IT-Sicherheitszertifizierung und -kriterien sowie das Konzept „Mehrseitige IT-Sicherheit" ein.

In Kapitel 1 werden Zertifizierungsorganisationen und kurz die entsprechenden Kriterien vorgestellt, zum einen allgemein, zum anderen aus Sicht der beteiligten Parteien (Hersteller und Verkäufer, Anwender und Beschaffer, Evaluations- und Zertifizierungsstellen). Beschrieben wird auch das – nicht per se konfliktfreie – Verhältnis und Zusammenspiel dieser Instanzen. Der Schwerpunkt der Darstellung liegt auf der deutschen Zertifizierungslandschaft, jedoch werden auch die Zertifizierungssysteme anderer Staaten (etwa Großbritanniens und der USA) betrachtet, insbesondere wenn die Situation dort sich strukturell von der deutschen unterscheidet. Am Ende des Kapitels steht eine Übersicht der nationalen und internationalen Initiativen zur Erstellung und Harmonisierung von IT-Sicherheitskriterien, die gegenwärtig eng mit den jeweiligen Zertifizierungssystemen verknüpft sind. Traditionell spiegeln die Evaluationskriterien auch das Verständnis, das ihre Autoren von IT-Sicherheit haben, wider. Kapitel 2 beschreibt deshalb die Entwicklung im Verständnis von IT-Sicherheit und stellt „Mehrseitige IT-Sicherheit" früheren Ansätzen gegenüber.

In **Teil B** werden die wichtigsten bislang etablierten Kriterienkataloge vorgestellt und bewertet, um eine Einschätzung des Standes der Praxis, insbesondere bezüglich mehrseitiger IT-Sicherheit, zu geben. Im einzelnen werden in Kapitel 3 die US-amerikanischen „Trusted Computer System Evaluation Criteria" vorgestellt, in Kapitel 4 die europäischen ITSEC und ihre prägenden deutschen Vorläufer „IT-Sicherheitskriterien". Erfahrungen mit diesen Kriterien münden in eine zusammenfassende Bewertung der gegenwärtig etablierten Zertifizierungs- und Kriterienlandschaft (Kapitel 5) und speziell der ITSEC als der gegenwärtig in Europa gültigen Kriterien.

Die Schwächen der ITSEC sowie handelspolitische Motive veranlaßten die Entwicklung weiterer Kriterien bzw. Kriterienentwürfe. **Teil C** ist diesen „Post-ITSEC-Kriterien" und damit dem Stand der Entwicklung gewidmet. Beschrieben werden die jüngste Version der „Canadian Trusted Computer Product Evaluation Criteria" (Kapitel 6), die in der Normung bei ISO/IEC entstandenen Entwürfe (Kapitel 7) sowie die sogenannten „Common Criteria", die von Regierungsbehörden sechser Atlantikanrainerstaaten erstellt wurden (Kapitel 8). In Kapitel 9 werden diese Post-ITSEC-Kriterien der Kritik an ihren Vorgängern gegenübergestellt, um den Stand der Entwicklung zu dokumentieren.

Auch die Post-ITSEC-Kriterien weisen, gemessen an den Anforderungen mehrseitiger Sicherheit, noch erhebliche Schwächen auf. Deswegen werden in den Teilen D und E Verbesserungsvorschläge zu Kriterien und zur Zertifizierungsorganisation diskutiert.

Teil D enthält Konzepte für Kriterien mehrseitig sicherer IT-Systeme, speziell in Kapitel 10 eine neue Gliederung für Sicherheitsfunktionalität, die datensparsame Verfahren zum Nutzer- und Datenschutz berücksichtigt. Diese Gliederung wird als Beleg ihrer Tauglichkeit und ihres Verbesserungspotentials auf das Beispiel einer ursprünglich an den ITSEC orientierten Funktionalitätsklasse für Telekommunikationsanlagen angewandt (Kapitel 11).

Auch neue und bessere Kriterien können jedoch allein aus sich heraus nicht alle Probleme der Zertifizierungs- und Kriterienlandschaft beseitigen. Dies gilt etwa für die vielfach als unzureichend angesehene Aussagekraft und Verwertbarkeit der Ergebnisse, für die als zu hoch beklagten Kosten sowie besonders für die als zu gering erachtete Effizienz des Evaluations- und Zertifizierungsprozesses. Um diese Probleme einer Lösung zumindest näher zu bringen, sind auch Verbesserungen der Organisation der Zertifizierung und ihrer Teilaufgaben sowie der Weiterentwicklung der fachlichen Grundlagen nötig. Vorschläge dafür enthält **Teil E**.

Zunächst werden in Kapitel 12 die Teilaufgaben der Organisation und die Anforderungen an die beteiligten Instanzen zusammengetragen und systematisiert. In den Kapiteln 13 bis 17 werden dann für jede Teilaufgabe die bestehenden Organisationsformen an den Anforderungen gemessen und mit Vorschlägen für neue Organisationsformen verglichen. Zertifizierung ist dabei Gegenstand des Kapitels 13, Evaluation des Kapitels 14. Kapitel 15 ist der Akkreditierung von Evaluationsstellen gewidmet, Kapitel 16 der Information und Beratung der Nicht-Insider. In Kapitel 17 werden Organisationsformen zur Weiterentwicklung von Evaluationskriterien und Methoden diskutiert.

Die auf den ersten Blick eher kriterienfernen Aufgaben wie Zertifizierung und Akkreditierung werden u.a. deswegen ausführlich berücksichtigt, weil die Aufgaben und die beteiligten Akteure oft so eng miteinander verflochten sind, daß die Verteilung von Kompetenz bei einer Aufgabe (etwa der Akkreditierung von Prüflabors) sich auf die Arbeiten an einer anderen Aufgabe (etwa der Weiterentwicklung der Kriterien) auswirken kann. Diese Verflechtungen und mögliche Konsequenzen daraus werden auf diese Weise mit dokumentiert und berücksichtigt.

Danksagung

Ein Text dieser Art und das zugrundeliegende Projekt waren nicht möglich ohne die Unterstützung vieler Beteiligter, auch wenn sie nicht alle namentlich erwähnt werden können. Grundlage dieses Buches ist meine Dissertation an der Albert-Ludwigs-Universität Freiburg, für die sich Prof. Dr. Günter Müller als Doktorvater und Erstgutachter zur Verfügung gestellt hat. Ihm gebührt Dank nicht nur für viele Hinweise und Hilfen, sondern auch dafür, daß er sich zu einer Zeit auf ein Thema eingelassen hat, als dessen Bedeutung nicht überall so klar war wie heute. Prof. Dr. Hans-Hermann Francke hat nicht nur das Zweitgutachten übernommen, sondern mit seinem Interesse an Arbeit und Doktorand sowie beider Fortschritt eben dazu sehr beigetragen. Der Gottlieb Daimler- und Karl Benz-Stiftung, Ladenburg verdanke ich die nicht nur materielle Unterstützung meiner Arbeit im Rahmen des Kollegs „Sicherheit in der Kommunikationstechnik".

Obwohl nicht formell beteiligt, hat Prof. Dr. Andreas Pfitzmann wesentlich bei Themenfindung und -fokussierung geholfen und neben vielem anderem geduldig frühe Versionen vieler Kapitel und Ansätze begutachtet und diskutiert. Außerdem hat er wie Rüdiger Dierstein und Prof. Dr. Fritz

Krückeberg nicht nur immer wieder inhaltlich Anteil genommen, sondern auch in bewegten Zeiten Ansatz und Idee der Arbeit im und mit dem Präsidiumsarbeitskreis „Datenschutz und IT-Sicherheit" der Gesellschaft für Informatik stark und mutig gefördert.

Dr. Klaus-Jürgen Eckardt erklärte mir nach einer sehr lebendigen Podiumsdiskussion auf der VIS'91, wenn ich zum Thema Kriterien wirklich etwas bewegen wolle, müsse ich in die Normung gehen – wohl einer der folgenreichsten Ratschläge, die ich je bekam. Manche Erkenntnisse und Einsichten wären ohne die offenen Worte vieler Aktiver bei ISO/IEC JTC1/SC27 und DIN NI-27 schwerer oder unmöglich zu erlangen gewesen. Es sind zu viele Personen, um sie hier einzeln aufzuführen, aber ich weiß auch, daß das mindestens einigen angesichts der Materie sehr recht ist. Auch manche Diskussion im nationalen Arbeitskreis „IT-Sicherheitskriterien" hat zur Schärfung des Problemverständnisses beigetragen.

Dankbar bin ich auch meinen Kollegen in der Abteilung Telematik des Instituts für Informatik und Gesellschaft der Universität Freiburg, speziell Dr. Werner Langenheder, der leider die Vollendung dieser Arbeit nicht mehr erleben konnte, obwohl er sehr dazu beigetragen hat. Dr. Ulrich Kohl, Dr. Frank Stoll und Dr. Marjan Jurecic haben mich freundlich in der „Sicherheitsgruppe" aufgenommen. Ohne die Rückendeckung und Rücksicht bei vielen Projektarbeiten, die fruchtbaren Diskussionsbeiträge sowie das geduldige Korrekturlesen von Herbert Damker, Martin Reichenbach und Sönke Gold wären wohl weder Dissertation noch Buch je fertig geworden. Uwe Jendricke hat noch kurz vor Toreschluß die (vor-)letzten Tipp- und Satzfehler sowie spezielle Gemeinheiten der Textverarbeitung aufgespürt. Vielen weiteren Kollegen, speziell Dr. Tim Bussiek und Boris Padovan, danke ich für hilfreiche Einführungen und Exkurse in die Volkswirtschaft.

Last but not least ist denen zu danken, die mit dafür sorgten, daß aus der Dissertation ein Buch wurde: den vier Herausgebern der DuD-Fachbeiträge sowie Dr. Ulrike Walter und Dr. Reinald Klockenbusch vom Verlag Vieweg, die Projekt und Autor zielorientiert und einfühlsam betreuten.

Inhaltsverzeichnis

Abbildungsverzeichnis

Teil A

IT-Sicherheitszertifizierung und mehrseitige IT-Sicherheit

1 Zertifizierung, Kriterien und ihre Rahmenbedingungen

Organisationen zur Bewertung der Sicherheit von Informationstechnik (IT) existieren seit den 70er Jahren. Ihre Struktur und die wechselseitigen Abhängigkeiten der Beteiligten sind nicht trivial, ebensowenig deren Interessen. Darum gibt dieses Kapitel eine Einführung in die zu IT-Sicherheit entstandene Zertifizierungs- und Kriterienlandschaft und in die zugehörige Terminologie, soweit sie im weiteren Verlauf der Arbeit benutzt wird. Kapitel 1.1 enthält eine kurze Motivation für Zertifizierung und Evaluation nach Kriterien, Kapitel 1.2 eine Beschreibung der zentralen Begriffe. Kapitel 1.3 gibt eine Übersicht darüber, was evaluiert wurde oder wird. Kapitel 1.4 beschreibt den Vorgang der Evaluation kurz. Die gesetzlichen Grundlagen für die Sicherheitsevaluation in Deutschland wurden im wesentlichen durch das BSI-Errichtungsgesetz geschaffen und werden zusammen mit den Organisationsformen in anderen Staaten in 1.5 vorgestellt. In 1.6 wird betrachtet, wer Kriterien und Zertifikate wozu nutzt, in 1.7, wer welche Kriterien schreibt bzw. bislang geschrieben hat.

1.1 Warum Zertifizierung und Evaluation nach Kriterien?

Die Komplexität informationstechnischer Systeme (kurz: IT-Systeme) macht bereits seit mehreren Jahrzehnten eine Beurteilung ihrer Sicherheit durch einfache „Draufschau" unmöglich und erfordert eine eingehendere Prüfung. Diese ist jedoch für viele Anwender kaum mehr möglich, da die Aufwände dafür in keiner vertretbaren Relation zu den Gesamtsystemkosten stünden[1].

Als ein Ausweg aus diesem Problem sollen Bewertungen (Evaluierungen oder Evaluationen) dienen, die durch möglichst herstellerunabhängige Prüflabors vorgenommen werden. Die Anwender können sich dann auf die Bewertungen stützen und sind nicht allein auf die Herstellerangaben angewiesen. Möglicherweise können sie auch Bewertungen verschiedener Produkte vergleichen.

Um die Seriosität der Prüfergebnisse sicherzustellen, werden diese zusätzlich durch eine übergeordnete Stelle zertifiziert – in Deutschland sind dies seit 1991 das Bundesamt für Sicherheit in der Informationstechnik (BSI) und neuerdings auch private Zertifizierungsstellen (vgl. 1.5.1). Um eine möglichst weitgehende Vergleichbarkeit der Evaluationsresultate zu erreichen, wurden Kriterienkataloge entwickelt, die die Anforderungen an sichere Systeme strukturieren und gegebenenfalls hierarchisch einordnen (vgl. zunächst Kapitel 3 und 4). Gewünscht ist eine Formulierung der Eigenschaften eines Systems und der Anforderungen daran, die die Gegenüberstellung möglichst einfach macht. Zwar ist eine Aussage wie „Für diese Anwendung ist Sicherheit mit dem Evaluationslevel E2 nötig, also können wir unter allen Angeboten von Systemen auswählen, die wenigstens E2 erreicht haben" zumindest derzeit nicht realistisch, weil IT-Sicherheitsanforderungen sich nicht immer in eine monoton aufsteigende Hierarchie einordnen lassen (vgl. auch Kapitel 2). Trotzdem

---

1. Vgl. z.B. [Schaumüller-Bichl 1992], S. 226

haben festgeschriebene Kriterien ihren Wert, weil sie zumindest eine gewisse Vergleichbarkeit der Prüfungen unterstützen und auch international als Basis für die wechselseitige Anerkennung von Zertifikaten dienen.

1.2 „Evaluation", „Zertifizierung" und „Akkreditierung"

„Evaluation", „Zertifizierung" und „Akkreditierung" sind die zentralen Begriffe zum Verständnis der Bewertung der Sicherheit von Informationstechnik. Leider sind sie bzw. ähnlich klingende englischsprachige Begriffe zum Teil doppelt und sogar mißverständlich belegt. Die Terminologie dieses Buches folgt überwiegend der Terminologie der (aktuellen) Version 1.2 der europäisch harmonisierten IT-Sicherheitsevaluationskriterien ITSEC[2]. Diese ist weitgehend auf die gesetzlichen Grundlagen der beteiligten EU-Mitgliedsstaaten abgestimmt[3].

Evaluation wird im Glossar der ITSEC als „die Bewertung eines IT-Systems oder -Produktes anhand definierter Evaluationskriterien" erklärt[4]. Verschiedentlich wird auch der Begriff „Evaluierung" als Synonym verwendet.

Zertifizierung ist „die Abgabe einer formalen Erklärung, die die Ergebnisse einer Evaluation und die ordnungsgemäße Anwendung der benutzten Evaluationskriterien bestätigt"[5].

Akkreditierung kann zweierlei sein: zum einen „das Verfahren, welches ein IT-System zum Betrieb in einer speziellen Umgebung freigibt", zum anderen „das Verfahren, welches für ein Prüflabor gleichzeitig die technische Kompetenz und die Unabhängigkeit, die zugehörigen Aufgaben durchzuführen, anerkennt"[6].

---

2.   [CEC 1991b], deutsche (mangelhaft übersetzte) Fassung [CEC 1991c]

3.   In Deutschland ist diese gesetzliche Grundlage vor allem der § 4 des am 17.12.1990 beschlossenen Gesetzes über die Errichtung des Bundesamtes für Sicherheit in der Informationstechnik (BSI-Errichtungsgesetz [D_BT 1990]), in dem ein „Sicherheitszertifikat" beschrieben wird.

4.   [CEC 1991b] P. 6.34; S. 113. Die Abstimmung der Begriffe der deutschen und englischen Fassung der ITSEC Version 1.2 ist widersprüchlich: „Evaluation" ist im deutschen „Glossar" der ITSEC als spezielle Form von „Bewertung" definiert: „die Bewertung eines IT-Systems oder -Produktes anhand definierter Evaluationskriterien". Im englischen „Glossary" ist „Evaluation" eine spezielle Form von „Assessment": „the assessment of an IT system or product against defined evaluation criteria". Dieser Unterscheidung zwischen „Evaluation" und „Bewertung" widerspricht der Vergleich zwischen englischem und deutschem Titel – dort wird aus englischer „Evaluation" deutsche „Bewertung". Auflösen ließe sich dieser Konflikt, wenn im deutschen Titel der ITSEC statt „Kriterien für die Bewertung" „Evaluationskriterien" verwendet würde.

5.   [CEC 1991b] P. 6.12; S. 112. Zu beachten ist, daß „Certification" im Zertifizierungssystem der USA (vgl. 1.4.3) lediglich die technische Analyse eines Systems in Bezug auf eine Menge von Systemanforderungen (etwa für eine Systemakkreditierung) bedeutet ([USA_NCSC 1995] Seite 4-26). Sie entspricht damit weit mehr einer europäischen „Evaluation" als einer europäischen „Certification".

6.   [CEC 1991b] P. 6.3; S. 111

Die zweite Bedeutung von **Akkreditierung** weist auf die Beziehungen zwischen zwei wichtigen Institutionen hin. Die technische Kompetenz und Unabhängigkeit eines Prüflabors (engl. Information Technology Security Evaluation Facility – ITSEF) muß anerkannt sein und infolgedessen ebenfalls geprüft und bescheinigt werden. Dies ist schon deswegen wichtig, weil nach Intention der ITSEC Evaluationsergebnisse europa- und nach Abschluß der entsprechenden Normungsbemühungen auch weltweit anerkannt werden sollen. Darüber, wer diese Akkreditierung vornimmt, gibt das Glossar der ITSEC keine Auskunft, denn die Gestaltung der Evaluations- und Zertifizierungsorganisationen wird als Angelegenheit der Nationalstaaten betrachtet. In Europa am weitesten fortgeschritten sind diese Organisationen in Großbritannien und Deutschland (vgl. 1.5).

1.3 Was wird evaluiert und zertifiziert?

Die ITSEC unterscheiden prinzipiell zwei Typen von „Evaluationsgegenständen", nämlich Produkte und Systeme:

(1) Ein **Produkt** ist definiert als „ein Paket aus IT-Software und/oder -Hardware, das eine bestimmte Funktionalität bietet, die zur Verwendung oder zur Integration in einer Vielzahl von Funktionen entworfen wurde"[7]. Dies bedeutet insbesondere, daß die Einsatzumgebung eines Produktes bei der Evaluation unbekannt ist.

(2) Ein **System** ist definiert als „eine spezifische IT-Installation mit einem bestimmten Zweck und einer spezifischen Betriebsumgebung"[8]. Hier können Informationen über die Einsatzumgebung in die Risikoanalyse eingehen. Der Begriff „System" wird außerdem oft für Kombinationen von (evaluierten) Produkten verwendet.

Über die Evaluation und Zertifizierung von Systemen ist relativ wenig bekannt, da diese wegen der damit verbundenen relativ hohen Kosten meist nur für Anwendungen im Militärbereich durchgeführt wurden[9] und keine öffentlichen Dokumentationen vorliegen. Produkte hingegen sind inzwischen in einiger Anzahl evaluiert worden bzw. in der Evaluation befindlich (die Zahlenangaben beziehen sich auf Zertifizierungen des BSI in Deutschland von 1991 bis Dezember 1997[10]):

---

7. [CEC 1991b] P. 6.48; S. 114

8. [CEC 1991b] P. 6.69; S. 116

9. Eine jüngere Ausnahme sind die Regelungen in Gesetz und Verordnung zur digitalen Signatur [D_BReg 1997a, b] sowie Konzepte zur Evaluation und Akkreditierung entsprechender Systeme und deren Infrastrukturen [Baumgart u.a. 1996], außerdem Ansätze zur Prüfung und Zertifizierung von IT-Installationen [Schützig 1998].

10. [D_BSI 1997b]. Aktuelle Informationen über Zertifizierungen des BSI sind in der von Zeit zu Zeit herausgegebenen Broschüre „BSI-Zertifikate" [D_BSI 1994b, 1994c, 1995b, 1996b, 1997a, 1997b] und inzwischen auch in der „Certified Product List" des „UK IT Security Evaluation and Certification Scheme" [UK_ITSECS 1997b] zu finden. Beide sind inzwischen auch im WWW verfügbar. Darüber hinaus wird im „BSI-Forum", dem Organ des BSI innerhalb der Zeitschrift KES (Zeitschrift für Kommunikations- und EDV-Sicherheit), mitgeteilt, welche Produkte zur Zertifizierung vorgelegt bzw. zertifiziert wurden – wenn die Antragsteller dieser Veröffentlichung zustimmen.

- Chipkartenlesegeräte (besonders für den Einsatz der Krankenversichertenkarte, da Zertifikate hier von der kassenärztlichen Bundesvereinigung vorgeschrieben sind – ca. 34);

- Sicherheitsprodukte für Personalcomputer, auch Virensuchprogramme (ca. 15);

- Produkte zum Schutz von Datenübertragungen und Netzanbindungen, u.a. Firewalls (ca. 10);

- Smartcards bzw. deren Betriebssysteme und Personalisierungsanlagen (ca. 9);

- Betriebssysteme für andere Rechner unterschiedlicher Größe vom Großrechner bis zum PC (ca. 7);

- Produkte zur Sicherung digitaler Signaturen (ca. 3);

- Kommunikationsserver;

- Einwegverschlüsselungsfunktionen;

- weitere Produkte (etwa eine elektronische Wegfahrsperre und ein Mülltonnenidentifikationssystem).

In den USA und Großbritannien haben Betriebs- und Datenbanksysteme einen deutlich größeren Anteil an den Zertifizierungen als in Deutschland [Nash 1998, UK_ITSECS 1997b, USA_NCSC 1995], hingegen kommen Chipkartenlesegräte und Smartcards dort so gut wie nicht vor. Zertifizierungen von Telekommunikationsdiensten oder anderen Dienstleistungen wurden (bislang) nicht durchgeführt.

1.4 Wie wird evaluiert, zertifiziert und akkreditiert?

Ausgangspunkt für eine Evaluation und Zertifizierung ist der Wunsch eines sogenannten „Sponsors", der in der Regel auch seinem Namen gemäß für die entstehenden Kosten aufzukommen hat. **Sponsor** ist meist der Hersteller oder Entwickler des zu evaluierenden Produktes, es kann jedoch auch ein Vertreiber, Importeur oder Lizenznehmer sein. Der Sponsor wendet sich (vgl. Abb. 1-1) entweder direkt mit einem Antrag[11] an eine Zertifizierungsstelle (engl. Certification Body – CB) oder vorher mit einem Auftrag an eine akkreditierte Prüfstelle (engl. Information Technology Security Evaluation Facility – ITSEF). Die Zertifizierungsstelle weist gegebenenfalls auf Prüfstellen hin.

Die Prüfstelle berät den Sponsor bei der Festlegung des sogenannten Evaluationsgegenstandes (EVG, engl. Target of Evaluation – TOE), der Sicherheitsvorgaben (engl. Security Target – ST) und des anzustrebenden Evaluationsresultates, da die meisten Kriterien hier einigen Freiraum lassen (vgl. Kapitel 4.1.2). Vielfach lassen Sponsoren nur einen Teil des zu evaluierenden Produktes prüfen, schränken den Evaluationsgegenstand also ein, und wählen auch nur eingeschränkte Sicherheitsvorgaben. Dies hilft ihnen, die Kosten für Evaluation und Zertifizierung im Rahmen zu halten,

---

11.　Deswegen wird er im Zuge des Verfahrens auch als „Antragsteller" bezeichnet, so etwa in [CEC 1991c] P. 6.64; S.116.

bringt aber für den Anwender die Notwendigkeit mit sich, genau zu prüfen, welche Systemteile tatsächlich bezüglich welcher Sicherheitsvorgaben evaluiert wurden.

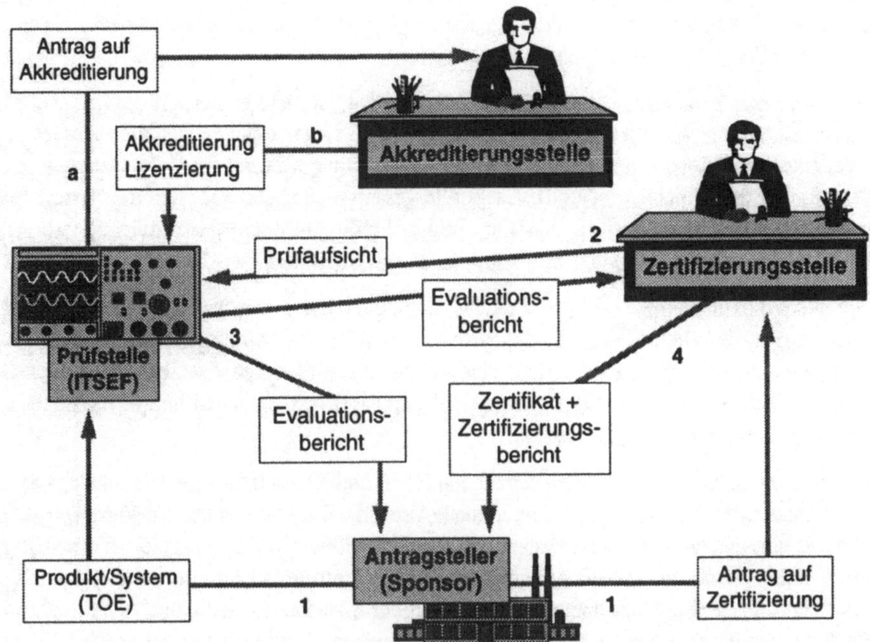

Abb. 1-1: Ablauf der Zertifizierung eines Produktes bzw. Systems und der Akkreditierung eines Prüflabors[12]

Der Prüfung, die sich je nach EVG über mehrere Monate oder Jahre erstrecken kann, wohnen immer wieder auch Mitarbeiter der Zertifizierungsstelle bei. Die Prüfstelle berichtet über die Prüfung in einem Prüfbericht, der der Zertifizierungsstelle und dem Sponsor zur Verfügung gestellt wird. Die Zertifizierungsstelle erteilt bei positivem Ergebnis des Prüfberichtes und, wenn eigene Erkenntnisse dem nicht entgegenstehen, das Zertifikat, das im Rahmen eines Zertifizierungsreports veröffentlicht wird – sofern der Sponsor zustimmt.

---

12. Darstellung als Bearbeitung einer Grafik aus [Ruhrmann 1996]. Der zeitliche Ablauf der Zertifizierung ist durch die Ziffern *1* bis *4* symbolisiert, der der Akkreditierung durch die Buchstaben *a* und *b*.

Anträge auf Zertifizierung können prinzipiell an allen Punkten des Produktlebenszyklus gestellt werden; allerdings legen die Erfahrungen mit der Evaluation bereits fertiggestellter Produkte es nahe, die Zertifizierung bereits möglichst früh während der Entwicklung zu beantragen und die Evaluation entwicklungsbegleitend durchführen zu lassen. Insbesondere die Kosten für – ansonsten nachträglich zu erstellende – Dokumentationen lassen sich so reduzieren. Darüber hinaus sind dann die Chancen höher, daß das Zertifikat nicht erst ausgestellt wird, nachdem das zertifizierte Produkt am Markt bereits wieder abgelöst wurde.

Wie lange eine Zertifizierung sinnvollerweise Bestand hat, ist nicht einheitlich geregelt. Auf alle Fälle müssen neue Versionen eines schon evaluierten EVG erneut evaluiert werden; allerdings lassen sich solche Re-Evaluationen – bei geeigneter Vorbereitung während der Ur-Evaluation – deutlich preisgünstiger durchführen als diese selbst. Insgesamt muß ein Sponsor für eine normale Evaluation einen Betrag zwischen ca. 100.000,– und mehreren Millionen DM kalkulieren, insbesondere wenn die Arbeitszeit eigener Mitarbeiter mit eingerechnet wird.

Eine Akkreditierung eines evaluierten Systems, also die Freigabe zum Betrieb in einer speziellen Umgebung, wird nach der Evaluation des Systems durch die verantwortliche Instanz beim Anwender vorgenommen. Die Akkreditierung eines Prüflabors wird durch die Akkreditierungsstelle (manchmal identisch mit der Zertifizierungsstelle, vgl. 1.5) vorgenommen und in regelmäßigen Abständen (etwa alle 5 Jahre) wiederholt.

Nähere Einzelheiten zu Evaluationen gemäß den ITSEC enthält das Information Technology Security Evaluation Manual (ITSEM), dessen aktuelle Version 1.0 im September 1993 erschien [CEC 1993]. Es gibt Erläuterungen zum Evaluationsprozeß, zur Idee und den Prinzipien der Evaluation gemäß ITSEC sowie zur Evaluationsmethode. Weiterhin enthält es Hinweise zu den seitens des Herstellers zu liefernden Informationen, zum Inhalt der Evaluationsberichte und zu den während der Evaluation einzusetzenden Werkzeugen und Techniken. Schließlich werden Aspekte der Re-Evaluation und der Wiederverwendung von Evaluationsergebnissen behandelt.

1.5 Wer evaluiert, zertifiziert und akkreditiert?

Evaluationen und Zertifizierungen müssen nicht zwangsweise in dem Land vorgenommen werden, in dem der Sponsor seinen Firmenhauptsitz hat; andererseits wird die wechselseitige internationale Anerkennung von Zertifikaten zwar angestrebt, ist aber nur in sehr bescheidenem Rahmen durchgesetzt. Auch die Akkreditierung von Evaluationsstellen gilt bislang nur national. Die Verteilung der Kompetenzen zwischen den beteiligten Stellen ist von Land zu Land durchaus verschieden, weswegen in den folgenden Unterkapiteln einige Zertifizierungssysteme verschiedener Staaten vorgestellt werden.

1.5.1 Institutionen in Deutschland

Erste Zertifizierungsstelle in Deutschland war das *Bundesamt für Sicherheit in der Informationstechnik (BSI)*, das aus der *Zentralstelle für Sicherheit in der Informationstechnik (ZSI)* hervorging, die ihrerseits vorher als *Zentralstelle für das Chiffrierwesen (ZfCh)* eine Einrichtung des *Bundesnachrichtendienstes (BND)* war. Das BSI wurde auf der Basis des BSI-Errichtungsgesetzes vom 17. Dezember 1990 [D_BT 1990] errichtet. Das BSI-Errichtungsgesetz ist auch die Grundlage der Arbeit des BSI und des Verhältnisses zwischen dem BSI als Zertifizierungsstelle und „seinen" Akkreditierungs- und Evaluationsstellen, wobei das BSI auch selbst evaluieren darf (vgl. Abb. 1-2).

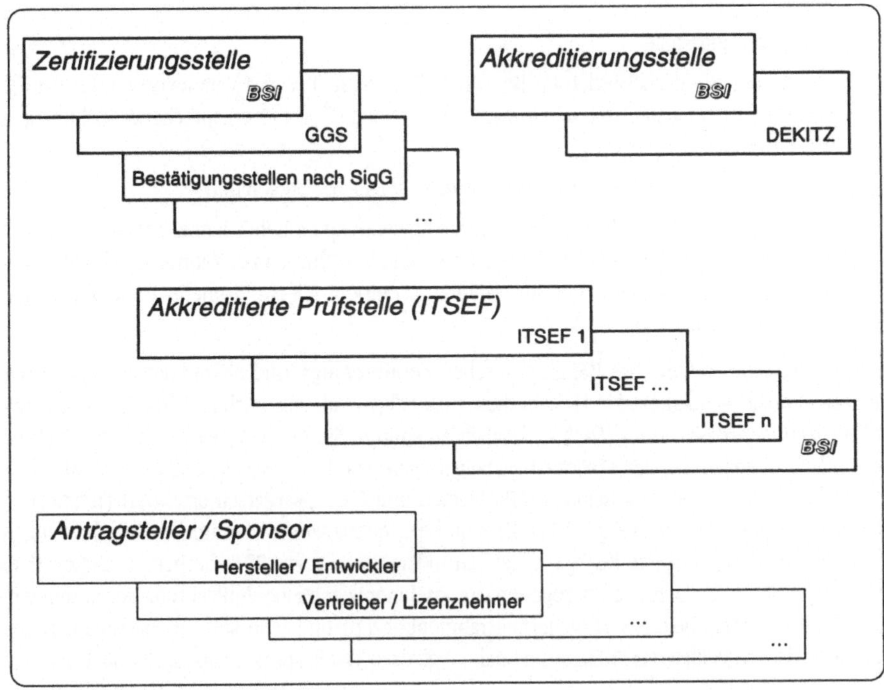

Abb. 1-2: In Deutschland an Evaluation, Zertifizierung und Akkreditierung beteiligte Instanzen

Das BSI-Errichtungsgesetz ermächtigt in § 5 (1) den *Bundesminister des Innern (BMI)*, „nach Anhörung der betroffenen Wirtschaftsverbände und im Einvernehmen mit dem *Bundesminister für Wirtschaft* durch Rechtsverordnung das Nähere über das Verfahren der Erteilung von Sicherheitszertifikaten" zu bestimmen. Diese Verordnung ist inzwischen erlassen. Darüber hinaus hat der

BMI in einem Erlaß die Akkreditierung der gemäß § 4 (2) BSI-Errichtungsgesetz „sachverständigen Stellen" (der Evaluationsstellen bzw. ITSEF) geregelt.

Gegenwärtig sind mehrere Technische Überwachungsvereine (TÜVs) sowie mehrere Software- und Systemhäuser akkreditiert. Die Akkreditierung wird beim BSI selbst vorgenommen, das damit neben seinen sonstigen Aufgaben für die Evaluation und Zertifizierung von Systemen sowie für die Akkreditierung von Prüflabors bzw. -stellen zuständig ist bzw. sein kann. In Deutschland hat das BSI also eine Mehrfachfunktion als:

(1)   Zertifizierungsstelle,

(2)   Evaluationsstelle,

(3)   Akkreditierungsstelle,

(4)   Berater der Bundesbehörden im Bereich IT-Sicherheit (u.a. mit Verantwortung für das IT-Sicherheitshandbuch[13], das IT-Grundschutzhandbuch[14] sowie entsprechende Schulungen von Anwendern),

(5)   Entwickler von Schutzmechanismen im Auftrag staatlicher Stellen und

(6)   Zulassungsinstanz von Mechanismen für die Anwendung im Behördenbereich, insbesondere bei Kryptoalgorithmen sowie bei Maßnahmen und Vorschriften zur Vermeidung kompromittierender elektromagnetischer Abstrahlung (Transient ElectroMagnetic Pulse Emanation STandard (TEMPEST)).

Die einflußreiche Stellung des BSI im deutschen Zertifizierungs- und Akkreditierungssystem war verschiedentlich – auch im für IT-Sicherheit zuständigen Arbeitsausschuß *DIN-NI-27* des *Deutschen Instituts für Normung* (*DIN*) – deutlich zu spüren. Sie hat nicht immer zu der erhofften wesentlichen Steigerung der IT-Sicherheit beigetragen, sondern verschiedentlich auch die dringend nötige und offene Diskussion von Problemen und Lösungsansätzen erschwert ([Pfitzmann, Rannenberg 1993], vgl. dazu Kapitel 17). Dies und die Intransparenz wesentlicher Entscheidungen bzw. Entscheidungsprozesse bezüglich der „Grundlagenwerke zur IT-Sicherheit" zwischen dem BMI, dem BSI und bevorzugt einbezogenen Unternehmen legen eine Entflechtung der Kompetenzen in einem überarbeiteten IT-Sicherheitsrahmenkonzept und eine stärkere parlamentarische Kontrolle der Aktivitäten zur IT-Sicherheit nahe (vgl. dazu Teil E, speziell Kapitel 12 und 13).

Unzufriedenheit mit der Arbeitsweise des BSI im Bereich Zertifizierung hat auch zu Beschwerden seitens der akkreditierten Evaluationsstellen geführt. Inzwischen existieren auch private Zertifizierungsstellen für IT-Sicherheit. 1994 hat die Gütegemeinschaft Software e.V. (GGS, Sitz in Köln) als „Selbstverwaltungsorgan der Deutschen Wirtschaft" angekündigt, daß sie dem „von den entspre-

---

13.   [D_BSI 1992]

14.   [D_BSI 1994a]

chenden Wirtschafts- und Verkehrskreisen immer stärker geäußerten Wunsch nach einer praxisgerechten Prüfung und Zertifizierung von Security Software" entgegenkommen will [GGS 1994]. Die Akkreditierungsstelle ist hierbei von der Zertifizierungsstelle getrennt, es ist die Deutsche Akkreditierungsstelle für Informations- und Telekommunikationstechnik (DEKITZ). Erfahrungen mit von der GGS vergebenen Zertifikaten liegen allerdings noch nicht vor. Unklar ist auch noch, wie viele Evaluationsstellen mit der GGS zusammenarbeiten werden. Prinzipiell sind im DEKITZ-Schema noch weitere Zertifizierungsstellen möglich (vgl. [DEKITZ 1992, Schock 1995]).

Im Signaturgesetz (SigG [D_BReg 1997a]) wurde keine direkte Festlegung bezüglich anerkannter Zertifizierungsstellen für die Prüfung[15] der verwendeten technischen Komponenten getroffen. Die Aufgabe, diese Stellen anzuerkennen, wurde der „zuständigen Behörde" (der Regulierungsbehörde für Telekommunikation und Post – RegTP) übertragen. Dies gibt Grund zur Annahme, daß Unzufriedenheit mit dem BSI, insbesondere aus Kreisen der Wirtschaft, dafür gesorgt hat, daß nicht einfach das BSI als Zertifizierungsstelle etabliert wurde. Inzwischen hat einerseits das BSI mit zunächst drei privaten Zertifizierungsstellen (alle drei waren bereits bei ihm akkreditierte ITSEFs) einen Vertrag über die Anerkennung von deren Sicherheitszertifikaten geschlossen [D_BSI 1997c]; andererseits hat die RegTP diese drei Zertifizierungsstellen und gleichzeitig das BSI als Bestätigungsstellen anerkannt [D_RegTP 1998]. Die RegTP hat dabei als Maßstab für die privaten Zertifizierungsstellen gesetzt, daß die von ihnen ausgestellten Sicherheitszertifikate eine mit den Sicherheitszertifikaten des BSI vergleichbare Sicherheit ausweisen.

Ein weiterer neuerer Trend ist darin zu erkennen, daß der Forderung der Hersteller, die Evaluation kostengünstiger in ihre eigenen Qualitätssicherungsprozeduren zu integrieren (vgl. 1.6 und [Stiegler 1992, 1998]) vom BSI in jüngerer Zeit mit mehr Offenheit begegnet wird. Außerdem arbeiten BSI, DEKITZ und RegTP[16] seit 1997 in einem gemeinsamen „Sektorkomitee Security" an gemeinsamen Anforderungen zur Akkreditierung von ITSEFs, um diesen unterschiedliche Akkreditierungsverfahren zu ersparen [Rohde, Witzel 1998].

1.5.2 Institutionen in anderen europäischen Staaten

In Großbritannien existiert derzeit nur eine Zertifizierungsorganisation. Allerdings sind die mit ihr zusammenhängenden Institutionen stärker als in Deutschland organisatorisch getrennt, beziehungsweise es sind weitere Organisationen einbezogen [UK_ITSECS 1991, 1994a, 1996b]. In einem „Scheme Management Board" sind alle zuständigen Regierungsstellen unter dem Vorsitz des Wirtschaftsministeriums (Department of Trade and Industry – DTI) und der „Communications-Elec-

---

15. In der Terminologie des Signaturgesetzes sind dies Stellen, die die „Erfüllung der Anforderungen" der technischen Komponenten „bestätigen" (§ 14 (4)), da der Begriff „Zertifizierungsstelle" im Signaturgesetz anders belegt ist.

16. bzw. seine Vorläuferbehörde Bundesamt für Post und Telekommunikation

tronics Security Group" (CESG) vertreten. Dieses „Management Board" leitet die von DTI und CESG gemeinsam betriebene Zertifizierungsstelle (Certification Body – CB).

Die Zertifizierungsstelle vergibt Zertifikate und lizenziert die Evaluationsstellen (Commercial Licensed Evaluation Facilities – CLEFs), ist also für Zertifizierung von Systemen und die Akkreditierung von Evaluationsstellen zuständig, evaluiert jedoch nicht selbst. Bei der Akkreditierung stützt sie sich teilweise auf Bewertungen des „United Kingdom Accreditation Service" (UKAS), einer „Non-Profit-Company", in deren „Management Board" Industrie, Regierung, Testlabors und Einkäuferorganisationen vertreten sind. UKAS entstand im August 1995 als Nachfolger des „National Measurement Accreditation Service" (NAMAS), einer ehemaligen Einrichtung des „National Physical Laboratory" (NPL), das seinerseits eine Forschungseinrichtung des DTI ist. Eine „Certified Product List" [UK_ITSECS 1994b, 1996a, 1997a, 1997b] dient als Übersicht über die Zertifikate.

In Frankreich ist der „Service Central de la Sécurité des Systèmes d'Information" (SCSSI) seit dem 1. September 1995 Zertifizierungsstelle [F_PM 1995]. Er ist als interministerielle Einrichtung dem Büro des Premierministers zugeordnet. Die Akkreditierung von Prüfstellen nimmt das „Comité français d'accréditation" (COFRAC) zusammen mit SCSSI vor. Eine Übersicht über Zertifizierungen und Zertifikate soll von SCSSI herausgegeben werden, findet sich aber auch in der jüngsten „Certified Product List" [UK_ITSECS 1997b].

Die italienische Zertifizierungs- und Akkreditierungsstelle ist RUD Infosec, ein Teil des „Ufficio Centrale per la Sicurezza" (UCSi), das am 30. August 1995 durch einen Erlaß der Autorità Nazionale per la Sicurezza (ANS) mit diesen Aufgaben betraut wurde [I_ANS 1995a, 1995b]. Beide Stellen sind dem Präsidenten des Ministerrates „Presidente del Consiglio dei Ministri" zugeordnet. Zunächst soll RUD Infosec nur für Regierungs- und Militärsysteme zuständig sein.

1.5.3 Institutionen in den USA

Erste Initiativen zu einer Sicherheitsevaluation von IT-Systemen wurden in den 70er Jahren vom National Bureau of Standards (NBS) und vor allem vom Verteidigungsministerium (*Department of Defense – DoD*) der USA unternommen. 1983 wurden die „Trusted Computer System Evaluation Criteria" (TCSEC[17], vgl. auch Kapitel 3) zum ersten Mal veröffentlicht. Seitdem werden in den USA Evaluationen vorgenommen und bei vielen Beschaffungen der öffentlichen Hand vorausgesetzt.

Die in Europa übliche Trennung von Zertifizierungsstellen und akkreditierten Prüfstellen existierte in den USA bis 1997 nicht: Sämtliche entsprechenden Aktivitäten wurden im Rahmen des „Trusted Product Evaluation Program" (TPEP) von der „National Security Agency" (NSA) durchgeführt[18]. Der

---

17. [USA_DOD 1983, 1985]

18. Daß die amerikanische „Evaluation" die deutsche „Evaluation" und die „Zertifizierung" mit umfaßt, führt nicht selten zu internationalen Mißverständnissen.

Status der – Geheimdiensten mindestens nahestehenden – NSA im Rahmen der Staatsorganisation der USA ist nicht öffentlich dokumentiert[19]; eine Nähe zu Aktivitaten des DoD ist jedoch erkennbar. Informationen über evaluierte Produkte finden sich in einer „Evaluated Products List", die von dem der NSA nahestehenden „National Computer Security Center" (NCSC) herausgegeben wird [USA_NCSC 1995].

1997 waren langjährige Initiativen [Flahavin, Toth 1992] des „National Institute of Standards and Technology" (NIST), einer Einrichtung des Wirtschaftsministeriums (*Department of Commerce – DoC*), ein Zertifizierungssystem nach europäischem Muster zu etablieren, erfolgreich: Das „Trust Technology Assessment Program" (TTAP) ist eine gemeinsame Aktivität von NSA and NIST und hat im Rahmen einer zunächst 2-jährigen Pilotphase die Arbeit aufgenommen. Auch kommerzielle „TTAP Evaluation Facilities" (TEFs) wurden bereits akkreditiert Allerdings sind diesen zunächst nur Evaluationen nach niedrigen Levels (etwa C2 und B1 der TCSEC) möglich.

1.5.4 Institutionen in Kanada

Die kanadische Zertifizierungsstelle, das 1988 eingerichtete „Canadian System Security Centre" (CSSC), ist dem „Communications Security Establishment" (CSE) zugeordnet und steht wie das NCSC der USA dem Verteidigungsministerium nahe [CDN_SSC 1993a].

1.5.5 Institutionen in Australien

Das australische Zertifizierungssystem ähnelte bis 1995 dem der USA. Auch die Kriterien basierten auf den TCSEC. Die Zertifizierungsstelle in Australien, das „Defence Signals Directorate" (DSD) ist dem Verteidigungsministerium zugeordnet. Inzwischen werden jedoch die ITSEC als Kriterien verwendet und außerdem private Evaluationsstellen (Australian Information Security Evaluation Facilities – AISEFs) akkreditiert. Das Zertifizierungssystem ähnelt jetzt dem in Großbritannien. Entsprechend ist eine dem UKAS vergleichbare „National Association of Testing Authorities" (NATA) für die Akkreditierung zuständig. Auch eine „Evaluated Products List" wird gepflegt.

1.6 Wer nutzt Zertifikate und Kriterien wozu?

Bei wenigstens vier Gruppen läßt sich Interesse an den Zertifikaten und den zugrundeliegenden Kriterien ausmachen:

(1)   Hersteller und Verkäufer, etwa von Signiergeräten oder von Komponenten zur Verwaltung von Signaturschlüssel-Zertifikaten für digitale Signaturen;

(2)   Anwender und Beschaffer: Dies können sowohl Anwender und Beschaffer in Institutionen (etwa Zertifizierungsstellen im Sinne des Signaturgesetzes, die Komponenten zur Verwaltung

---

19.   „Never say anything" und „No such agency" waren und sind beliebte Auflösungen für die Abkürzung NSA.

von Signaturschlüssel-Zertifikaten kaufen) sein als auch private Nutzer (etwa wenn diese ein Signiergerät erwerben);

(3)   Evaluationsstellen;

(4)   Zertifizierungsstellen.

In den folgenden Unterkapiteln werden die Interessen der einzelnen Gruppen an Zertifikaten genauer beschrieben. Der Nutzen von *Kriterien* liegt dann primär darin, eine möglichst aussage-kräftige Referenz für die Zertifikate zu bekommen und so ein gewisses Maß an Aussagekraft und Vergleichbarkeit dieser Zertifikate zu erreichen. Einige der beschriebenen Interessen beruhen oder beruhten auf Nutzenerwartungen, die wieder enttäuscht wurden, etwa weil die Zahl der Zertifi-zierungen und Evaluationen geringer blieb als erhofft. Weiterhin sind, wie der Text zeigt, nicht alle Interessen gegenwärtig erfüllbar, etwa weil die der Zertifizierung zugrundeliegenden Kriterien dazu nicht geeignet sind.

1.6.1 Nutzen für Hersteller und Verkäufer

Hersteller nutzen die Kriterien und die Zertifizierung bislang ganz überwiegend für einzelne Pro-dukte, nur gelegentlich für die Bewertung von Produktkombinationen. Dabei sind Imagepflege und Verkaufsförderung wohl wenigstens ebenso wichtig wie die Möglichkeit, einen neutralen Test des eigenen Produktes zu bekommen. Im übrigen wurde in der Aufbauphase der Zertifizierungsor-ganisation erwartet, daß weit mehr Anwender Zertifikate zwingend vorschreiben würden, als dies bislang tatsächlich geschehen ist. „C2 by '92", war als Ruf eines Beschaffers der amerikanischen öffentlichen Hand überliefert worden und sollte andeuten, daß von dort beschaffte Systeme ab 1992 wenigstens das Evaluationslevel C2 gemäß der amerikanischen TCSEC (vgl. Kapitel 3) errei-chen sollten. Diese Bedingung wurde allerdings letztlich so streng nicht aufrechterhalten.

Nach Aussagen eines Vertreters des Herstellers eines Betriebssystems, dessen Evaluation inzwi-schen abgeschlossen ist, wird das System in seiner evaluierten Konfiguration vermutlich nie in einer echten Anwendung zum Einsatz kommen, da zu viele im Alltagsbetrieb nützliche Bestandteile nicht mitevaluiert werden konnten. Der wesentliche Nutzen der Evaluation sei, daß jetzt eine ein-heitlich strukturierte Dokumentation aller Betriebssystemteile vorliege.

Der Hersteller des ersten zertifizierten PC-Produktes bot neben der als zertifiziert gekennzeichne-ten Version eine weiterentwickelte Version mit höherer Versionsnummer an. Beide Versionen hat-ten nach Aussagen eines Vertreters der Firma „ihren Markt", wobei die zertifizierte Version über-wiegend von Kunden aus dem Behördenbereich abgenommen wurde; auch wenn das Zertifikat nicht vorgeschrieben war, beeinflußte seine Existenz doch manche Kaufentscheidung dort. Die Kosten für die Zertifizierung sollen im 6-stelligen DM-Bereich gelegen und sich dank der erhöhten Aufmerksamkeit für Hersteller und Produkt rentiert haben. Schließlich sei die Position als „Marktführer" dokumentiert worden. Inzwischen werden Weiterentwicklungen des Produktes entwicklungsbegleitend evaluiert, was die Kosten deutlich gesenkt haben soll.

Andere Zertifizierungen haben mehr als 3 Millionen DM [Reitz 1991] oder gar mehr als 10 Millionen DM gekostet. In solchen Fällen wird – insbesondere im Verhältnis zu den Kosten – weniger Nutzen in Evaluationen in der gegenwärtigen Form gesehen. Nicht zuletzt deswegen fordern Herstellervertreter, daß die Evaluationen in ihre eigenen Qualitätssicherungsprozeduren integriert würden [Stiegler 1992] oder daß herstellereigene Prüflabors eine Akkreditierung als Evaluationsstellen bekämen (vgl. 1.5).

1.6.2 Nutzen für Anwender und Beschaffer

Anwender haben die Idee der Zertifizierung ursprünglich initiiert. Allerdings war dies zunächst speziell *eine* Anwendergruppe, nämlich das amerikanische Militär, das hoffte, seinen Beschaffern die Arbeit zu erleichtern. Gleichzeitig sollten die Sicherheitsanforderungen der jeweiligen Anwendungen möglichst einfach strukturiert werden, um den Beschaffern die Aufgabe abzunehmen, sich mit den komplexen Details dieser Anwendungen und den dazu eingesetzten IT-Systemen auseinanderzusetzen. Bestärkt wurde diese Absicht durch die Annahme, Sicherheit sei als Anforderung in so überwiegendem Maße eindimensional, daß sie sich auf eine lineare Hierarchie abbilden ließe. Im übrigen hatte das amerikanische Militär als Anwendergruppe durchaus die Nachfragemacht am Markt, um Herstellern die Kriterien für den Systementwurf vorzugeben („Designed-to-meet-Criteria") und so seinen Beschaffern ihre Arbeit tatsächlich zu erleichtern.

Zivile Anwender und Privatpersonen sind demgegenüber oft schlechter gestellt, so daß sich ein entsprechender Nutzen für sie weniger einfach einstellt. Ihre Sicherheitsanforderungen, etwa an betriebliche Informationssysteme, sind nicht so einfach strukturiert, und sie selbst sind nicht mit einer Nachfragemacht ausgestattet, die der der Militärs entspräche[20].

Im übrigen bleibt den Anwendern oft nur das diffuse – und auch oft irreführende – Gefühl, ein zertifiziertes Produkt oder System könne schon nicht ganz schlecht sein. Insbesondere bei der Bewertung und Interpretation eines Zertifikates ist es jedoch unabdingbar, sich über die möglicherweise unterschiedlichen Sicherheitsansprüche von einerseits Systembetreibern und andererseits Nutzern oder Kunden im Klaren zu sein. Das folgende Beispiel illustriert nicht nur, daß sich die mangelnde Berücksichtigung des Persönlichkeitsschutzes in den ITSEC (vgl. Kapitel 4) in den Evaluationsergebnissen niederschlägt. Es zeigt auch, daß bei der beschriebenen Evaluation offen-

---

20. Insofern kommen die jüngeren Kriterien prinzipiell zivilen Anwendern und Privatpersonen entgegen, denn diese Kriterien sind eher Evaluationskriterien als Sicherheitskriterien und bilden einen Rahmen, innerhalb dessen auch Anwender oder Gespeicherte ihre Anforderungen mehr oder weniger gut formulieren können (vgl. Kapitel 11). Ob diese Anforderungen aufgenommen und umgesetzt werden, muß die Zeit zeigen.

kundig mehr an die Sicherheit aus Betreibersicht als an die aus Nutzer oder Kundensicht gedacht wurde (vgl. hierzu auch Kapitel 2).

Eine Funktion zur ausgewählten Protokollierung der Aktivitäten *einzelner* Benutzer wurde als unkritischer und nicht zu bewertender Mechanismus eingestuft, weil ihr Versagen nach Ansicht der Prüfer keine Schwächen verursachte. Als Grund dafür wurde der folgende angegeben: Ist die Funktion nicht aktiv, werden automatisch die Aktivitäten *aller* Benutzer protokolliert [Corbett 1992]. Aus Betreibersicht liegt kein großes Sicherheitsrisiko vor, denn in keinem Fall gehen Protokollierungsdaten verloren – es entstehen lediglich unter Umständen mehr Protokollierungsdaten als geplant. Aus Nutzersicht ist dies jedoch durchaus ein Sicherheitsrisiko, denn auch und gerade ungeplante Protokollierungen und die dabei entstehenden Daten können zu erheblichen Beeinträchtigungen des Persönlichkeitsschutzes der Nutzer und Kunden führen.

1.6.3 Nutzen für Evaluations- und Zertifizierungsstellen

Für Evaluationsstellen sind Zertifizierungssysteme ein Markt, auf dem sie ihre Evaluationsleistungen anbieten können. Der Umfang eines Auftrages kann dabei im Bereich von Zehntausenden von DM liegen, aber auch Millionen DM erreichen. Zwischen den derzeit etwa zehn beim BSI akkreditierten Evaluationsstellen existiert dabei durchaus eine Konkurrenzsituation.

Ein gewisses Maß an Konkurrenz existiert inzwischen auch für die Zertifizierungsstellen. Für die privaten Zertifizierungsstellen bzw. ihre Mitarbeiter ist die Zertifizierung Geschäft und Lebensunterhalt, für das BSI ein gesetzlicher Auftrag. Es gibt allerdings durchaus Stimmen, die betonen, daß das BSI die Zertifizierung und Akkreditierung als Aufgabe auch deswegen zugewiesen bekommen habe, um nach dem „Ende des kalten Krieges" und der Reduzierung der damit verbundenen geheimdienstlichen IT-Aufgaben eine neue sinnvolle Tätigkeit für viele Mitarbeiter der ehemaligen ZfCH zu finden ([Hirsch 1990], vgl. auch 1.5).

1.7 Wer schreibt welche Kriterien?

IT-Sicherheitsevaluationskriterien sind von sehr unterschiedlichen Organisationen verfaßt worden, im allgemeinen immer dann, wenn die vorher bereits existierenden Kriterien den Ansprüchen nicht genügten. 1983 wurden die „Trusted Computer System Evaluation Criteria" (TCSEC[21], vgl. Kapitel 3) zum ersten Mal veröffentlicht. Das Vorbild der USA, die eher protektionistisch ausgerichtete Zertifizierungspolitik der zuständigen amerikanischen Stelle und die Defizite der TCSEC veranlaßten in Kanada und mehreren Staaten Europas die Entwicklung eigener Evaluationskriterien (vgl. Abb. 1-3).

---

21.   [USA_DOD 1983, 1985]

Erscheinungsdatum Projektlaufzeit	Editoren	Name der Kriterien Aktueller Stand
1983/85	USA Department of Defense (DoD)	Trusted Computer System Evaluation Criteria (TCSEC) – „Orange Book"
1989	Bundesrepublik Deutschland (D) Zentralstelle für Sicherheit in der Informationstechnik (ZSI)	IT-Sicherheitskriterien (ZSISC) 1. Fassung
1990/91	Europäische Gemeinschaft Kommission (CEC)	Information Technology Security Evaluation Criteria (ITSEC) Version 1.2
1990 - ??	International Organization for Standardization / International Electrotechnical Commission ISO/IEC JTC1/SC27/WG3	Evaluation Criteria for IT Security (ECITS) Committee Draft
1990/93	Kanada (CDN) Communications Security Establishment Canadian System Security Center (CSE/CSSC)	Canadian Trusted Computer Product Evaluation Criteria (CTCPEC) Version 3.0
1992/93	USA National Institute for Standards and Technology (NIST) & National Security Agency (NSA)	Federal Criteria for Information Technology Security (FC-ITS) Draft Version 1.0
1993 - ??	Kanada / Europäische Union / USA seit 1994 CDN / D / F / GB / USA seit 1995 CDN / D / F / GB / NL / USA Common Criteria Editorial Board (CCEB) seit 2.1996 CDN / D / F / GB / NL / USA Common Criteria Implementation Board (CCIB)	Common Criteria (CC) Version 1.0 im Januar 1996 Version 2.0 für Mai 1998 geplant

Abb. 1-3: IT-Sicherheitsevaluationskriterien und ihre Editoren

Zertifikate in Deutschland beziehen sich bislang auf die europaweit harmonisierten Information
Technology Security Evaluation Criteria (ITSEC) in der Version 1.2[22] oder ihren deutscher Vorläufer „IT-Sicherheitskriterien" (ZSISC)[23] der *Zentralstelle für Sicherheit in der Informationstechnik*
(ZSI). Beide werden in Kapitel 4 vorgestellt. Weitere ITSEC-Vorläuferkriterien entstanden in Frankreich und Großbritannien. In Kanada entstanden die CTCPEC in insgesamt drei Versionen, die sich

immer weiter von den TCSEC entfernten (vgl. Kapitel 6). In der Sowjetunion existierten Kriterien, die den TCSEC sehr ähnlich waren. Gleiches gilt für die Kriterien der NATO. In Japan entwickelt eine Vereinigung der Elektronikindustrie (JEIDA) Detaillierungen der ITSEC [JEIDA 1992].

Die ITSEC dienten seit 1990 als initiale Grundlage für die internationale Normung in einem gemeinsamen Komitee von ISO und IEC (vgl. Kapitel 7). Die Normung der Kriterien soll nicht nur zu einheitlichen Kriterien (ISO-ECITS), sondern auch zur gegenseitigen Anerkennung von Evaluationsergebnissen führen. Inzwischen sind auch Charakteristika der Version 3.0 der kanadischen Kriterien in die ISO-ECITS eingegangen.

Nicht zuletzt die internationalen Normungsaktivitäten gaben den Anlaß für ein Projekt zur Neuentwicklung von Sicherheitskriterien in den USA, das in den Entwurf der „Federal Criteria for Information Technology Security" (FC-ITS) [USA_NIST 1992] mündete. Inzwischen wird in einer gemeinsamen Initiative nordamerikanischer und europäischer Regierungsstellen parallel zur ISO-Normung versucht, zu neuen gemeinsamen Kriterien („Common Criteria" – CC) zu kommen, die die Ansätze der TCSEC, ITSEC und CTCPEC zusammenfassen (vgl. Kapitel 8). Diese Arbeiten sind nur teilweise mit den ISO/IEC-Ansätzen konform; die Gremien beeinflussen sich derzeit gegenseitig mit wechselndem Erfolg.

---

22. Gültig für BSI-Zertifizierungen ist gemäß der Veröffentlichung im Bundesanzeiger [D_BMI 1992] die – mangelhaft übersetzte – deutsche Fassung der ITSEC [CEC 1991c]. Auch der Entwurf der Signaturverordnung [D_BReg 1996b] bezieht sich in § 17 (1) auf diese Kriterien bzw. die Veröffentlichung im Bundesanzeiger. Grundlage für die Diskussionen in der Fachöffentlichkeit ist demgegenüber meist die zunächst europaweit erstellte englische Fassung [CEC 1991b].

23. [D_ZSI 1989a, 1989b]

2 Mehrseitige IT-Sicherheit, Kriterien und Zertifizierung

IT-Sicherheit ist der Gegenstandsbereich der (Evaluations-) Kriterien und der Zertifizierung. Gerade der Begriff „Sicherheit" hat im Zuge der Entwicklung der Informationstechnik (IT) und der Verbreitung ihrer Anwendung eine erhebliche Erweiterung seiner Bedeutung erfahren, die in diesem Kapitel zunächst kurz anhand einiger Beispiele diskutiert wird (2.1). Insbesondere bei offenen Kommunikationssystemen kann nicht davon ausgegangen werden, daß sich alle Beteiligten vollständig vertrauen: Da sie üblicherweise unterschiedliche Interessen haben, sind prinzipiell alle Beteiligten auch als potentielle Angreifer zu betrachten (siehe 2.2).

Besonders die Verbreitung IT-gestützter Kommunikationssysteme (etwa ISDN oder elektronische Post) und die aufkommende Verlagerung wirtschaftlicher Aktivitäten (etwa elektronische Märkte oder digitales Geld) haben dazu beigetragen, daß nicht nur Systembetreiber und -hersteller, sondern auch Nutzer Sicherheit fordern (*mehrseitige IT-Sicherheit* oder kürzer *mehrseitige Sicherheit*): Weil menschliche Kommunikation immer öfter technisch vermittelt wird, erwarten Nutzer, daß auch ihre Sicherheitsbedürfnisse bei der jeweiligen technischen Realisierung berücksichtigt werden (2.3). Möglich ist dies, wenn die Verteiltheit von Kommunikationssystemen richtig genutzt wird und insbesondere Informationen so dezentral verteilt werden, daß ein eventueller Mißbrauch unattraktiv wird (2.4).

Die Darstellung in diesem Kapitel ist eine Überarbeitung der aus [Rannenberg, Pfitzmann, Müller 1996]; u.a. enthält sie ergänzende Bezüge zu Evaluationskriterien und Zertifizierungssystemen (vgl. 2.5).

2.1 Bedrohungen, Schutzziele und Schutzgüter

Da bislang keine abschließende und allgemein anerkannte Einteilung von **Bedrohungen** und damit korrespondierenden **Schutzzielen** in Bezug auf IT-Systeme existiert, werden im folgenden zwei Einteilungen und ihre Grenzen anhand von Beispielen für **Schutzgüter** aus dem Bereich Gesundheitswesen vorgestellt und diskutiert.

Seit den frühen 80er Jahren findet sich eine Dreiteilung der *Bedrohungen* und korrespondierenden *Schutzziele* [Voydock, Kent 1983], die ab Ende des Jahrzehnts auch Eingang in Evaluationskriterien [D_ZSI 1989a; CEC 1991b, 1991c] fand (siehe hierzu auch Kapitel 4):

(1) *Unbefugter Informationsgewinn*, d.h. Verlust der **Vertraulichkeit** (Confidentiality : Patientendaten (etwa Untersuchungen, Diagnosen oder Therapieversuche) sollen Unbefugten nicht *zur Kenntnis gelangen*, seien dies nun andere Patienten oder auch die Mitarbeiter des Netzbetreibers, über dessen Netz sie von einem Krankenhaus zum anderen übertragen werden.

(2) *Unbefugte Modifikation von Informationen*, d.h. Verlust der **Integrität** (Integrity): Werden unbefugt und *unbemerkt* Daten *geändert*, z.B. die Dosierungsanweisung für ein zu verabreichendes Medikament, kann dies lebensbedrohliche Folgen haben.

(3) *Unbefugte Beeinträchtigung der Funktionalität*, d.h. Verlust der **Verfügbarkeit** (Availability): Ist die Krankengeschichte nur über ein Netz zugreifbar, dieses aber gerade *bemerkbar ausgefallen*, wenn eine Abfrage für eine Therapiemaßnahme erfolgen muß, kann auch Verlust der Verfügbarkeit lebensbedrohlich sein.

Leider ist keine Klassifikation der Bedrohungen bekannt. Insbesondere ist die obige Dreiteilung *keine Klassifikation*: Wird ein gerade nicht ausgeführtes Programm im Speicher unbefugt modifiziert, handelt es sich um unbefugte Modifikation von Information. Wird das in gleicher Weise unbefugt modifizierte Programm ausgeführt, handelt es sich um eine unbefugte Beeinträchtigung der Funktionalität. Zugespitzt sorgen Maßnahmen zur Sicherung der Integrität dafür, daß das Richtige geschieht, und Maßnahmen zur Sicherung der Verfügbarkeit, daß es rechtzeitig geschieht. Diese Unterscheidung hat eine Entsprechung im **Korrektheitsbegriff** [Duden 1993, S.762], wenn man sich auf die Attribute *unbemerkt* (bei Integrität) bzw. *bemerkbar* (bei Verfügbarkeit) bezieht:

- Integrität (= keine unbefugte und unbemerkte Änderung von Information) entspricht dann der **partiellen Korrektheit** eines Algorithmus: Liefert er ein Ergebnis, ist es richtig.

- Integrität und Verfügbarkeit zusammen erfüllen dann die Anforderungen der **totalen Korrektheit**: Es wird ein richtiges Ergebnis geliefert.

Umgekehrt reicht jedoch im allgemeinen der Nachweis der totalen Korrektheit allein als Nachweis für Verfügbarkeit nicht aus. Zusätzlich muß mindestens noch die Verfügbarkeit der benötigten Betriebsmittel analysiert und nachgewiesen werden. Charakteristisch für fast alle Anwendungen mit Verfügbarkeitsanforderungen ist ja, daß richtige Ergebnisse nicht irgendwann in der Zukunft, sondern zu bestimmten Zeitpunkten (etwa bei der nächsten nötigen Therapiemaßnahme) benötigt werden.

In [Stelzer 1990] wird moniert, daß in [D_ZSI 1989a] die Bedrohung *Verlust der Verbindlichkeit* nicht aufgeführt ist. Ein entsprechendes Schutzziel wird in den kanadischen IT-Sicherheitsevaluationskriterien [CDN_SSC 1990; CDN_SSC 1993] als zusätzliches viertes eingeführt:

(4) *Unzulässige Unverbindlichkeit*, d.h. Verlust der **Zurechenbarkeit** (Accountability): Wenn für Vorgänge in IT-Systemen, etwa für den Versand von Diagnosen oder Abrechnungen, nicht die jeweils Verantwortlichen auszumachen sind, kann dies zu verantwortungslosem Handeln führen. Außerdem können die Folgen eines Fehlers für die Geschädigten noch verschlimmert werden, weil möglicherweise unklar bleibt, an wen sie sich mit ihren Schadensersatzansprüchen zu halten haben.

Man kann mit Hilfe der Vierteilung manche Schutzziele prägnanter beschreiben (vgl. 2.3). Umgekehrt kann man versuchen, die entsprechenden Bedrohungen bzw. Schutzziele unter Integrität zu fassen, um mit möglichst wenigen Bedrohungstypen auszukommen. Eine neue Gliederung, speziell abgestimmt auf die Nutzung in Evaluationskriterien, wird in Kapitel 10 vorgestellt.

Sämtliche Gliederungen orientieren sich an einem Verständnis von „Sicherheit", das dem des englischen Begriffes *Security* entspricht, der seinerseits (mehr oder weniger scharf) von *Safety* abgegrenzt ist – obwohl beide als „Sicherheit" ins Deutsche übersetzt werden. *Security* schützt primär immaterielle Güter (etwa Information) vor intendierten Angriffen, *Safety* bedeutet primär den Schutz von Leib und Leben vor Unbillen der Natur.

2.2 Potentielle Angreifer

Einerseits wirken auf jedes und in jedem technischen System die Naturgesetze und, wenn man es nicht davor schützt, auch die Naturgewalten. Als Folge der Naturgesetze altern Bauteile und funktionieren schließlich nicht mehr wie vorgesehen. Naturgewalten führen zu Gefahren wie Überspannung, Spannungsausfall, Überschwemmung oder Temperaturänderungen. Vorkehrungen in Bezug auf Naturgesetze und Naturgewalten sind die Domäne des Fachgebietes Fehlertoleranz.

Andererseits können Menschen, sei es aus Unfähigkeit oder Nachlässigkeit, sei es bewußt unbefugt handelnd, unerwünscht auf das System einwirken. Gemäß ihrer Rolle in Bezug auf das IT-System ist es sinnvoll, verschiedene Gruppen zu unterscheiden, etwa (vgl. Abb. 2-1):

- Außenstehende,
- Benutzer des Systems,
- Betreiber des Systems,
- Wartungsdienste,
- Produzenten des Systems,
- Entwerfer des Systems,
- Produzenten der für Entwurf und Produktion des Systems verwendeten Hilfsmittel,
- Entwerfer der für Entwurf und Produktion des Systems verwendeten Hilfsmittel,
- Produzenten der für Entwurf und Produktion der Hilfsmittel verwendeten Hilfsmittel,
- Entwerfer der für Entwurf und Produktion der Hilfsmittel verwendeten Hilfsmittel,
- Produzenten der ...,
- ...

Natürlich existieren auch zu allen oben aufgeführten Hilfsmitteln wiederum Benutzer, Betreiber und Wartungsdienste.

Die hohe Komplexität heutiger IT-Systeme verhindert in der Regel eine genügend rigorose Kontrolle dieser Systeme. Deshalb müssen auch die Produzenten und Entwerfer, seien es Menschen oder wiederum (irgendwann auch von Menschen geschaffene) IT-Systeme, als mögliche *Angreifer*, d.h.

unbefugt Handelnde, betrachtet werden. Beispielsweise können sie in den von ihnen entworfenen oder produzierten Systemteilen **Trojanische Pferde** [Lampson 1973] verstecken. Insbesondere **universelle** Trojanische Pferde, deren Schadensfunktion der Angreifer noch nach der Unterbringung steuern kann [Denning 1985], sind gefährlich, des weiteren **transitive** Trojanische Pferde, die ihrerseits Trojanische Pferde erzeugen [Thompson 1984, Pfitzmann 1990b]. Ein populäres Beispiel für transitive Trojanische Pferde sind Computerviren, die sich von Programm zu Programm und Speichermedium zu Speichermedium weiter fortpflanzen. Die Transitivität Trojanischer Pferde vergrößert den Kreis derer, die als potentielle Angreifer betrachtet werden müssen, weiter. Entsprechend läßt sich die Liste potentieller Angreifer prinzipiell fortsetzen, bis man zu Systemen kommt, für deren Entwurf und Produktion keine oder triviale Hilfsmittel verwandt wurden.

Während es üblich ist, Außenstehenden und Benutzern der betrachteten IT-Systeme zu mißtrauen und deshalb zu versuchen, sich gegen ihre unbewußten Fehler und bewußten Angriffe zu schützen, ist dies bezüglich der anderen Rollenträger (insbesondere auch bezüglich der Einwirkung weiterer IT-Systeme) oft nicht der Fall. Ob dies daran liegt, daß sich Mitglieder der gleichen Berufsgruppe meist vertrauen und bei Beschuldigungen von anderen oft gegenseitig decken, oder an der gedanklichen Schwierigkeit und dem technischen Aufwand, sich auch gegen Mitglieder der eigenen Profession zu sichern, sei dahingestellt.

Werden bei einer Risikoanalyse potentielle Angreifer nicht berücksichtigt, kann dies zu erheblichen Sicherheitsproblemen führen, denn nicht nur unbewußte Fehler, auch bewußte Angriffe können sich entlang der Entwurfs- und Produktionslinie fortpflanzen. In Abbildung 2-1 muß beispielsweise mitnichten der Mensch oben links an Fehlern des von ihm rechnerunterstützt entworfenen Rechners oben rechts schuld sein. Es könnte auch der Mensch links unten oder der Rechner unten rechts sein. Natürlich kämen auch die anderen „beteiligten" Personen und Rechner in Betracht.

Ein anderes Beispiel dafür, daß Angreifer an vielen verschiedenen Stellen sitzen können, ist das Zusammenspiel zwischen Generatoren und Interpretern mobilen Codes, etwa von Java-Applets. Tritt ein Fehler bei der Interpretation eines Applets auf, kann der Fehler beim Interpreter oder dem zugehörigen Rechner liegen, aber auch beim Server, von dem das Applet kam, beim Generator des Applets oder irgendwo dazwischen.

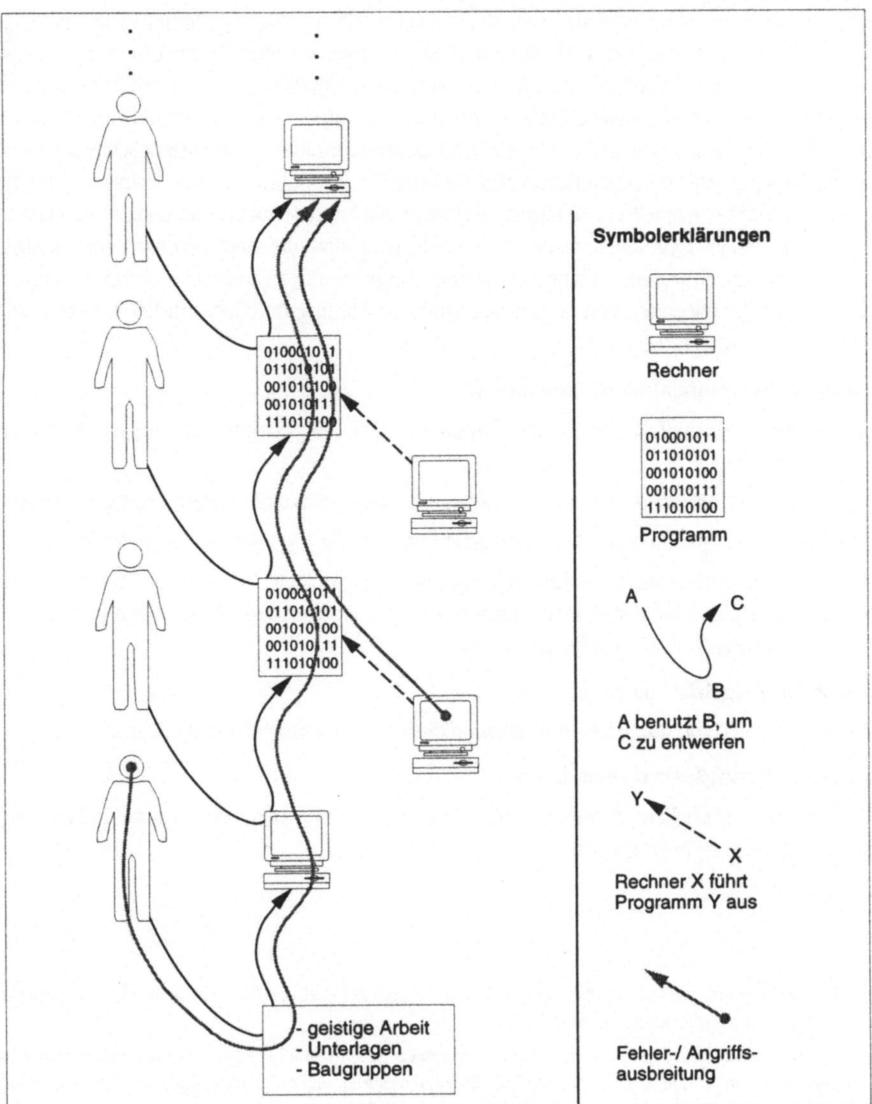

Abb. 2-1: Transitive Ausbreitung von Fehlern und Angriffen

2.3 Mehrseitige Sicherheit

Mehrseitige Sicherheit bedeutet die Berücksichtigung der Sicherheitsanforderungen aller beteiligten Parteien. Bei Kommunikationsdiensten und der dafür verwendeten Technik ist dies beispielsweise nicht nur die Sicherheit der Diensteanbieter und Netzbetreiber, sondern auch die der Teilnehmer oder Nutzer. Da ihre alltägliche Kommunikation in immer stärkerem Umfang technisch vermittelt wird, kann angesichts der in 2.2 beschriebenen multiplen Angriffsmöglichkeiten nicht erwartet werden, daß sie Anbietern von Technik oder Diensten ohne weiteres vertrauen. Es müssen im Gegenteil prinzipiell alle Beteiligten als potentielle Angreifer betrachtet und entsprechende Schutzmaßnahmen vorgesehen werden[1]. Entsprechend sind die Anforderungen mehrseitiger Sicherheit bei für universelle Nutzung gedachten öffentlichen Kommunikationsnetzen besonders anspruchsvoll. Im folgenden sind sie in weitgehender Anlehnung an [Pfitzmann 1993], jedoch vierfach gegliedert[2], dargestellt:

Schutzziel Vertraulichkeit (Confidentiality)

(c1) *Nachrichteninhalte* sollen vor allen Instanzen außer dem Kommunikationspartner vertraulich bleiben.

(c2) *Sender* und/oder *Empfänger* von Nachrichten sollen voreinander *anonym* bleiben können;

(c3) *Unbeteiligte* (inklusive Netzbetreiber) sollen *nicht in der Lage* sein, sie *zu beobachten*[3];

(c4) Weder potentielle Kommunikationspartner noch Unbeteiligte (inklusive Netzbetreiber) sollen ohne Einwilligung den *momentanen Ort* einer mobilen Teilnehmerstation bzw. des sie benutzenden Teilnehmers ermitteln können.

Schutzziel Integrität (Integrity)

(i1) Fälschungen von *Nachrichteninhalten* (inklusive des *Absenders*) sollen erkannt werden.

Schutzziel Verfügbarkeit (Availability)

(a1) Das Netz ermöglicht Kommunikation zwischen allen Partnern, die dies *wünschen* (und denen es nicht verboten ist).

---

1. Dies bedeutet nicht, daß alle Beteiligten als gleich riskant einzustufen sind, es sollte jedoch keine Partei bei einer Risikoanalyse als Angreifer ausgespart werden.

2. Für eine dreifache Gliederung sind die unter Zurechenbarkeit gefaßten Anforderungen unter Integrität zu fassen. Im übrigen sind in [Pfitzmann 1993] c2 und c3 zu c2 zusammengefaßt, und c4 ist infolgedessen c3. Die Veränderung wurde vorgenommen, um den unterschiedlichen Rollen von Teilnehmern und Systembetreibern gerecht zu werden und um einfacher auf die Teilziele referenzieren zu können.

3. Vgl. hierzu auch die Rechtssprechung des Bundesverfassungsgerichtes [D_BVerfG 1992], nach der das Fernmeldegeheimnis (Artikel 10 des Grundgesetzes) auch für die Umstände der Kommunikation gilt.

Schutzziel Zurechenbarkeit (Accountability)

(z1) Gegenüber einem Dritten soll der Empfänger *nachweisen* können, daß Instanz x die Nachricht y *gesendet hat.*

(z2) Der Absender soll das *Absenden* einer Nachricht mit korrektem Inhalt *beweisen* können, möglichst sogar den Empfang der Nachricht.

(z3) Niemand kann dem Netzbetreiber *Entgelte* für erbrachte Dienstleistungen vorenthalten — zumindest erhält der Netzbetreiber bei Dienstinanspruchnahme entsprechende Beweismittel. Umgekehrt kann der Netzbetreiber nur für korrekt erbrachte Dienstleistungen Entgelte fordern.

2.4 Realisierung mehrseitiger Sicherheit in verteilten Systemen

Wie sich in 2.2 und 2.3 zeigte, sind die Sicherheitsanforderungen verschiedener Beteiligter nicht unbedingt konfliktfrei und deshalb beim Entwurf und Betrieb mehrseitig sicherer Systeme in eine sinnvolle und für alle Beteiligten akzeptable Balance zu bringen. Dabei ist zu berücksichtigen, welche *Rollen* die Beteiligten in Bezug auf die Systeme spielen (etwa, ob sie Teilnehmer oder Betreiber eines Kommunikationssystems sind) und welche Einflußmöglichkeiten auf das System sie infolgedessen haben.

Manchmal stehen sich die Inhaber gleicher Rollen gegenüber: Bei den Sicherheitsanforderungen in 2.3 sind dies z.B. Teilnehmer bezüglich der Schutzziele c2 (Möglichkeit der Anonymität der Teilnehmer voreinander, z.B. beim Anruf bei einer Beratungsstelle) und z1 (Nachweisbarkeit des Versands von Nachrichten, etwa zum Schutz vor belästigenden oder störenden Anrufen). In solchen Fällen, bei denen die potentiellen Kontrahenten oft die prinzipiell gleichen Voraussetzungen haben, kann es helfen, wenn die Benutzer ihren Teil des Systems, etwa ihr Telekommunikationsendgerät, möglichst flexibel auf ihre eigene Bedürfnisse hin einrichten können. Ein Beispiel dafür ist der im Rahmen des Kollegs „Sicherheit in der Kommunikationstechnik" [Müller 1994; Rannenberg u.a. 1995] als Demonstrator entstehende Erreichbarkeitsmanager [Bertsch, Damker, Federrath 1996; Reichenbach u.a. 1997]: Er erspart seinen Besitzern u.a. Störungen und Belästigungen, indem er einfache Verhandlungen mit dem potentiellen Kommunikationspartner (etwa über die Sicherheitsbedingungen der Kommunikation) übernimmt.

Stehen sich Inhaber verschiedener Rollen gegenüber, ist oftmals die Infrastruktur der Systeme in die Betrachtung einzubeziehen, insbesondere wenn es um die Sicherheitsanforderungen von Teilnehmern im Verhältnis zu denen von Betreibern geht: Beispielsweise wollen Teilnehmer eines Mobilkommunikationsdienstes meist nicht, daß bekannt wird, mit wem sie wann wie lange und von wo aus kommuniziert haben (c2, c3, c4). Darum ist es ihr Interesse, daß möglichst wenig Daten über sie anfallen. Umgekehrt haben die Betreiber das Interesse, die mobilen Teilnehmer möglichst effizient zu adressieren, um Aufwand zu vermeiden. Außerdem wollen sie oft für den Fall eines Streites um die einem Teilnehmer zuzurechnenden Kosten (z3) möglichst wirkungsvolles Beweismaterial über die in Anspruch genommenen Leistungen erfassen.

Die wirksamste Strategie zur Vermeidung von Vertraulichkeitsrisiken ist **Datensparsamkeit**, die Vermeidung möglichst vieler, möglicherweise riskanter, Daten: Je weniger Daten vorhanden sind, um so weniger Daten müssen aufwendig geschützt werden. Häufig lassen sich Kommunikationsdienste und Leistungsmerkmale, etwa die technische Erreichbarkeit bei der Mobilkommunikation, auch mit weniger Daten, als bislang verwendet, realisieren.

Sind Daten nicht vermeidbar, etwa weil sie zur ordnungsgemäßen Erbringung oder Abrechnung eines Dienstes unverzichtbar sind, ist ihre Verteilung auf mehrere Teile eines verteilten Systems (**Dezentralisierung**) die wesentliche konstruktive Maßnahme, um Angriffe zu erschweren und ihre Attraktivität zu begrenzen. Beispielsweise müssen Kunden, die ihren Dienstleistungserbringern nicht vertrauen wollen oder können, dann nicht befürchten, allwissenden oder allmächtigen Angreifern gegenüberzustehen. Werden beispielsweise Girokontodaten und Telekommunikationsrechnungen bei verschiedenen Stellen gespeichert, lassen sich diese Daten weniger leicht zu Profilen verknüpfen. Ähnliches gilt für die Aufenthalts- und Kommunikationsdaten von Mobilfunkteilnehmern, die statt zentral besser dezentral oder in einer vertrauenswürdigen Umgebung der jeweiligen Nutzer gespeichert werden.

Vorschläge in Richtung auf Datensparsamkeit und Dezentralisierung existieren vor allem für Kommunikationssysteme [Chaum 1981, 1988; Pfitzmann 1990a, 1993; Federrath u.a. 1996] und Systeme zum digitalen Wertetransfer [Chaum 1985, 1987; Pfitzmann, Waidner, Pfitzmann 1987; Bürk, Pfitzmann 1990; Boly u.a. 1994; Weber u.a. 1995].

2.5 Anforderungen an Kriterien und Zertifizierung

Eine Voraussetzung dafür, daß Anwender und Nutzer die Vorteile mehrseitiger Sicherheit tatsächlich wahrnehmen können, ist, daß sie erkennen, welche angebotene Informationstechnik ihnen welche Sicherheit in welchem Umfang bietet. Wie sich in Kapitel 1 (speziell 1.1 und 1.6.2) ergab, können Nutzer im allgemeinen nicht selbst im Detail prüfen, ob die ihnen angebotene Technik tatsächlich ihren Anforderungen genügt. Ebensowenig kann ihnen zugemutet werden, einfach auf die Werbeaussagen der Hersteller oder Anbieter vertrauen zu müssen.

Mindestens drei Anforderungen an Kriterien und Zertifizierung ergeben sich, wenn sie zu begründetem Vertrauen in mehrseitige IT-Sicherheit beitragen sollen:

(1) Die Kriterien müssen das volle funktionale Spektrum von IT-Sicherheit abdecken, damit die jeweils wichtigen Eigenschaften auch in den Prüfungen gefordert und in den Zertifikaten gewürdigt werden können.

(2)   Die Zertifizierung muß berücksichtigen, daß verschiedene an einem IT-System beteiligte Parteien verschiedene Interessen haben, und darf nicht implizit und stillschweigend einzelne Interessen ausblenden.

(3)   Die Prüfergebnisse müssen bei denen, die sie brauchen, „ankommen", d.h. sie müssen zugreifbar und verständlich sein bzw. verständlich gemacht werden können.

Wie die Teile B und C dieses Buches (speziell Kapitel 5 und 9) zeigen, weisen die gegenwärtigen Kriterien und auch die Zertifizierungssysteme gegenüber diesen Anforderungen erhebliche Defizite auf. Vorschläge zu ihrer Behebung finden sich in den Teilen D (zu Kriterien) und E (zu Zertifizierungssystemen).

Teil B

Die etablierten Kriterien
und die Erfahrungen mit ihnen

3 Die Trusted Computer System Evaluation Criteria (TCSEC)

Als erste Evaluationskriterien für die Sicherheit von IT-Systemen gelten die 1983 erstmals und 1985 nahezu unverändert erneut veröffentlichten „Trusted Computer Security Evaluation Criteria" (TCSEC) des „Department of Defense" (DoD) der USA[1]; oft ist der aus ihrer Einbandfarbe abgeleitete Name „Orange Book" bekannter.

Der Herausgabe der TCSEC ging eine fast 16-jährige Historie von Bemühungen des DoD um die Sicherheit seiner Computer voraus, und den entsprechenden Bemerkungen in der Einführung der TCSEC läßt sich entnehmen, daß das DoD mit der Sicherheit der ihm gelieferten Systeme keinesfalls zufrieden war und schon in den frühen 70er Jahren Evaluation als einen Ausweg aus diesem Problem sah. Parallel dazu wurde auch im „National Bureau of Standards" (NBS) an Lösungen für Evaluation gearbeitet, und insbesondere die regierungsnahe „MITRE Corporation" veröffentlichte einige erste Dokumente. Aufbauend auf diesen entstanden die TCSEC.

Mit den TCSEC wurde eine Reihe von Begriffen und Konzepten, die in 3.1 vorgestellt werden, amtlich veröffentlicht. Die beste Eigenschaft der TCSEC ist die Einfachheit der Struktur ihrer Bewertungsgrundlagen: Sicherheitsanforderungen und -eigenschaften werden in sieben hierarchische „Levels"[2] von D aufsteigend bis A1 eingeordnet (siehe 3.2). In 3.3 wird die zum Teil erhebliche Kritik an den TCSEC zusammengefaßt.

Zur weiteren Vertiefung empfiehlt sich die Lektüre der Kriterien selbst; eine – auch sprachliche – Hilfe können die entsprechenden Passagen des Buches „Sicherheitsmanagement"[3] sein. Auf Texte, die die Grenzen und Schwächen der TCSEC dokumentieren, wird in 3.3 hingewiesen.

3.1 Konzepte der TCSEC

Vier hauptsächliche Konzepte liegen den TCSEC und der Bildung der sieben Levels zugrunde:

(1)   Das Konzept des Referenzmonitors und des Referenzvalidierungsmechanismus (vgl. 3.1.1);

(2)   Die Idee formaler Sicherheitspolitikmodelle (vgl. 3.1.2);

(3)   Das Konzept der „Trusted Computing Base" (vgl. 3.1.3);

(4)   Die Kontrollzielsetzungen (vgl. 3.1.4).

---

1.   [USA_DOD 1983, 1985]

2.   Zur Vermeidung von Mißverständnissen und Verwechslungen mit den „Klassen" und „Stufen" der anderen Kriterien wird auch im Folgenden der Begriff „Level" verwendet, wenn es um die TCSEC geht.

3.   [Schaumüller-Bichl 1992]

3.1.1 Referenzmonitor und Referenzvalidierungsmechanismus

Das Konzept des Referenzmonitors geht auf eine Studie der James P. Anderson & Co zurück, die 1972 für die amerikanische Luftwaffe angefertigt wurde [Anderson 1972]. Ein Referenzmonitor sorgt für gesicherte Rechteverwaltung und -prüfung, indem er alle Zugriffe von Subjekten auf Objekte innerhalb des Computersystems regelt, beispielsweise die Zugriffe von Mitarbeitern mit unterschiedlichen Zugriffsberechtigungen (Ermächtigungen) und deren Textverarbeitungssystemen auf Dokumente unterschiedlicher Geheimhaltungsgrade.

Eine Implementierung des Referenzmonitor-Konzeptes ist der Referenzvalidierungsmechanismus, der jeden Zugriff seitens eines Benutzers (oder Programms) auf Daten oder Programme anhand einer Auflistung der diesem Benutzer erlaubten Zugriffe auf Zulässigkeit hin überprüft[4]. Drei Anforderungen werden an den Entwurf eines Referenzvalidierungsmechanismus gestellt:

(1)   Der Referenzvalidierungsmechanismus muß gegen unbefugte Beeinflussung von außen und gegen Verfälschung geschützt sein (tamper proof).

(2)   Der Referenzvalidierungsmechanismus muß immer aufgerufen werden und darf nicht umgehbar sein.

(3)   Der Referenzvalidierungsmechanismus muß klein genug sein, daß man ihn Analysen und Prüfungen unterwerfen kann, deren Vollständigkeit garantiert werden kann.

Frühe Beispiele des Referenzvalidierungsmechanismus wurden als Sicherheitskern („Security Kernel") bezeichnet. Theoretisch stellt das Referenzmonitor-Konzept den „perfekten" Sicherheitsmechanismus dar, weil nur erlaubte Aktionen zugelassen werden. In der Praxis treten jedoch mindestens zwei Probleme auf:

(1)   Auf heutigen Rechnern, insbesondere auf dezentral organisierten Systemen von Personalcomputern und Workstations, ist der Schutz eines Referenzvalidierungsmechanismus sehr schwierig, wenn nicht unmöglich.

(2)   Voller Schutz kann nur in einer genau definierten Umgebung gewährleistet werden. Wird diese Umgebung – wie in der Praxis üblich – während des laufenden Betriebes geändert, etwa durch das Hinzufügen neuer Nutzer oder das Ändern der Systemkonfiguration, ist kaum zu gewährleisten, daß der Referenzvalidierungsmechanismus unumgehbar bleibt.

Eine etwas praxisnähere Umsetzung des Referenzmonitor-Konzeptes ist die „Trusted Computing Base" (vgl.3.1.3).

---

4.   „überprüfen" entspricht hier „validieren", „Zugriff" entspricht" „Referenz".

3.1.2 Formale Sicherheitspolitikmodelle und das Bell-LaPadula-Modell

Nach der Veröffentlichung der Anderson-Studie ([Anderson 1972], vgl. Kapitel 3.1.1) wurde erheblicher Forschungsaufwand betrieben, um formale Modelle für Sicherheitspolitikanforderungen zu entwickeln. Weiterer Forschungsgegenstand waren Mechanismen, die diese Sicherheitspolitikmodelle implementieren und durchsetzen sollten.

Besondere Berücksichtigung in den TCSEC fand das Bell-LaPadula-Modell, dessen Entwicklung gleichfalls von der US-Luftwaffe gefördert wurde. Es basiert auf Regeln der Mathematik und Mengentheorie und behandelt die Sicherheitspolitik des US-Verteidigungsministeriums abstrakt formal [Bell, LaPadula 1973]. Das Modell definiert eine Beziehung zwischen den Ermächtigungen der Subjekte (etwa Benutzer) und den Geheimhaltungsgraden der Objekte im System (etwa Dokumente). Informationen sollen vertraulich bleiben. Deswegen dürfen

(1)   Subjekte nur Objekte lesen, deren Sicherheitsgrad kleiner oder gleich der Ermächtigung der Subjekte ist,

(2)   Subjekte nur auf Objekte schreiben, deren Sicherheitsgrad größer oder gleich der Ermächtigung der Subjekte ist.

Informationen sollen also nur „von unten nach oben" fließen. Das typische Beispiel dafür ist wieder die Speicherung vertraulicher militärischer Dokumente: Lesender Zugriff auf Dokumente wird nur den in der Hierarchie Höheren gewährt, schreibender Zugriff nur den in der Hierarchie Niedrigeren. Auf diese Weise wird verhindert, daß Informationen in weniger sichere Bereiche „durchsikkern". Dies könnte geschehen, wenn Benutzer mit einer niedrigen Ermächtigung in Dateien mit einem hohen Geheimhaltungsgrad lesen oder wenn Trojanische-Pferd-Programme mit einer hohen Ermächtigung in eine Datei mit niedrigem Geheimhaltungsgrad schreiben.

Strukturell einfache Sicherheitspolitikmodelle wie das Bell-LaPadula-Modell lassen sich besonders einfach von einem Referenzvalidierungsmechanismus umsetzen.

3.1.3 Die „Trusted Computing Base"

Das Konzept von Referenzmonitor und Referenzvalidierungsmechanismus (vgl. 3.1.1) ist in realen Rechnern kaum vollständig umzusetzen. Um trotzdem ein breites Marktangebot evaluierter vertrauenswürdiger Systeme zu fördern, wurde in den eigentlichen Bewertungskriterien von den theoretischen Konzepten ein Stück weit abgerückt und der erweiterte Begriff der „Trusted Computing Base" (TCB) eingeführt.

Eine TCB ist das (Herz-) Teil eines Rechnersystems, das alle sicherheitsrelevanten Informationen und Funktionen enthält. Dies sind insbesondere die, die zur Durchsetzung der Sicherheitspolitik und zur Abschottung von Objekten, etwa Dateien, dienen. Damit die Schutzvorkehrungen verständlich und wartbar bleiben, sollte eine TCB im Rahmen der zu erfüllenden Funktionalität möglichst einfach aufgebaut sein. Idealerweise enthält die TCB deshalb exakt die Hardware, Firmware und Software, die von entscheidender Bedeutung für den Schutz ist. Auf jeden Fall muß die TCB so entworfen sein, daß Systemelementen außerhalb der TCB nicht vertraut zu werden braucht. Die Feststellung der Elemente der TCB sowie der Schnittstelle der TCB nach „außen" bilden zusammen mit dem korrekten Funktionieren der TCB die Basis der Evaluation nach den TCSEC.

Bei Mehrzweckrechnersystemen umfaßt die TCB wesentliche Elemente des Betriebssystems, eventuell das Betriebssystem als Ganzes. Bei eingebetteten Systemen kann es sein, daß die Sicherheitspolitik eher auf der Anwendungsebene von Bedeutung ist als auf der Ebene der Betriebssysteme. Entsprechend kann es sein, daß die Sicherheitspolitik eher durch die Anwendungssoftware durchgesetzt wird als durch das darunterliegende Betriebssystem. Infolgedessen muß die TCB alle zur Unterstützung der Sicherheitspolitik wesentlichen Teile des Betriebssystems und der Anwendungssoftware umfassen. Dabei ist zu beachten, daß es mit zunehmendem Umfang des Programmcodes innerhalb der TCB immer schwieriger wird, zu garantieren, daß die TCB die Anforderungen an den Referenzvalidierungsmechanismus unter allen Umständen vollständig umsetzt.

Systeme, die entsprechend dem TCB-Konzept entworfen und erstellt wurden, gelten nach der Diktion der TCSEC als besser geeignet für Anwendungen mit hohen Sicherheitsanforderungen, weil sich weitgehend formale Methoden zu ihrer Prüfung anwenden lassen. Hingegen würde bei Systemen, die erst nachträglich mit Sicherheitsmechanismen ausgestattet wurden, die TCB oftmals das gesamte System umfassen. Dann sei der Grad der Erfüllung von Sicherheitsanforderungen meist nur noch durch Tests prüfbar. Diese Tests könnten jedoch bei der Komplexität von Rechnersystemen niemals wirklich umfassend sein, so daß immer noch die Möglichkeit bestünde, daß ein späterer Eindringungsversuch Erfolg habe. Aus diesem Grund seien solche Systeme den niedrigeren Bewertungsklassen zuzuordnen.

3.1.4 Die Kontrollzielsetzungen

Die Kontrollzielsetzungen, die wesentlich für die Gliederung der Levels sind, beziehen sich auf die Sicherheitspolitik, die Zurechenbarkeit von Aktionen („Accountability") und schließlich die Qualitätssicherung.

Die Zielsetzung bezüglich der *Sicherheitspolitik*: Eine Absichtserklärung bezüglich der Kontrolle des Zugriffs auf Informationen und bezüglich der Kontrolle der Verteilung von Informationen gilt als Sicherheitspolitik. Sie muß für jedes System, daß zur Verarbeitung schutzwürdiger Informationen genutzt wird, präzise definiert und implementiert werden. Die Sicherheitspolitik muß die Gesetze, Regulierungen und generellen Politiken, von denen sie abgeleitet wurde, akkurat widerspiegeln.

Die Zielsetzung bezüglich der *Zurechenbarkeit*: Systeme, die zur Verarbeitung oder Handhabung von Verschlußsachen oder anderen schutzwürdigen Informationen verwendet werden, müssen immer dann, wenn die Anwendung vorgeschriebener oder benutzerbestimmbarer Sicherheitspolitiken verlangt wird, eine individuelle Zurechenbarkeit sicherstellen. Darüberhinaus muß zur

Sicherstellung der Zurechenbarkeit die Möglichkeit gegeben sein, daß ein befugter Fachmann mittels eines sicheren Verfahrens, innerhalb eines angemessenen Zeitraums und ohne übermäßige Schwierigkeiten auf die für die Nachweisführung relevanten Informationen zugreifen und sie auswerten kann.

Die Zielsetzung bezüglich der *Qualitätssicherung*: Systeme, die zur Verarbeitung oder Handhabung von Verschlußsachen oder anderen schutzwürdigen Informationen verwendet werden, müssen so entworfen sein, daß eine korrekte und akkurate Interpretation der Sicherheitspolitik garantiert ist und die Absicht dieser Politik nicht verzerrt wird. Es muß zugesichert sein, daß die Sicherheitspolitik während der gesamten Lebensdauer des Systems korrekt implementiert und umgesetzt wird.

3.2 Die Levels der TCSEC

Beim Entwurf der TCSEC wurde darauf Wert gelegt, die Zahl der Evaluationslevels gering zu halten, um die Übersichtlichkeit zu wahren. Sieben Levels sind in vier Gruppen aufsteigend von D bis A1 angeordnet (vgl. Abb. 3-1). Die Levels und Gruppen, deren Anforderungen aufeinander aufbauen, werden im folgenden vorgestellt.

Gruppe	Level
A: Verifizierter Schutz	A1: Verifizierter Entwurf
B: Vorgeschriebener Schutz	B3: Sicherheitsdomänen B2: Wohlstrukturierter Schutz B1: Schutz durch Kennzeichnung
C: Benutzerbestimmbarer Schutz	C2: Schutz durch Zugriffskontrolle C1: Benutzerbestimmbarer Geheimschutz
D: Minimaler Schutz	D: Minimaler Schutz

Abb. 3-1: Gruppen und Levels der TCSEC

3.2.1 Gruppe D: Minimaler Schutz

Die Gruppe D enthält nur einen Level. Dieser ist für Systeme reserviert, die zwar evaluiert wurden, aber dabei die Anforderungen für einen höheren Level nicht erfüllten.

3.2.2 Gruppe C: Benutzerbestimmbarer Schutz

Die Levels dieser Gruppe sehen einen benutzerbestimmbaren Schutz vor und – durch die Einbeziehung von Revisionsmöglichkeiten – die Zurechenbarkeit von Aktionen zu den Subjekten, die die Aktionen initiierten.

3.2.2.1 Level C1: Benutzerbestimmbarer Geheimschutz

Die TCB eines Systems mit dem Level C1 genügt den benutzerbestimmbaren Sicherheitsanforderungen, indem sie die Trennung von Benutzern und Daten erlaubt. Sie enthält – in irgendeiner Form – zuverlässige Kontrollen, die Zugriffsbeschränkungen auf individueller Basis durchsetzen können; d.h. die Kontrollen sind offenkundig dazu geeignet, Benutzer in die Lage zu versetzen, projektbezogene oder private Informationen zu schützen und ein versehentliches Lesen oder Vernichten ihrer Daten durch andere Benutzer zu verhindern. Bei Level C1 wird von einem Umfeld ausgegangen, in dem kooperierende Benutzer Daten des selben Grades von Schutzwürdigkeit verarbeiten.

3.2.2.2 Level C2: Schutz durch Zugriffskontrolle

Systeme des Levels C2 setzen eine differenziertere benutzerbestimmbare Zugriffskontrolle als C1-Systeme durch. Durch Anmeldeverfahren, Beweissicherung sicherheitsrelevanter Ereignisse und die Isolation von Ressourcen können Benutzer individuell für ihre Aktivitäten rechenschaftspflichtig gemacht werden. C2-Systeme bieten bereits Schutz vor gezielten Angriffen Außenstehender und erlauben die Verfolgung unerlaubter Aktionen. Dieser Level wird vielfach auch für zivile Anwendungen gefordert und kann als der für die gegenwärtige zivile Praxis relevanteste Level gelten. Er wird deswegen in Kapitel 4.2.3.1 (in der Fassung als ITSEC-Funktionalitätsklasse F-C2) genauer vorgestellt.

3.2.3 Gruppe B: Vorgeschriebener Schutz

Bei Systemen dieser Gruppe müssen die wesentlichen Datenstrukturen innerhalb des jeweiligen Systems mit Schutzmarkierungen (sensitivity labels) gekennzeichnet sein, damit sich darauf aufbauend die vorgeschriebenen Zugriffskontrollregeln durchzusetzen lassen. Die TCB muß die Integrität der Schutzmarkierungen sicherstellen. Der Systementwickler muß zusätzlich das Sicherheitspolitikmodell, auf dem die TCB basiert, und eine Spezifikation der TCB zur Verfügung stellen. Weiterhin muß belegt werden, daß das Referenzmonitor-Konzept implementiert wurde.

3.2.3.1 Level B1: Schutz durch Kennzeichnung

Systeme des Levels B1 enthalten alle Vorkehrungen, die für C2-Systeme verlangt werden. Weiterhin müssen existieren: eine informelle Angabe bezüglich des Sicherheitspolitikmodells, die Kennzeichnung der Daten und eine Durchsetzungsmöglichkeit für eine vorgeschriebene Zugriffskontrolle über benannte Subjekte und Objekte. Es muß die Möglichkeit bestehen, exportierte Informationen akkurat zu kennzeichnen. Alle während des Testens festgestellten Fehler müssen beseitigt werden.

3.2.3.2 Level B2: Schutz durch Strukturierung

Bei Systemen des Levels B2 basiert die TCB auf einem klar definierten und dokumentierten formalen Sicherheitspolitikmodell. Dieses Modell verlangt, daß die in B1-Systemen vorgesehene Durchsetzung der benutzerbestimmbaren und vorgeschriebenen Zugriffskontrolle auf alle Subjekte und

Objekte des DV-Systems ausgedehnt wird. Zusätzlich werden verdeckte Kanäle berücksichtigt. Die TCB muß sorgfältig in schutzkritische und nicht schutzkritische Elemente strukturiert sein. Die TCB-Schnittstelle ist gut definiert, und die TCB kann aufgrund ihres Entwurfs und ihrer Implementierung gründlicheren Tests und einem vollständigeren Review unterzogen werden. Die Authentifizierungsverfahren sind verschärft; vertrauenswürdiges Management des Systems wird durch die Unterstützung der Systemverwaltungs- und Systembedienungsfunktionen sichergestellt; strenge Konfigurationsmanagementkontrollen werden aufgestellt. Das System ist relativ[5] eindringungssicher.

3.2.3.3 Level B3: Sicherheitsdomänen

Systeme des Levels B3 müssen die Anforderungen an den Referenzmonitor und den Referenzvalidierungsmechanismus (vgl. 3.1.1) voll erfüllen. Zu diesem Zweck ist die TCB so strukturiert, daß Programmcode, der nicht wesentlich für die Durchsetzung der Sicherheitspolitik ist, nicht in der TCB eingeschlossen ist; ein signifikanter Teil der Arbeit während des Entwurfes und des Designs der TCB ist auf eine Minimierung ihrer Komplexität gerichtet. Die Rolle eines „Sicherheitsadministrators" wird unterstützt; die Beweissicherungsmechanismen werden dahingehend erweitert, daß sie sicherheitsrelevante Vorfälle signalisieren; Wiederanlaufprozeduren werden ebenfalls gefordert. Das System ist in hohem Maße eindringungssicher.

3.2.4 Gruppe A: Verifizierter Schutz

Diese Gruppe ist durch die Anwendung formaler Verfahren zur Verifikation der Sicherheit gekennzeichnet. Damit soll gewährleistet werden, daß die in dem System angewandten vorgeschriebenen und benutzerbestimmten Sicherheitskontrollen wirksam die im System gespeicherten bzw. verarbeiteten Verschlußsachen oder anderen schutzbedürftigen Informationen schützen können. Eine ausführliche Dokumentation ist gefordert, um nachzuweisen, daß die TCB die Sicherheitsanforderungen in bezug auf alle Aspekte von Entwurf, Entwicklung und Implementierung erfüllt.

3.2.4.1 Level A1: Verifizierter Entwurf

Systeme des Levels A1 sind darin funktional äquivalent zu denen des Levels B3, daß keine zusätzlichen Anforderungen hinsichtlich der Architektur oder der Sicherheitspolitik hinzukommen. Die kennzeichnenden und auszeichnenden Merkmale der Systeme dieses Levels sind die Analyse anhand der formalen Entwurfsspezifikations- und -verifikationsverfahren und die daraus resultierende hochgradige Gewährleistung, daß die TCB korrekt implementiert ist. Diese Gewährleistung wird stufenweise während der Entwicklung erreicht, wobei mit einem formalen Modell der Sicherheitspolitik und einer formalen Spezifikation des Designs auf höchster (abstraktester) Ebene begonnen wird. Entsprechend der bei Systemen des Levels A1 geforderten ausführlichen Analyse

---

5. Was „relativ" bedeutet, wird in den TCSEC nicht näher erläutert.

von Entwurf und Entwicklung der TCB ist ein strengeres Konfigurationsmanagement erforderlich, und es werden Verfahren zur sicheren Verteilung (Auslieferung) des Systems an die Einsatzorte etabliert. Ein Systemsicherheitsbeauftragter wird unterstützt.

3.3 Grenzen und Schwächen der TCSEC

Der strukturellen Einfachheit und relativen Übersichtlichkeit der TCSEC steht eine erhebliche Beschränkung ihrer allgemeinen Anwendbarkeit gegenüber, wie sich aus folgenden Gesichtspunkten ergibt:

(1) Technisch orientieren sich die TCSEC am Stand der Informationstechnik der 70er Jahre, die wesentlich von organisatorisch zentral angesiedelten Großrechenanlagen geprägt war. Infolgedessen eignen die TCSEC sich nicht für die Evaluation vernetzter und dezentral angesiedelter Systeme oder darauf basierender Anwendungen (wie etwa Electronic Data Interchange – EDI), und auch die 1987 erschienene „Trusted Network Interpretation – Red Book"[6] machte eine angemessene Evaluation nicht möglich [Schützig 1991, Chokhani 1992].

(2) Die den TCSEC zugrundegelegte Sicherheitspolitik orientiert sich überwiegend an den militärischen Führungsstrukturen und Geheimhaltungsbedürfnissen der TCSEC-Editoren: Informationen haben „von unten nach oben" zu fließen und vor allem vertraulich zu bleiben, selbst wenn dies den Betriebsablauf erheblich kompliziert. Die im kommerziellen Bereich wichtige Forderung nach der Integrität von Daten oder Systemen, etwa daß Daten in Vertragsformulierungen sicher unmanipuliert bleiben, ist durch das Modell nicht abgedeckt und spielt in den TCSEC kaum eine Rolle.

(3) Sicherheit wird stets nur als die Sicherheit eines schützenswerten Systembetreibers vor Angriffen von außen verstanden. Daß ein Teilnehmer eines Kommunikationssystems Schutz vor dem Betreiber benötigt, liegt außerhalb des Fokus der TCSEC. Damit sind Anforderungen mehrseitiger Sicherheit durch die TCSEC nicht abgedeckt.

(4) Zwischen Sicherheitsfunktionen, etwa der Protokollierung sicherheitsrelevanter Vorfälle, einerseits und dem Aufwand, der zur Qualitätssicherung der jeweils eingesetzten Mechanismen, etwa durch formale Verifikation oder ausgiebiges Testen, andererseits betrieben wird, wird in den TCSEC strukturell nicht unterschieden. Die Anforderungen für die verschiedenen „Level" sind infolgedessen eine eher bunte Mischung aus Funktionalitäten und Qualitätssicherungsmaßnahmen. Entsprechend sind die Zertifikate wenig transparent. Sie lassen beispielsweise nicht erkennen, wohin zusätzlicher Aufwand zur Nutzbarmachung eines nur teilweise die Anforderungen der vorgesehenen Anwendung erfüllenden Produktes investiert werden muß: in die Erweiterung der Funktionalität (etwa durch Zukauf weiterer

---

6.   [USA_NCSC 1987], nach seiner Umschlagsfarbe „Red Book" genannt, sollte die TCSEC-Struktur auf Netze übertragen.

Produkte) oder in die Intensivierung der Qualitätssicherung (etwa durch eine genauere Untersuchung).

Eine sehr prägnante Beurteilung findet sich in [Schramm 1995]: „Auf den konkreten Fall des Betriebssystems MVS bezogen, erscheint ein nennenswerter Nutzen der Zertifizierung nach dem "Orange Book" für die Praxis bisher nicht gegeben". Stellvertretend für die Details dieser und weiterer Kritik sei hier die folgende Einschätzung wiedergegeben. Sie findet sich in einer zusammenfassenden Analyse der 1987/88 durchgeführten Bewertung eines Betriebssystems für mittelgroße Rechner. Dabei wurden die Ergebnisse auch zu den TCSEC in Beziehung gesetzt; es wurde insbesondere untersucht, welche Aussagekraft eine TCSEC-Einstufung der Sicherheit des Betriebssystems hat:

„Es läßt sich daher feststellen, daß der Kriterien-Katalog des Orange Book sowohl bezüglich der Granularität seiner Aussagen als auch bezüglich der Vollständigkeit der mit ihm erzielbaren Systembeschreibung eine Reihe von Wünschen offen läßt. Die Aussagekraft der Zuordnung eines Systems zu einer bestimmten Schutzklasse ist relativ schwach, vor allem wenn man den Aufwand bedenkt, der für eine solche Zuordnung getrieben werden muß.

Um den Mängeln der Bewertung entgegenzusteuern, die sich durch die ungleichmäßige Abdeckung der Sicherheitseigenschaften durch die Orange-Book-Kriterien ergeben, sollten die für die Sicherheit eines Systems relevanten Eigenschaften durch die Menge der in diesem System vorhandenen Schutzmaßnahmen beschrieben werden. Dabei empfiehlt sich eine Darstellung, die sich an einem in Schichten oder Ebenen aufgebauten Schutzmodell orientiert. Die Kriterien zur Zuverlässigkeit der gebotenen Schutzfunktionen sollten dabei unabhängig von den funktionalen Kriterien aufgeführt sein."[7]

Ein Teil der in der Studie aufgeführten Verbesserungsvorschläge wurde bei der Erstellung der deutschen IT-Sicherheitskriterien bzw. der ITSEC berücksichtigt. Das gilt insbesondere für die Trennung von Funktionalität und Qualitätssicherung, die ein wesentliches Strukturelement dieser Kriterien ist (vgl. Kapitel 4.1.1).

---

7.   [v. Essen 1991], S. 191. Autor der dem Buch zugrundeliegenden Studie ist Dr. Gerhard Weck, Infodas GmbH, Köln.

4 Die europäischen ITSEC und die deutschen ZSISC

Die Schwächen der TCSEC (vgl. Kapitel 3.3) und die restriktive US-amerikanische Politik gegenüber evaluationsinteressierten ausländischen Herstellern bewirkten, daß in Europa eigene Kriterien entworfen wurden. 1989 erschien in Deutschland die erste – und bislang einzige – Fassung der ZSISC[1] [D_ZSI 1989a, 1989b], herausgegeben von der damaligen *Zentralstelle für Sicherheit in der Informationstechnik (ZSI)*, der Vorgängerbehörde des *BSI*. Diese Kriterien unterscheiden zwischen Sicherheitsfunktionalität und Qualitätssicherung. Auch in Frankreich und Großbritannien entstanden Kriterien [F_SCSSI 1989; UK_CESG 1989; UK_DTI 1989a, 1989b].

Seit Mai 1990 werden im Rahmen der INFOSEC-Initiative der *Kommission der Europäischen Gemeinschaften* harmonisierte Evaluationskriterien diskutiert: die „Information Technology Security Evaluation Criteria (ITSEC)" [CEC 1990, 1991a, 1991b], deren aktuelle Version 1.2 vom 28. Juni 1991 offiziell vom *BSI* (Bundesamt für Sicherheit in der Informationstechnik) ins Deutsche übersetzt wurde und in deutscher Fassung „Kriterien für die Bewertung der Sicherheit von Systemen der Informationstechnik (ITSEC)" heißt [CEC 1991c]. Die ITSEC sind ihrem Untertitel gemäß harmonisierte Kriterien der EG-Nationen Deutschland, Frankreich, Großbritannien und Niederlande, wobei der Einfluß der britischen und der deutschen Kriterien am stärksten erscheint: Die mit den ZSISC eingeführte Trennung von Sicherheitsfunktionalität und Qualitätssicherung wurde übernommen.

Kapitel 4.1 erläutert die Konzepte der ITSEC und der ZSISC genauer; Kapitel 4.2 ist der Sicherheitsfunktionalität gewidmet, Kapitel 4.3 der Qualitätssicherung (*Assurance*[2]). 4.2 und 4.3 enthalten je eine kurze Diskussion besonderer Schwächen der Kriterien und eventueller Verbesserungsmöglichkeiten. Eine auf die ITSEC zugespitzte und kurz kommentierte Zusammenfassung von Bewertungen der gegenwärtigen Zertifizierungs- und Kriterienlandschaft findet sich in Kapitel 5.

---

1. Der volle Titel lautet „IT-Sicherheitskriterien – Kriterien für die Bewertung der Sicherheit von Systemen der Informationstechnik (IT)". Die Abkürzung ZSISC leitet sich aus „ZSI Security Criteria" ab.

2. Die Auswahl eines deutschen Begriffes für „Assurance" ist ein Thema für sich: In der offiziellen deutschen Übersetzung der ITSEC [CEC 1991c] wird dafür der Begriff „Vertrauenswürdigkeit" verwendet. Dieser Begriff ist jedoch insofern irreführend, als es bei „Assurance" gemäß ITSEC nicht um das Maß an Vertrauenswürdigkeit geht (das könnte auch kaum zertifiziert werden), sondern um das Maß an *Bemühen um* Vertrauenswürdigkeit. „Vertrauenswürdigkeit" ist im übrigen die Übersetzung des Begriffes „Trustworthiness", ein deutlich stärkerer Terminus als „Assurance". Möglicherweise waren die ITSEC-Übersetzer von einer gewissen Marketing-Euphorie inspiriert. „Zusicherung", die handelsüblichen Lexika zu entnehmende Übersetzung für „Assurance", trifft den zu beschreibenden Sachverhalt besser, ist jedoch als Fachbegriff nicht eingeführt. Deshalb wird im folgenden der in den ZSISC verwendete und einigermaßen passende Begriff „Qualitätssicherung" benutzt oder aber „Assurance" nicht übersetzt.

Die ITSEC lösten schon schnell nach Erscheinen der Version 1.0 harte Kritik aus[3]. Diese richtete sich im Kern gegen

- den aus den TCSEC übernommenen Denkansatz, Sicherheit nur als die Sicherheit des Systembetreibers zu betrachten (vgl. 4.2.4 und 5.1.1), sowie gegen

- die als gefährlich eingeschätzte Tendenz, in Evaluationskriterien lediglich kritiklos den kommerziell bereits erreichten Stand der Technik zu dokumentieren und diesen damit für die Zukunft festzuschreiben sowie „gegen Verbesserungen abzusichern" (vgl. 4.3.5 und 5.2).

1991 und noch danach [Robinson 1992] wurde der Eindruck erweckt, die ITSEC Version 1.2 sei nur bis 1993 gültig und sollte bis dahin auf der Basis von Evaluationserfahrungen und des Diskussionsstandes in der internationalen Normung in Richtung auf eine „stabile" Version 2.0 überarbeitet werden. Eine Version 2.0 ist – nicht zuletzt wegen der Aktivitäten in Richtung auf die „Common Criteria" (vgl. Kapitel 8) – nicht in Sicht, und die Version 1.2 der ITSEC ist weiterhin Grundlage für Evaluationen in Europa.

Im September 1993 erschien mit dem „Information Technology Security Evaluation Manual" (ITSEM [CEC1993]) ein Evaluationshandbuch zu den ITSEC. Es folgt der Struktur der ITSEC mitsamt ihren Schwächen (vgl. [Rannenberg 1994b]).

4.1 Die Konzepte der ITSEC und ZSISC

Vier Aspekte der ITSEC können als die wesentlichen Charakteristika und Unterschiede zum Ansatz der TCSEC angesehen werden. Zwei Konzepte lagen zuvor bereits den ZSISC zugrunde; bei den zwei anderen Aspekten sind die ZSISC noch den TCSEC ähnlicher und wie diese eher verbindlich und weniger allgemein als die ITSEC angelegt. Die vier Aspekte sind im einzelnen:

(1) Die ITSEC sehen wie die ZSISC, aber anders als die TCSEC eine Einstufung bezüglich Funktionalitätsumfang *und* Qualitätssicherung (*Assurance*) vor (siehe 4.1.1). Entsprechend enthalten die Zertifikate mehrere Einstufungsangaben und lassen sich nicht mehr wie bei den TCSEC total hierarchisch ordnen (siehe 4.1.2).

(2) Wie in den ZSISC wird auch in den ITSEC „Sicherheit" als „die Kombination aus Vertraulichkeit, Integrität und Verfügbarkeit"[4] betrachtet. Dieser „Dreiklang" hat anders als der Ansatz der kanadischen CTCPEC keine direkten Konsequenzen für die Beschreibung von Sicherheitsfunktionalität, stellt aber einen erheblichen Unterschied zu den TCSEC dar, bei denen Sicherheit weitgehend nur mit „Vertraulichkeit" identifiziert wird (siehe auch 4.2, speziell 4.2.1).

---

3. Frühe Kritik findet sich in [Pfitzmann 1990c; Rihaczek 1990; Meyer, Rannenberg 1991; Pfitzmann 1991; Rannenberg 1991a, 1991b; Rihaczek 1991a, 1991b], für weitere Referenzen siehe Kapitel 5.

4. ITSEC deutsch [CEC 1991c], P. 6.57, S.115.

(3)   Anders als in den ZSISC wird in den ITSEC ausdrücklich zwischen Systemen und Produkten unterschieden: Systeme haben einen zum Zeitpunkt der Evaluation bekannten Zweck und eine spezifische Betriebsumgebung; bei Produkten, etwa Sicherheitssoftware für Personalcomputer, ist die Einsatzumgebung zum Zeitpunkt der Evaluation unbekannt (vgl. auch 1.3). Infolgedessen mußte ein neuer gemeinsamer Oberbegriff (Evaluationsgegenstand – EVG, engl. Target of Evaluation – TOE) gefunden werden.

(4)   Welche Funktionalität der Sponsor evaluieren muß, ist in den ITSEC weniger strikt als in den ZSISC und den TCSEC vorgeschrieben (siehe 4.1.3). Die ITSEC verstehen sich mehr als *Evaluations*kriterien denn als *Sicherheits*kriterien.

4.1.1 Trennung von Funktionalität und Qualitätssicherung

Der hauptsächliche strukturelle Unterschied zwischen den ITSEC und den ZSISC einerseits und den TCSEC andererseits ist die in den ZSISC und ITSEC eingeführte Zweigliederung der zu bewertenden Sicherheit in Sicherheitsfunktionalität (*Functionality*) einerseits und Qualitätssicherung (*Assurance*) andererseits (vgl. auch Abb. 4-1):

(1)   Unter **Funktionalität** fällt, was das zu bewertende System tut oder tun kann, um sicher zu sein; dies sind typischerweise eingebaute Maßnahmen wie Paßwortschutz, Zugriffskontrollisten oder Verschlüsselung.

(2)   **Qualitätssicherung** umfaßt Maßnahmen und Aufwendungen, die Entwickler, Produzenten und eventuell auch Betreiber unternehmen, um das System sicher herzustellen und nutzbar zu machen. Die Bewertung der Qualitätssicherung wird ihrerseits zweifach unterteilt – in die Bewertung von Wirksamkeit und die von Korrektheit:

(2.1)   Bei der Evaluation der **Wirksamkeit** wird untersucht, ob die Funktionen und Mechanismen des Evaluationsgegenstandes, die die Sicherheit durchsetzen, wirklich für die formulierten Zielsetzungen ausreichen. Hier wird auch die Stärke der Sicherheitsmechanismen gegenüber direkten Angriffen geprüft.

(2.2)   Bei der Evaluation der **Korrektheit** wird untersucht, ob die Funktionen und Mechanismen des Evaluationsgegenstandes, die die Sicherheit durchsetzen, korrekt implementiert wurden. Auf die Evaluation der Korrektheit bezieht sich auch die Bildung der sieben Evaluationslevels (E-Levels) der ITSEC (E0 bis E6).

Einige Beispiele für die jeweiligen Aspekte enthält Abbildung 4-1, genauere Ausführungen finden sich in den Kapiteln 4.2 und 4.3.

Die Trennung von Funktionalität und Qualitätssicherung wurde allgemein als großer Fortschritt empfunden, weil sie es möglich machte, auch Systeme mit sehr begrenzter Funktionalität, etwa kleine Gateway-Rechner, in Richtung auf hohe Evaluationslevels zu prüfen. In der Version 3.0 der kanadischen CTCPEC wurde dieser Ansatz übernommen (vgl. Kapitel 6); bei ISO/IEC teilte man das

Normprojekt (vgl. 7) in zwei entsprechende Teile sowie einen dritten als Rahmen. Auch in den USA tauchten Entwürfe für ein Nachfolgedokument zu den TCSEC auf, das sich an der Zweigliederung orientierte [USA_NIST 1992].

(1) Funktionalität (Functionality):
„Was kann das System für Sicherheit tun?"

- Geheimhaltung vor Außenstehenden (Confidentiality)
- Keine unbemerkten Manipulationen (Integrity)
- Keine Ausfälle (Availability)

(2) Qualitätssicherung (Assurance):
„Was wird getan, um sicherzustellen,
daß das System tut, was es soll / nicht tut, was es nicht soll?"

(2.1) Wirksamkeit (Effectiveness)

- Passen die Sicherheitsfunktionen zu den Sicherheitszielen? (Suitability)
- Bilden die Sicherheitsfunktionen ein abgestimmtes Ganzes? (Binding)
- Wie stark sind die Mechanismen? (Strength of Mechanisms)
- Wo sind Konstruktionsschwächen? (Construction Vulnerabilities Assessment)
- Wie leicht ist das System sicher zu betreiben? (Ease of Use)
- Wo sind Betriebsschwächen? (Operational Vulnerabilities Assessment)

(2.2) Korrektheit (Correctness)

- Wie formal spezifiziert sind die zur Prüfung zur Verfügung gestellten Dokumente?
- Mit welchem Aufwand wird nach Schwachstellen gesucht?
- Welcher Aufwand wird zur Sicherung des Betriebes getrieben?

Abb. 4-1: Sicherheitsevaluation zweifach gegliedert in Bewertung der Funktionalität und der Qualitätssicherung

In den USA regten sich jedoch auch kritische Stimmen: Sie stuften die Aufteilung als irreführend ein und warnten vor nur scheinbar sicheren Systemen mit umfangreicher Sicherheitsfunktionalität, aber nur äußerst magerer Qualitätssicherung, ebenso vor Systemen mit „Quasi-Nullfunktionalität", die nichts könnten, dies aber mit einem sehr hohen Evaluationslevel bescheinigt bekämen. Im übrigen sei die Aufteilung in vielen Fällen künstlich, weil Sicherheitsfunktionalität und Qualitätssicherung wechselseitig voneinander abhingen. Eine genauere Darstellung dieser Diskussion findet sich in [Rannenberg 1995].

4.1.2 Dreifaltige Evaluationsresultate

Eine Evaluation gemäß der ITSEC resultiert in einem dreifaltigen Resultat, das im Zertifikat wiedergegeben wird:

(1) Beschreibung der **Funktionalität**, die evaluiert wurde: Diese Beschreibung stützt sich vielfach auf Funktionalitätsklassen (vgl. 4.2.3), kann aber auch unabhängig von diesen formuliert werden; dann wird empfohlen, die Sicherheitsgrundfunktionen (in den ITSEC „Generische Oberbegriffe", vgl. 4.2.2) zu verwenden;

(2) Ein **Evaluationslevel**: Dieser Level resultiert vor allem aus der Bewertung der Korrektheit und mit Einschränkungen auch aus der Bewertung der Wirksamkeit (vgl. 4.3.4);

(3) Eine Einstufung der **Stärke der Sicherheitsmechanismen** des Evaluationsgegenstandes (vgl. 4.3.1).

Entsprechend dieser Dreidimensionalität lassen sich die Evaluationsresultate nicht mehr wie bei den TCSEC linear hierarchisch ordnen. Zum anschaulichen Vergleich mit den Einstufungen der TCSEC bietet sich ein zweidimensionales Diagramm an, dessen zwei Achsen aus den ITSEC-Evaluationslevels und fünf der ITSEC-Funktionalitätsklassen bestehen. Darin lassen sich die – aus ITSEC-Sicht kombinierten – TCSEC-Levels recht gut einordnen (siehe Abb. 4-2).

ITSEC-Funktionalitätsklasse ITSEC-Evaluationslevel	F-C1	F-C2	F-B1	F-B2	F-B3
E6					A1
E5					B3
E4				B2	
E3			B1		
E2		C2			
E1	C1				
E0	D				

Abb. 4-2: ITSEC- und TCSEC-Levels im Vergleich

Die Einordnung ist nur eine ungefähre, da sich die Anforderungen an die Qualitätssicherung in den ITSEC und den TCSEC nicht exakt entsprechen. Eine detaillierte Analyse dieser Beziehungen findet sich in [Eurobit 1991]. Die weiteren fünf als Beispiele vorgegebenen Funktionalitätsklassen der ITSEC entziehen sich einer solchen Einordnung ganz, genau wie Zertifikate, die ohne Bezug auf eine Funktionalitätsklasse ausgestellt wurden (vgl. 4.2.3). Dies mag aus Gründen der Übersichtlichkeit ein Nachteil sein; es spiegelt aber eher die Vielfalt verschiedener Sicherheitsanforderungen wieder, die die TCSEC schlicht ausblenden.

4.1.3 Ein Auswahlkatalog statt vorgeschriebener Funktionalität

In den TCSEC ist sehr strikt festgelegt, was Sicherheitsfunktionalität zu sein hat, und die TCSEC-Klassen folgen einer entsprechend strikten Hierarchie. In den ZSISC ist zwar die Auswahl mit zehn Funktionalitätsklassen schon größer, jedoch immer noch beschränkt. Die ITSEC haben zwar bezüglich der Funktionalität fast die gleiche Grundstruktur wie die ZSISC, sind jedoch in zwei wesentlichen Punkten allgemeiner und weniger verbindlich gefaßt:

(1)   Die zu evaluierende Sicherheitsfunktionalität muß sich nicht mehr an einer von zehn Funktionalitätsklassen orientieren. Wer ein System evaluieren und zertifizieren lassen möchte, kann selbst bestimmen, auf welche Funktionalität sich eine Prüfung beziehen soll. Die zehn Funktionalitätsklassen der ZSISC sind infolgedessen nur noch als Beispiele im Anhang der ITSEC enthalten.

(2)   Den acht „Grundfunktionen sicherer IT-Systeme" gemäß ZSISC entsprechen in den ITSEC acht „Generic Headings", die als Ordnungshilfe zur Spezifikation der jeweiligen sicherheitsspezifischen Funktionen empfohlen werden.

Daß die ITSEC-Funktionalitätsklassen – zumindest offiziell – lediglich als Beispiele angesehen werden, hat der Diskussion, welche Funktionalitätsklassen wirklich benötigt werden, einen Teil ihrer Schärfe genommen. Damit steigt jedoch die Bedeutung der Grundfunktionen (bzw. der „Generic Headings"), aus denen man Funktionalität kombinieren kann (vgl. 4.2.2).

4.2 Sicherheitsfunktionalität

Als Sicherheitsfunktionalität wird evaluiert, was das zu bewertende System tut oder tun kann, um sicher zu sein. Da Sicherheitsfunktionalität von eher abstrakten Zielen, etwa Vertraulichkeit, bis zu eher konkreten Mechanismen, etwa Verschlüsselung, reicht, wird sie von den aktuellen Kriterien in verschiedene Abstraktionsebenen unterteilt (siehe 4.2.1). Die für die Beschreibung zu evaluierender Sicherheitsfunktionalität wichtigste Abstraktionsebene ist die der Grundfunktionen (vgl. 4.2.2). In Zertifikaten wird vielfach Bezug auf Funktionalitätsklassen als Kombinationen von Grundfunktionen genommen (siehe 4.2.3). Allen derzeit offiziell gültigen Kriterien gemeinsam ist der Ansatz, mehr Sicherheit meist durch die Speicherung von mehr Daten erreichen zu wollen. Die Auswirkungen dieses Ansatzes auf die Gestaltung von Sicherheitsfunktionalität werden in Kapitel 4.2.4 diskutiert.

4.2.1 Die verschiedenen Abstraktionsebenen in aktuellen Kriterien

Drei Ebenen verschieden starker Abstraktion lassen sich in den Kriterien seit den ZSISC ausmachen (siehe auch Abb. 4-3):

(1) Abstrakte „**Ziele**" auf höchster Ebene: Je nach Kriterienkatalog heißen diese Ziele „Meanings of Security" (ITSEC), „Functional Criteria" (CTCPEC), „Policy Components" (FC-ITS), „Classes" (CC) oder „Facets of Security" (ISO-ECITS in der Version von 1992). In den ITSEC gibt es drei Ziele: „Confidentiality", „Integrity", und „Availability", die allerdings anders als in den CTCPEC nicht in direktem Bezug zu den Elementen der anderen Ebenen stehen.

(2) Konkretere „**Grundfunktionen**" oder „Sicherheitsgrundfunktionen": Sie heißen „Grundfunktionen sicherer Systeme" (ZSISC), „Generic Headings to specify security functionality" bzw. „Generische Oberbegriffe" (ITSEC), „Security Services" (CTCPEC, ISO-ECITS), „Functional Components" (FC-ITS) oder „Families" (CC). Bei der Beschreibung der jeweils zu evaluierenden Funktionalität sollen nach dem Wunsch der Kriterieneditoren möglichst die Grundfunktionen verwendet werden. Die „Generic Headings" der ITSEC werden in 4.2.2 beschrieben.

(3) **Mechanismen**: Sie dienen zur Implementierung der Grundfunktionen und werden in den Kriterien meist nur als Beispiele erwähnt. In den ITSEC haben sie eine besondere Bedeutung, weil sie im Rahmen der Qualitätssicherung auf die Widerstandsfähigkeit gegenüber direkten Attacken hin überprüft werden. Das deutlichste Beispiel eines Mechanismus ist Verschlüsselung. Diese zu prüfen, unterliegt allerdings national unterschiedlich scharfen Restriktionen und wird deshalb in den internationalen CC derzeit ausgeblendet, um nicht mit nationalen Hoheitsansprüchen in Konflikt zu kommen.

Die Abgrenzung von Grundfunktionen und Mechanismen ist umstritten. Beispielsweise kann die ITSEC-Grundfunktion „Identification & Authentication" mit gutem Grund auch als Mechanismus angesehen werden, vgl. hierzu auch [Rannenberg 1994a].

Aus Kombinationen von Grundfunktionen werden **Funktionalitätsklassen** gebildet. Funktionalitätsklassen können auf die jeweilige Anwendung oder technische Charakteristika des jeweiligen Evaluationsgegenstandes hin zugeschnitten sein (vgl. auch Kapitel 4.2.3 mit Beispielen von ITSEC-Funktionalitätsklassen sowie Anhang B mit der Funktionalitätsklasse für die Sicherheit digitaler Telekommunikationsanlagen).

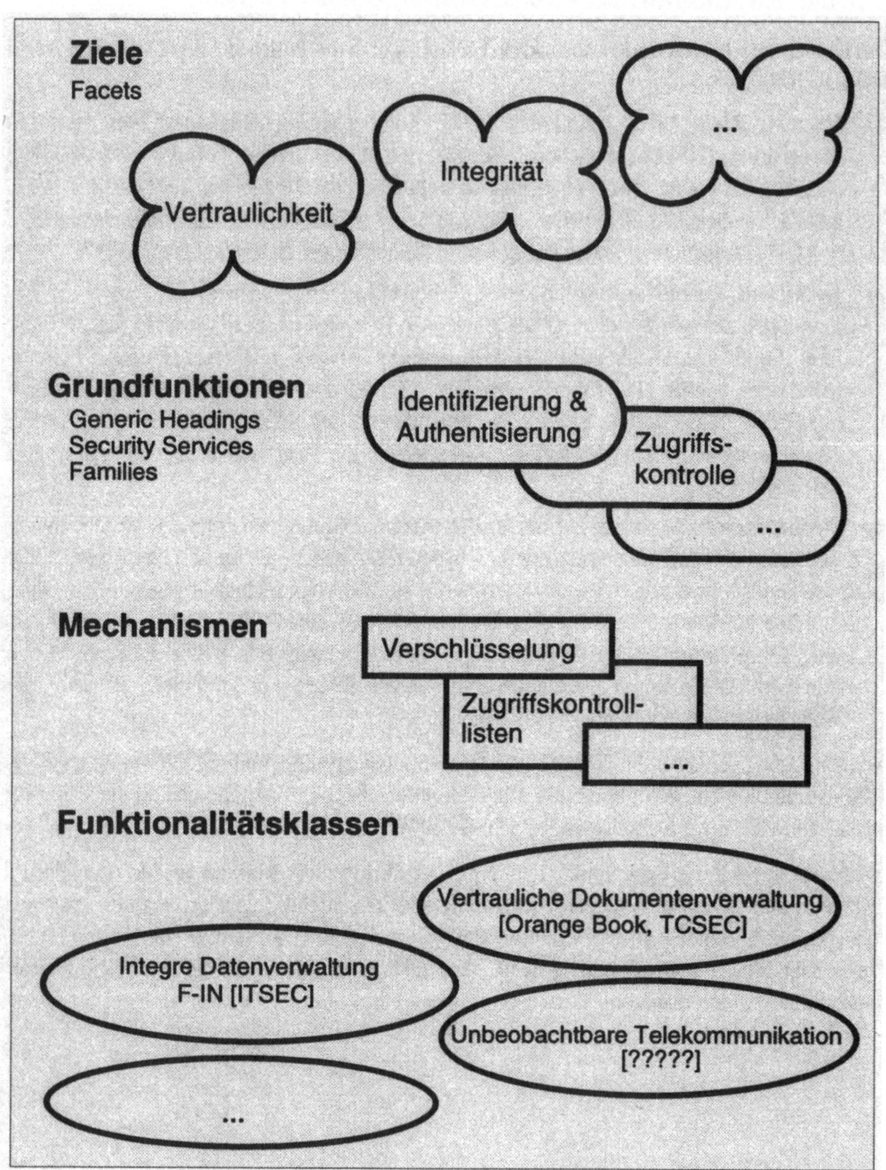

Abb. 4-3: Abstraktionsebenen von Sicherheitsfunktionalität[5]

Abbildung 4-3 enthält zwei Beispiele für existierende Funktionalitätsklassen: F-IN ist eine Klasse der ITSEC, zugeschnitten auf integritätsorientierte Datenverwaltung, etwa in Datenbanken. Vertraulicher Dokumentenverwaltung ist eine Familie von fünf ITSEC-Funktionalitätsklassen gewidmet, die aus den TCSEC abgeleitet sind[6]. Eine Funktionalitätsklasse für unbeobachtbare Telekommunikation, etwa von Betriebsräten in betrieblichen ISDN-Nebenstellenanlagen, fehlt und ist auch aus den ITSEC-Grundfunktionen kaum zu bilden (vgl. hierzu Kapitel 11). Sie steht darum mehr als Illustration der Kriteriendefizite in der Abbildung.

4.2.2 Grundfunktionen

Grundfunktionen sind im Vergleich zu Sicherheitszielen schon wesentlich konkreter. Nach dem Wunsch der Kriterieneditoren sollen bei der Beschreibung der jeweils zu evaluierenden Funktionalität möglichst die in den jeweiligen Kriterien aufgeführten Grundfunktionen verwendet werden. Insofern sind die Grundfunktionen relativ bedeutsam und illustrieren auch das Sicherheitsverständnis der jeweiligen Autoren weit mehr als die Sicherheitsziele. In den folgenden zwei Unterkapiteln werden die Grundfunktionen der ITSEC und der ZSISC vorgestellt und diskutiert.

4.2.2.1 Die Grundfunktionen der ZSISC und ihre Defizite

In den ZSISC waren die Grundfunktionen noch als solche benannt, und es wurde der Anspruch erhoben, mit ihnen ein sehr weites Spektrum[7], wenn nicht gar alle Sicherheitsanforderungen[8] abdecken zu können. Die Widersprüche in den ZSISC illustrieren, daß es dazu verschiedene Meinungen gab. Die acht „Grundfunktionen sicherer IT-Systeme" der ZSISC sind (vgl. auch Abb. 4-4):

(1) Identifikation und Authentisierung;

(2) Rechteverwaltung;

(3) Rechteprüfung;

(4) Beweissicherung;

(5) Wiederaufbereitung;

(6) Fehlerüberbrückung;

(7) Gewährleistung der Funktionalität;

(8) Übertragungssicherung.

---

5. Beispiele überwiegend aus den ITSEC

6. Die TCSEC-Funktionalität als eine Sammlung von fünf sehr verwandten Funktionalitätsklassen zu betrachten, entbehrt nicht einer gewissen Berechtigung.

7. Vgl. S. 8 der ZSISC

8. Vgl. S. 6 der ZSISC

Sicherheitsgrundfunktionen	Adressierte Problembereiche
1 Identifikation und Authentisierung	
2 Rechteverwaltung	
3 Rechteprüfung	Ideale Benutzer- und Rechteverwaltung
4 Beweissicherung	
5 Wiederaufbereitung	
6 Fehlerüberbrückung	Probleme realer Rechner
7 Gewährleistung der Funktionalität	
8 Übertragungssicherung	
8.1 Authentisierung auf Partnerebene	
8.2 Zugriffskontrolle	
8.3 Vertraulichkeit von Daten	Vernetzung
8.4 Integrität von Daten	
8.5 Authentisierung des Senders von Daten	
8.6 Anerkennung von Daten	

Abb. 4-4: Die acht Sicherheitsgrundfunktionen der ZSISC (links) und die adressierten Problembereiche (rechts)

Das den ersten vier Grundfunktionen zugrundeliegende Konzept läßt sich vereinfacht wie folgt beschreiben: Sicherheit ist gegeben, wenn jeder nur das tun kann, was er soll. Dieses ist festgeschrieben, indem Subjekten (beispielsweise Personen, aber auch von Personengruppen gemeinsam benutzten Programmen) Rechte zugewiesen werden. Damit ein Rechnersystem weiß, welche Rechte es einem Benutzer zuzugestehen hat, muß dieser sich ihm gegenüber identifizieren und authentisieren (Grundfunktion 1). Die Rechte müssen im System verwaltet (Grundfunktion 2) und bei Inanspruchnahme geprüft werden (Grundfunktion 3). Sollte jemand versuchen, ihm zugestandene Rechte zu mißbrauchen oder anderweitig dem System zu schaden, soll eine Protokollierung aller sicherheitsrelevanten Vorfälle im System (Grundfunktion 4) die Suche nach dem Schuldigen erleichtern[9]. Insgesamt modellieren die ersten vier Grundfunktionen also ein ideales Rechteverwaltungssystem, wie es auch ohne Rechner existieren könnte.

Die Grundfunktionen 5 bis 7 sollen einigen als besonders gefährlich eingeschätzten spezifischen Eigenschaften realer Rechnersysteme entgegenwirken. Die physikalischen Eigenschaften der in

Rechnern verwendeten elektrischen oder magnetischen Speichermedien führen dazu, daß gespeicherte Daten nicht ohne besonderen Anstoß gelöscht werden. Werden Schreib-Lese-Speicher nach Abschluß einer Aufgabe wiederverwendet, was bei Massenspeichern (bisher vor allem magnetische Medien, etwa Disketten) oft vorkommt und beim Arbeitsspeicher eines Rechners (bisher vor allem durch integrierte Schaltkreise realisiert) im Regelfall unumgänglich ist, können die dort noch gespeicherten Daten von einem neuen Nutzer gelesen werden, ohne daß dessen Berechtigung hierfür geprüft wird. Aus diesem Grund soll die Grundfunktion 5 dafür sorgen, daß Subsysteme ohne Sicherheitsrisiken wiederverwendet werden können, beispielsweise indem Speichermedien mehrfach mit Zufallszahlen beschrieben werden. Die (nicht unbedingt überschneidungsfreien) Grundfunktionen 6 und 7 sollen der oft komplizierten Fehlererkennung in technischen Systemen, der Behebung der Fehler und der Aufrechterhaltung des Betriebes dienen.

Die Grundfunktion 8 „Übertragungssicherung" ist weiter untergliedert, denn hier sind alle Sicherheitsfunktionen zusammengefaßt, die in vernetzten Systemen benötigt werden. Diese Gliederung in sechs Unterfunktionen wurde an die Sicherheitsarchitektur des ISO-OSI-Referenzmodells für offene Kommunikationssysteme [ISO/IEC 1989] angelehnt.

Wie in den TCSEC sind auch in den ZSISC die speziellen Probleme vernetzter Systeme strukturell nicht bewältigt. Schon die unausgewogene Struktur der acht Grundfunktionen, von denen nur eine, nämlich „Datenaustausch", Unterfunktionen hat, ist ein Beleg dafür. Hinzu kommt, daß mindestens vier der Unterfunktionen sich inhaltlich mit den ersten sieben Grundfunktionen überschneiden.

Wichtigster Kritikpunkt an den Grundfunktionen ist, daß sie lediglich die Strategie unterstützen, ein System und seine Betreiber durch die Sammlung möglichst vieler Daten, etwa mittels Identifizierung und Protokollierung, zu schützen. Schutzbedürfnisse von Benutzern oder Gespeicherten, etwa Telekommunikationsteilnehmern oder Bankkunden, die Kommunikations- oder Konsumentenprofile fürchten, sind mit den aufgezählten Grundfunktionen nicht zu erfüllen. Entsprechend ist es unmöglich, mit solchen Grundfunktionen technische Systeme, die Teilnehmer- oder Kundenschutz realisieren, angemessen zu beschreiben, zu evaluieren oder zu zertifizieren (vgl. auch 4.2.4).

4.2.2.2 Die Grundfunktionen der ITSEC und ihre Defizite

Den Grundfunktionen der ZSISC entsprechen in den ITSEC die „Generic Headings to specify security functionality" (Generische Oberbegriffe). Sie sind denen der ZSISC in ihrer Struktur sehr ähnlich; allerdings hat die im Zuge der Entwicklung der ITSEC geübte teilweise heftige Kritik dazu

---

9. Protokollierung kann zusätzlich zu den in den ZSISC und ITSEC beschriebenen Aufgaben auch die Funktion eines (hoffentlich vertrauenswürdigen) Dritten übernehmen. Beispielsweise kann sie zum Schlichten des Disputs zwischen zwei Teilnehmern, ob der eine eine Nachricht an den anderen gesendet hat, verwendet werden.

geführt, daß sie nicht absolut verbindlich sind, sondern lediglich, wann immer es nötig ist, verwendet werden sollen.

Die acht „Generic Headings" der ITSEC (und ihre offiziellen Übersetzungen ins Deutsche) lauten (vgl. auch Abb. 4-5):

(1)   Identification and Authentication (Identifizierung und Authentisierung);

(2)   Access Control (Zugriffskontrolle);

(3)   Accountability (Beweissicherung);

(4)   Audit (Protokollauswertung);

(5)   Object Reuse (Wiederaufbereitung);

(6)   Accuracy (Unverfälschtheit);

(7)   Reliability of Service (Zuverlässigkeit der Dienstleistung);

(8)   Data Exchange (Übertragungssicherung).

Generic Headings	Adressierte Problembereiche
1 Identification & Authentication	
2 Access Control	
3 Accountability	Ideale Benutzer- und Rechteverwaltung
4 Audit	
5 Object Reuse	
6 Accuracy	Probleme realer Rechner
7 Reliability of Service	
8 Data Exchange	
8.1 Authentication	
8.2 Access Control	
8.3 Data Confidentiality	Vernetzung
8.4 Data Integrity	
8.5 Non-Repudiation	

Abb. 4-5: Die acht „Generic Headings" der ITSEC (links) und die adressierten Problembereiche (rechts)

„Access Control" faßt die ZSISC-Grundfunktionen „Rechteverwaltung" und „Rechteprüfung" zusammen, „Accountability" und „Audit" erbringen zusammen den Funktionsumfang der ZSISC-Grundfunktion „Beweissicherung".

Für die Generischen Oberbegriffe der ITSEC gilt die gleiche Kritik wie für die Grundfunktionen der ZSISC: Die ersten vier Generischen Oberbegriffe sind einseitig von der Idee geprägt, durch Sammlung von möglichst vielen Daten dem Systembetreiber einen möglichst vollständigen Überblick über die Abläufe im System zu geben. Die Sicherheitsansprüche der Nutzer auf Schutz ihrer Privatsphäre, etwa durch Vermeidung der Erhebung von Daten, sind demgegenüber untergeordnet. Beispielsweise wäre es sehr umständlich, wenn nicht unmöglich, mit diesen Generischen Oberbegriffen eine arbeitnehmerfreundliche Funktionalitätsklasse für ISDN-Nebenstellenanlagen zu formulieren. Kern einer solchen Funktionalitätsklasse müßte beispielsweise sein, den Betriebsrat zuverlässig davor zu schützen, daß der Betreiber der Anlage (in der Regel der Arbeitgeber) mitprotokollieren kann, wen der Betriebsrat wann anruft oder wer den Betriebsrat wann anruft.

Vorschläge, einige Oberbegriffe neutraler zu formulieren, indem man sie beispielsweise als Spektren auffaßte und etwa dem einen Extrem „Beweissicherung" das andere Extrem „Unbeobachtbarkeit" gegenüberstellte, wurden beim Entwurf der ITSEC nicht aufgegriffen. Nachdem die Kritik beim Entwurf neuerer Kriterien, speziell der ISO-ECITS und der CC (zumindest vorläufig) nicht so einfach wie beim Entwurf der ITSEC ignoriert werden konnte, hat sich die Darstellung sicherer Funktionalität dort, wie auch in den CTCPEC, inzwischen recht weit von der der ITSEC entfernt[10].

Zwar sind die „Generic Headings" der ITSEC offiziell nur Empfehlungen. Da die Kriterien jedoch als offizielle Evaluationsgrundlage publiziert und damit gerade von Nichtexperten nur selten hinterfragt werden, implizieren sie ein „Offizielles Sicherheitsmodell"[11]. Bei den ITSEC stellt es die Sicherheit des Systems gegenüber seinen Nutzern über die Sicherheit der Nutzer gegenüber dem System und ist insofern unvollständig und unausgewogen. Die Risiken der einseitigen Konzentration auf die Sicherheit des Systems werden in Kapitel 4.2.4 diskutiert, die Risiken unvollständiger und unausgewogener offizieller Sicherheitsmodelle in Kapitel 5.

4.2.3 Funktionalitätsklassen

Funktionalitätsklassen sind Kombinationen von Funktionalität, idealerweise von Grundfunktionen, die auf die jeweilige Anwendung oder technische Charakteristika des jeweiligen Evaluationsgegenstandes hin zugeschnitten sind. Die als Beispiele angeführten jeweils zehn Funktionalitätsklassen

---

10. Vgl. die aktuellen Versionen der Kriterien bzw. als kürzere Darstellung [Rannenberg 1994a, 1995] und die Darstellung in Teil C dieses Textes

11. Vgl. auch eine Veröffentlichung des Bundesanzeiger-Verlages [Bundesanzeiger 1996], in der die ITSEC (in deutsch und englisch) als die „grundlegenden Texte zur IT-Sicherheit" bezeichnet werden

der ZSISC und der ITSEC unterscheiden sich nur in ihren Bezeichnungen. Fünf davon wurden aus den TCSEC abgeleitet, indem die funktionalen Anteile der TCSEC-Levels C1 bis B3 zu Funktionalitätsklassen gemacht wurden[12]. Die für den kommerziellen Bereich wichtigen – und von der Industrie wiederholt nachgefragten [Clark, Wilson 1987] – Aspekte der Integrität von Daten sollen weitere Funktionalitätsklassen (in den ZSISC F6, F8, F10; in den ITSEC F-IN, F-DI, F-DX) abdecken. Die Funktionalitätsklasse F7 bzw. F-AV soll Anforderungsbereiche abdecken, in denen besonders die Verfügbarkeit eines Rechnersystems wichtig ist, etwa zur Steuerung von Flugzeugen in Echtzeit. Die Funktionalitätsklasse F9 bzw. F-DC ist für Systeme vorgesehen, die hohe Anforderungen an die Geheimhaltung von Daten bei der Datenübertragung verlangen, wobei besonders an Geräte zur Verschlüsselung von Nutzinformationen gedacht ist. Zur Illustration wird in 4.2.3.1 als Beispiel einer ITSEC-Funktionalitätsklasse F-C2 vorgestellt, da diese gemessen an der Zahl der Evaluationen die derzeit bei weitem populärste ist.

Funktionalitätsklassen können von interessierten Gruppen nach ihren Bedürfnissen formuliert werden. Die Herstellervereinigung ECMA („European Computer Manufacturers Association") hat als Erweiterung von F-C2 eine eigene kommerziell orientierte Funktionalitätsklasse COFC (Commercially Oriented Functionality Class for Security Evaluation [ECMA 1993a, 1993c]) entworfen, die in 4.2.3.2 vorgestellt wird. Gegenwärtig ist bei ISO/IEC geplant, einige Beispiele für Funktionalitätsklassen oder vergleichbare Kombinationen, möglichst aus verschiedenen Quellen, in die ECITS-Norm aufzunehmen. Auch eine Registrierung von Funktionalitätsklassen ist angedacht (vgl. Kapitel 17, speziell 17.2).

4.2.3.1 F-C2 als Beispiel einer ITSEC-Funktionalitätsklasse

Im folgenden wird als Beispiel die Funktionalitätsklasse F-C2 der ITSEC beschrieben. Sie ist, wie ihr Name bereits andeutet, aus dem Level C2 der US-amerikanischen TCSEC abgeleitet und enthält dessen Funktionalitätsanforderungen (die C2-Qualitätssicherungsanforderungen finden sich in der Stufe E2 der ITSEC wieder). F-C2 der ITSEC entspricht der Funktionalitätsklasse F2 der ZSISC und dem Security Functionality Profile 1 der CTCPEC, die beide ebenfalls aus dem Level C2 abgeleitet wurden.

C2 gilt als der höchste Level der TCSEC, den heute übliche kommerzielle Produkte erreichen können, ohne aufwendig umkonstruiert oder in ihrer Funktionalität stark eingeschränkt zu werden. Ein Beispiel für ein Produkt, das ein C2-ähnliches Zertifikat bekommen hat, ist das von SNI für die Targon-Computer entwickelte UNIX-Derivat SecTOS 4.1.10 (1992 in Großbritannien F-C2). SINIX-S V5.22, die um Sicherheitsfunktionalität erweiterte Variante des UNIX-Betriebssystems für die SNI-Rechner der MX300-Reihe, wurde in Deutschland nach der ZSISC-Funktionalitätsklasse F1 zertifi-

---

12. Die Levels D und A1 wurden nicht berücksichtigt: D wird nur für Systeme vergeben, die die Evaluationen gemäß TCSEC nicht bestehen; A1 entspricht funktional B3.

ziert und erfüllt die Anforderungen von F2 (des C2-Äquivalents der ZSISC) teilweise. Erfolgreich nach F2 evaluiert wurde die (allerdings in ihrer Funktionalität um Rechnerkopplungen und Teilhaberbetrieb beschnittene und in der Praxis so kaum verwendete) Variante „BS2000-SC Version 10.0" des Großrechnerbetriebssystems BS2000 der Firma SNI für die Rechner der „Familie" 7500. Auch das PC-Sicherheitsprodukt Safeguard Professional 4.1A der Firma uti-maco wurde mit Zusatzoptionen nach F-C2 zertifiziert.

Nach F-C2 zertifizierte Evaluationsgegenstände (EVG) sollen die Verantwortlichkeit ihrer Benutzer für deren Aktionen sicherstellen können. Dazu werden Identifizierungsverfahren eingesetzt, sicherheitsrelevante Ereignisse protokolliert und Betriebsmittel isoliert.

Die Autoren der ITSEC haben zur Beschreibung von F-C2 fünf der „Generic Headings" der ITSEC verwendet (im folgenden **fett** gesetzt). Die wichtigsten damit verbundenen Anforderungen werden in Anlehnung an die Originalbeschreibung kurz vorgestellt:

(1) **Identifikation und Authentisierung**: Der EVG muß Benutzer eindeutig identifizieren und authentisieren, bevor der Benutzer irgendeine andere Möglichkeit erhält, mit ihm zu interagieren. Auf diese Weise soll z.B. ausgeschlossen werden, daß ein nicht zugelassener Benutzer auch ohne Arbeitsbereich Informationen über das System, etwa die Namen zugelassener Benutzer bekommt. Die Authentisierungsinformationen (also z.B. Paßworte) müssen so gespeichert sein, daß nur autorisierte Benutzer darauf Zugriff haben. Bei jeder Interaktion muß der EVG die Identität des Benutzers feststellen können.

(2) **Zugriffskontrolle**: Der EVG muß in der Lage sein, Zugriffsrechte von jedem Benutzer auf Objekte, die der Rechteverwaltung unterliegen (z.B. Dateien oder Programme), zu unterscheiden und zu verwalten. Dies geschieht auf der Basis eines einzelnen Benutzers oder der Zugehörigkeit zu einer Benutzergruppe oder beidem. Es muß möglich sein, Benutzern bzw. Benutzergruppen den Zugriff auf ein Objekt ganz zu verwehren. Daneben muß es ebenfalls möglich sein, den Zugriff auf nichtmodifizierende Operationen einzuschränken. Es muß möglich sein, für jeden Benutzer einzeln die Zugriffsrechte bezüglich eines Objektes festzulegen. Niemand außer einem autorisierten Benutzer darf die Möglichkeit haben, Rechte bezüglich eines Objektes zu vergeben oder zu entziehen. Die Rechteverwaltung muß die Weitergabe von Zugriffsrechten kontrollieren. Nur autorisierte Benutzer sollen imstande sein, neue Benutzerbereiche einzurichten oder Benutzerbereiche zu sperren oder zu löschen.

Bei jedem Zugriffsversuch auf Objekte, die der Rechteverwaltung unterliegen, hat der EVG die Berechtigung der Anforderung zu prüfen. Unberechtigte Zugriffsversuche müssen abgewiesen werden.

(3) **Beweissicherung**: Der EVG muß eine Protokollierungskomponente enthalten, die in der Lage ist, jedes der folgenden Ereignisse mit den angegebenen Daten zu protokollieren:

(a) Benutzung des Identifikations- und Authentisierungsmechanismus:

Geforderte Daten: Datum; Uhrzeit; Benutzer-Identifikation, die angegeben wurde; Kennung des Gerätes, an dem der Mechanismus benutzt wurde, z.B. die Terminal-Identifikation; Erfolg bzw. Mißerfolg des Versuchs (es sollen also insbesondere auch vergebliche Versuche protokolliert werden).

(b)   Versuchter Zugriff auf ein der Rechteverwaltung unterliegendes Objekt:

Geforderte Daten: Datum; Uhrzeit; Benutzer-Identifikation; Art des versuchten Zugriffs; Erfolg bzw. Mißerfolg des Versuchs

(c)   Aktionen autorisierter Benutzer, die die Sicherheit des EVG betreffen (Solche Aktionen sind z.B. die Einrichtung, Sperrung oder Löschung von Benutzerbereichen, die Einrichtung oder Entfernung von Speichermedien sowie das Starten oder Stoppen des EVG):

Geforderte Daten: Datum; Uhrzeit; Benutzer-Identifikation; Art der Aktion; Name des Objektes, auf das sich die Aktion bezog; Kennung des Gerätes, an dem der Mechanismus benutzt wurde, z.B. die Terminal-Identifikation; Erfolg bzw. Mißerfolg des Versuchs.

Es muß möglich sein, die Beweissicherung auf einen oder mehrere Benutzer zu beschränken (etwa auf solche, die mit besonders sensiblen Daten umgehen). Eine nur selektive Protokollierung bestimmter Aktionen zur Reduzierung des Protokolls ist nicht explizit gefordert. Auch die unterschiedliche Protokollierung von Sitzungen, die von einem „hausinternen" Terminal aus durchgeführt werden, und von solchen, die über ein Kommunikationsnetz abgewickelt werden, ist in F-C2 nicht vorgesehen (übrigens auch weder in F-IN noch F-DX).

Werkzeuge zur Auswertung und Pflege der Beweissicherungsinformationen müssen vorhanden und dokumentiert sein. Diese Werkzeuge müssen es ermöglichen, selektiv die Aktionen eines oder mehrerer Benutzer zu identifizieren.

Unbefugte Benutzer sollen keinen Zugriff auf die Beweissicherungsinformationen haben.

(4)   **Protokollauswertung**: Werkzeuge zur Überprüfung der Beweissicherungsinformationen zu Revisionszwecken müssen vorhanden und dokumentiert sein. Diese Werkzeuge müssen es ermöglichen, selektiv die Aktionen eines oder mehrerer Benutzer zu identifizieren[13].

(5)   **Wiederaufbereitung**: Alle Speicherobjekte, die dem EVG wieder zur Verfügung gestellt werden, müssen vor einer Wiederverwendung durch andere Benutzer so aufbereitet werden, daß keine Rückschlüsse auf ihren früheren Inhalt möglich sind. Diese Vorkehrung soll verhindern, daß übermäßig neugierige Zeitgenossen mit Hilfe von speziellen Werkzeugen zur Platten- und Dateiverwaltung (etwa dem Produkt Norton Tools für DOS-PCs) oder mittels pfiffiger Programmierung Zugriff auf ehemals gespeicherte Daten bekommen.

---

13.   Dieser Satz findet sich tatsächlich ein zweites Mal in den Anforderungen.

4.2.3.2 COFC als Beispiel einer erweiterten ITSEC-Funktionalitätsklasse

Während die Funktionalitätsklasse F-C2 einerseits für heute am Markt übliche Produkte mit vergleichsweise überschaubarem Aufwand erreichbar ist, deckt sie andererseits nicht die gesamte bei ziviler, kommerzieller IT-Nutzung erwünschte und heutzutage realisierbare Sicherheitsfunktionalität ab. Die Herstellervereinigung ECMA („European Computer Manufacturers Association") hat deshalb eine eigene an diesen Anforderungen und Möglichkeiten orientierte Funktionalitätsklasse COFC (Commercially Oriented Functionality Class for Security Evaluation [ECMA 1993a, 1993c]) entworfen. Sie enthält einige Erweiterungen gegenüber F-C2, ist jedoch gleichfalls primär auf Mehrbenutzersysteme ohne Vernetzung gemünzt. Acht – sehr verschiedene – Hauptbedrohungen wurden in Betracht gezogen:

(1) Angriffe von Außenstehenden und unautorisierter Zugriff auf den EVG,

(2) Angriffe von Insidern und der Verlust der individuellen Verantwortung der Benutzer,

(3) Angriffe mittels automatisch wiederholter Log-In-Versuche,

(4) Bekanntwerden von Authentisierungsinformation,

(5) Bekanntwerden von Information allgemein,

(6) Manipulation von Information (versehentlich oder absichtlich),

(7) Versagen des EVG,

(8) Naturkatastrophen.

Trotz der sehr verschiedenen Anforderungen haben sich die Autoren der COFC bei ihrer Spezifikation der Sicherheitsfunktionalität weitgehend an die „Generic Headings" der ITSEC (**fett** gesetzt) gehalten, diese allerdings wesentlich stärker untergliedert und konkreter gefaßt (Erweiterungen gegenüber F-C2 sind *kursiv* gesetzt):

(1) **Identifikation und Authentisierung**

    (1.1) Eindeutige Identifikation- und Authentisierung;

    (1.2) Identifikations- und Authentisierungsmechanismus vor allen anderen Interaktionen;

    (1.3) Zusätzliche Benutzerinformation (etwa der volle Name des Benutzers und seine Organisation) für die Verwaltung;

    (1.4) Eine kundenspezifische Log-In-Nachricht, z.B. zur Verbreitung von Warnungen;

    (1.5) Berücksichtigung der Anzahl der (vergeblichen) Log-In-Versuche bei der Behandlung eines neuen Versuchs, z.B. Meldung an die Systemverwaltung oder Verzögerung der Möglichkeit eines weiteren Versuchs;

    (1.6) Kundenspezifische Reaktionen, wenn Benutzerbereiche längere Zeit ungenutzt blieben;

    (1.7) Die Möglichkeit, Benutzerbereiche temporär zu sperren;

(1.8)   Die Anzeige von Informationen über Benutzer für die Verwaltung;

(1.9)   Schutz der Authentisierungsinformation;

(1.10) Unvergleichbarkeit von Authentisierungsinformation, z.B. als Schutz davor, daß ein bekanntgewordenes Paßwort eines Benutzers auch andere Benutzer, die (möglicherweise ahnungslos) dasselbe Paßwort nutzen, in Gefahr bringt;

(1.11) Zwangsalterung von Authentisierungsinformation, speziell von Paßworten.

(2)   **Zugriffskontrolle**

(2.1)   Zugriff nur für authentisierte Benutzer;

(2.2)   Rechteverwaltung bis hin auf die Ebene einzelner Benutzer;

(2.3)   Rechteverwaltung bis hin auf die Ebene einzelner Gruppen von Benutzern;

(2.4)   Differenzierte Verwaltung sicherheitsrelevanter Objekte, etwa zur Verteilung der Verantwortung auf mehrere Sicherheitsverwalter;

(2.5)   Mindestens zwei Typen von Zugriffsrechten, nämlich (1.) Lesen und (2.) Modifizieren;

(2.6)   Automatische Definition eines Default-Zugriffsrechtes für jedes Objekt;

(2.7)   Eindeutige Organisation der Zugriffsrechte;

(2.8)   Vorhaltung von Datum und Zeitpunkt der letzten Modifikation von verwalteten Objekten;

(2.9)   Konsequente Prüfung der Zugriffsrechte;

(2.10) Anwendungsorientierte Kontrolle der Zugriffsrechte möglich und mit Priorität ausgestattet.

(3)   **Beweissicherung** und **Protokollauswertung**

(3.1)   Jederzeitige Identifizierbarkeit des Benutzers;

(3.2)   Protokollierung der Benutzeraktionen, wenn gewünscht und mit den Informationen: Datum; Uhrzeit; Benutzer-Identifikation; Art der Aktion; Name des Objektes, auf das sich die Aktion bezog; Art des Zugriffsversuchs; Erfolg bzw. Mißerfolg des Versuchs;

(3.3)   Stabilität der Beweissicherung auch bei Neustarts des EVG;

(3.4)   Kundenspezifizierbares automatisches Weiterkopieren der Beweissicherungsinformationen;

(3.5)   Alarm, wenn Beweissicherung nicht funktioniert;

(3.6)   Beweissicherung selektiv für einen oder mehrere bestimmte Benutzer;

(3.7)   Möglichkeit, die zu protokollierenden Ereignisse dynamisch anzeigen zu lassen und zu ändern;

(3.8)   Dokumentierte Revisionswerkzeuge mit der Möglichkeit, benutzerselektiv zu prüfen.

(4)   **Wiederaufbereitung** (wie in F-C2)

(5)   *Unverfälschtheit*

   (5.1)   *Verifikation der Konsistenz zwischen verwendeter und ursprünglich gelieferter Software;*

   (5.2)   *Verifikation der Integrität der benutzten Daten;*

   (5.3)   *Statusreport bezüglich aller kundenspezifizierbarer Sicherheitsparameter.*

(6)   *Zuverlässigkeit der Dienstleistung*

   (6.1)   *Mechanismen zum Wiederanfahren nach einem Ausfall des EVG oder einer Betriebsunterbrechung;*

   (6.2)   *Prozeduren zum Back-Up und zur Restauration von Software und Daten.*

Bislang ist kein System bekannt, das gemäß COFC zertifiziert wurde. Allerdings gehen die hier aufgezählten Anforderungen mittlerweile in die Spezifikationen der herstellenden Industrie ein.

4.2.4 Die Einseitigkeit der in den ZSISC und ITSEC berücksichtigten Funktionalität

Die Funktionalitätsklassen und vor allem die Grundfunktionen spiegeln das Verständnis von Sicherheit der ZSISC und der ITSEC wider. Es ist noch sehr stark von dem Ansatz der TCSEC geprägt, Sicherheit als Sicherheit des Systembetreibers gegenüber Angriffen von außen zu verstehen. Entsprechend wird (etwa in den Grundfunktionen bzw. „Generic Headings", vgl. 4.2.2.1 und 4.2.2.2) eine Sicherheitsfunktionalität favorisiert, die versucht, dem Systembetreiber durch Sammlung von möglichst vielen Daten einen möglichst vollständigen Überblick über die Abläufe im System zu geben. Die Sicherheitsansprüche der Nutzer auf Schutz ihrer Privatsphäre, etwa durch Vermeidung der Erhebung von Daten, sind demgegenüber untergeordnet.

Entsprechend wird es durch solche Kriterien und ihre Grundfunktionen sehr erschwert, technische Systeme, die Nutzer-, Teilnehmer- oder Kundenschutz realisieren, angemessen zu beschreiben, zu evaluieren oder zu zertifizieren. Speziell schwierig wird die Spezifikation mehrseitig sicherer Systeme (vgl. Kapitel 2). Seit Veröffentlichung der Kriterien wurde dieses Verständnis von Sicherheit immer wieder hart kritisiert. Die Kritik hat mit dazu beigetragen, daß Änderungen der Kriterien zu erwarten und in den Entwürfen sichtbar oder zumindest erkennbar sind (vgl. Kapitel 7 und 8).

4.3 Qualitätssicherung

Qualitätssicherung umfaßt die Maßnahmen und Aufwendungen, die Entwickler, Produzenten und eventuell auch Betreiber unternehmen, um das System sicher herzustellen und nutzbar zu machen: Die Bewertung der Qualitätssicherung wird in den ITSEC zweifach unterteilt – in die Bewertung von Wirksamkeit und die von Korrektheit. Entsprechend werden die beiden Aspekte in

4.3.1 und 4.3.2 behandelt. 4.3.3 enthält eine Darstellung der Evaluationslevels der ITSEC[14], 4.3.4 eine Auflistung von Kritikpunkten, speziell zur Gestaltung der Evaluationslevels. Ein Vorschlag als Beispiel nötiger und möglicher Änderungen der ITSEC findet sich in 4.3.5.

4.3.1 Evaluation der Wirksamkeit

Bei der Evaluation der Wirksamkeit wird untersucht, ob die Funktionen und Mechanismen des Evaluationsgegenstandes, die Sicherheit durchsetzen, wirklich für die formulierten Zielsetzungen ausreichen. Hier wird auch die Stärke der Sicherheitsmechanismen gegenüber direkten Angriffen geprüft.

Die Wirksamkeit wird zum einen in bezug auf die Konstruktion des Systems geprüft, zum anderen in bezug auf den Betrieb des Systems. Zur **Konstruktion** des Systems ergeben sich vier Aspekte:

(1) **Eignung der Funktionalität**: Es wird geprüft, ob die sicherheitsspezifischen Funktionen und Mechanismen des EVG den in den Sicherheitsvorgaben identifizierten Bedrohungen der Sicherheit des EVG auch tatsächlich entgegenwirken.

(2) **Zusammenwirken der Funktionalität**: Es wird geprüft, ob die sicherheitsspezifischen Funktionen und Mechanismen des EVG so zusammenwirken, daß sie sich gegenseitig unterstützen und ein integriertes, wirksames Ganzes bilden.

(3) **Stärke der Mechanismen**: Selbst wenn ein sicherheitsspezifischer Mechanismus nicht umgangen, außer Kraft gesetzt oder anders korrumpiert werden kann, kann es trotzdem möglich sein, ihn durch einen direkten Angriff zu überwinden, der auf Mängel in seinen zugrundeliegenden Algorithmen, Prinzipien oder Eigenschaften zurückzuführen ist. Für diesen Aspekt der Wirksamkeit wird die Fähigkeit der Mechanismen bewertet, solchen direkten Angriffen zu widerstehen. Dieser Aspekt der Wirksamkeit unterscheidet sich von anderen Aspekten darin, daß hier das Maß an Betriebsmitteln betrachtet wird, das ein Angreifer für einen erfolgreichen direkten Angriff benötigen würde. Die Mindeststärke der für die Sicherheit kritischen Mechanismen wird mit niedrig, mittel oder hoch bewertet, und die Bewertung erscheint im Zertifikat.

(4) **Bewertung der Konstruktionsschwachstellen**: Vor und während der Evaluation eines EVG werden sowohl der Antragsteller als auch der Evaluator verschiedene Schwachstellen (z.B. Wege, die sicherheitsspezifischen Funktionen und Mechanismen zu deaktivieren, zu umgehen, zu verändern oder auszuschalten) in der Konstruktion des EVG festgestellt haben. Die so erkannten Schwachstellen werden bewertet, um herauszufinden, ob sie die Sicherheit des EVG, wie sie in den Sicherheitsvorgaben spezifiziert ist, in der Praxis gefährden können.

---

14. In den ZSISC werden die Qualitätssicherungsaspekte zwar nicht wie in den ITSEC zweifach unterteilt, allerdings sind die Levels sehr ähnlich; die ZSISC enthalten lediglich noch einen – höheren – Evaluationslevel mehr als die ITSEC.

Zwei Aspekte der Wirksamkeit beziehen sich auf den **Betrieb**:

(1) **Einfache Bedienbarkeit**: Es wird untersucht, ob ein EVG in einer Weise konfiguriert oder benutzt werden kann, die unsicher ist, aber bei der ein Administrator oder ein gewöhnlicher Nutzer des EVG vernünftigerweise davon ausgeht, daß der EVG sicher sei.

(2) **Bewertung der Schwachstellen beim Betrieb**: Vor und während der Evaluation eines EVG werden sowohl der Antragsteller als auch der Evaluator verschiedene operationelle Schwachstellen des EVG festgestellt haben. Die so erkannten Schwachstellen werden (ähnlich den Konstruktionsschwachstellen) bewertet, um herauszufinden, ob sie die Sicherheit des EVG, wie sie in den Sicherheitsvorgaben spezifiziert ist, in der Praxis gefährden können.

Die Evaluation der Wirksamkeit basiert auf einer Schwachstellenanalyse des EVG. Für diese Analyse müssen mit steigendem Evaluationslevel mehr Informationen vom Sponsor zur Verfügung gestellt werden. Weiterhin werden auch die Dokumentation und die Ergebnisse der Evaluation der Korrektheit zur Evaluation der Wirksamkeit verwendet. Deshalb kann diese nicht abgeschlossen werden, bevor die abschließenden Ergebnisse der Evaluation der Korrektheit zur Verfügung stehen.

Ein EVG wird eine Evaluation der Wirksamkeit dann nicht bestehen, wenn eine auswertbare Schwachstelle gefunden wurde, die nicht vor Ende der Evaluation behoben wurde. Dies schließt Methoden für eine erfolgreichen direkten Angriff ein, die während der Bewertung der Mindeststärke der Mechanismen gefunden wurden und die angegebene Mindeststärke ungültig machen. Ist irgendeine solche Schwachstelle vorhanden, wird der EVG eine Bewertung von E0 erhalten, was bedeutet, daß er für den vorgeschlagenen Einsatz nicht geeignet ist.

4.3.2 Evaluation der Korrektheit

Bei der Evaluation der Korrektheit wird untersucht, ob die Funktionen und Mechanismen des Evaluationsgegenstandes, die die Sicherheit durchsetzen, korrekt implementiert wurden. Auf die Evaluation der Korrektheit beziehen sich auch die sieben Evaluationslevels der ITSEC (E0 bis E6). Mit steigendem Evaluationslevel steigen die Anforderungen, die bei der Evaluation der Korrektheit gestellt werden, insbesondere die Anforderungen an die vom Sponsor zur Verfügung zu stellenden Dokumente und die vom Evaluator durchzuführenden Prüfungen.

Abbildung 4-6 zeigt die Phasen des Systemlebenszyklus, die die Grundlage für die Bewertung bilden. Aus dieser Darstellung wird ersichtlich, daß nicht nur die Eigenschaften des Systems selbst Gegenstand der Bewertung sind. Diese Bewertung basiert nicht nur auf Analysen und Tests des Systems, sondern auch auf der Einschätzung des Entwicklungs- und Einsatzprozesses. Im folgenden wird das den ITSEC zugrundeliegende Modell dieses Prozesses kurz beschrieben (größere Gliederungspunkte sind **fett** markiert, kleinere *kursiv*).

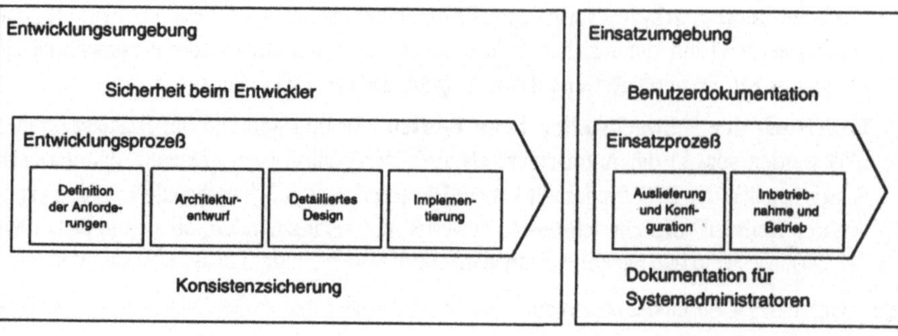

Abb. 4-6: Phasen der Entwicklung und der Qualitätssicherung (gemäß ITSEC)

Zunächst wird der **Entwicklungsprozeß** bewertet, der in vier Phasen unterteilt ist. Die erste Phase ist die *Definition der Anforderungen*. Hier wird festgelegt, welche Sicherheitsziele gegen die vorhandenen oder anzunehmenden Bedrohungen durchgesetzt werden sollen. Daran schließt sich der *Architekturentwurf* an. Hier wird die Grobstruktur des Systems festgelegt, die dann im *detaillierten Design* soweit verfeinert wird, daß das Ergebnis als Basis für die *Implementierung* dienen kann. Bewertet wird, ob die Schritte während dieses Prozesses so korrekt durchgeführt wurden, daß das Ergebnis der Implementierung eine gute Realisierung der in der Zielsetzung definierten Sicherheitsanforderungen ist.

Nicht nur der Entwicklungsprozeß, sondern auch die **Entwicklungsumgebung** spielt eine wesentliche Rolle. Daher werden auch die Sicherheit beim Entwickler und die Konsistenzsicherung bewertet. Unter der Sicherheit beim Entwickler werden seine technischen, physischen, personellen, organisatorischen und verfahrenstechnischen Sicherheitsmaßnahmen verstanden. Die Konsistenzsicherung bezieht sich auf die Konfigurationskontrolle und die benutzten Programmiersprachen und Compiler.

Als Einsatzprozeß (**Betrieb**) werden die *Auslieferung* des kompletten Systems oder einzelner Komponenten an den Kunden und die *Konfiguration* oder Rekonfiguration bewertet. Die Transparenz dieser Abläufe für den Evaluator ist wichtig für die Bewertung.

Der Rahmen für den sicheren Einsatz des Systems wird durch die begleitende **Betriebsdokumentation** mitbestimmt. Daher wird diese in die Bewertung mit einbezogen. Die Dokumentation soll einerseits dem *Benutzer* den Umgang mit den Sicherheitseinrichtungen des Systems erklären, andererseits dem *Systemadministrator* Hinweise zur Konfiguration sowie zur Inbetriebnahme und Wartung geben.

4.3.3 Die ITSEC-Evaluationslevels

Sieben Evaluationslevels bezüglich des Vertrauens in die Korrektheit wurden definiert. Sie sind hierarchisch geordnet und reichen von E0 (ungenügend) bis E6. Mit steigendem Level steigen die Anforderungen bezüglich der Prüfungen der Korrektheit an. Beispielsweise genügt für E1 bis E3 eine informale Spezifikation des Sicherheitsmodells; für E4 und E5 ist eine semiformale Spezifikation der Sicherheitsfunktionen, des Architekturentwurfs und des Detailentwurfs Voraussetzung; E6 erfordert eine formale Notation der Sicherheitsfunktionen und des Architekturentwurfs, die konsistent mit dem zugrundeliegenden formalen Sicherheitsmodell ist. Auch die Anforderungen an die vom Sponsor zu liefernde Dokumentation und Beweisführung steigen: Genügt für E1 und E2 eine Darlegung, ist für E3 und E4 schon eine Beschreibung nötig; für E5 und E6 muß erklärt werden.

Im folgenden werden die Levels kurz beschrieben:

E0:   Dieser Level repräsentiert unzureichende Qualitätssicherung.

E1:   Es müssen für den EVG die Sicherheitsvorgaben und eine informale Beschreibung des Architekturentwurfs vorliegen. Durch funktionale Tests muß nachgewiesen werden, daß der EVG die Anforderungen der Sicherheitsvorgaben erfüllt.

E2:   Zusätzlich zu den Anforderungen für Level E1 muß eine informale Beschreibung des Detailentwurfs vorliegen. Die Aussagekraft der funktionalen Tests muß bewertet werden. Ein Konfigurationskontrollsystem und ein genehmigtes Verteilverfahren (etwa für die Software) müssen existieren.

E3:   Zusätzlich zu den Anforderungen für Level E2 müssen der Quellcode bzw. die Hardware-Konstruktionszeichnungen, die zu den Sicherheitsmechanismen gehören, bewertet werden. Die Aussagekraft der Tests dieser Mechanismen muß bewertet werden.

E4:   Zusätzlich zu den Anforderungen für Level E3 muß ein formales Sicherheitspolitikmodell Teil der Sicherheitsvorgaben sein. Die sicherheitsspezifischen Funktionen, der Architekturentwurf und der Feinentwurf müssen in semiformaler Notation vorliegen.

E5:   Zusätzlich zu den Anforderungen für Level E4 muß ein enger Zusammenhang zwischen dem Detailentwurf und dem Quellcode bzw. den Hardware-Konstruktionszeichnungen bestehen.

E6:   Zusätzlich zu den Anforderungen für Level E5 müssen die sicherheitsspezifischen Funktionen und der Architekturentwurf in einer formalen Notation vorliegen, die konsistent mit dem zugrundeliegenden formalen Sicherheitspolitikmodell ist.

Kommerziell nutzbare Systeme erreichen bislang zumeist höchstens E3, u.a. deswegen, weil es ab einem gewissen Systemumfang sehr schwer ist, ein formales Sicherheitspolitikmodell für ein System aufzustellen. Mit der Festlegung der Evaluationslevels haben Editoren der ITSEC Prioritäten bezüglich der Anforderungen an die Qualitätssicherung gesetzt. Diese Prioritäten sind nicht unumstritten, denn die Anforderungen werden vielfach als unausgewogen betrachtet (vgl. 4.3.4).

4.3.4 Probleme der Gestaltung der Evaluationslevels

Besonders ausführlich wird die mangelnde Balance der durch die Levels priorisierten Anforderungen an die Qualitätssicherung in [Abrams, Toth 1994; GI 1992a, 1992b; Stiegler 1992] kritisiert (vgl. 5.1.2). Bezüglich der Evaluationslevels gibt es vor allem zwei Kritikpunkte:

(1)   Die Evaluationslevels seien zu sehr auf die Nutzung formaler Methoden abgestellt (ein höherer Evaluationslevel als E3 ist gemäß ITSEC ohne den Einsatz formaler Methoden nicht zu erreichen).

(2)   Gefahren, die aus unsicheren Softwarewerkzeugen resultieren (etwa Trojanische Pferde in Compilern oder Editoren), würden nicht berücksichtigt und entsprechende Verbesserungen des Evaluationsgegenstandes nicht „belohnt". Besonders wegen der Gefahr der unentdeckten Fortpflanzung von Fehlern (oder transitiven Trojanischen Pferden) während des Einsatzes unsicherer Softwarewerkzeuge ist dieser Punkt bedeutsam.

4.3.5 Ein Beispiel nötiger und möglicher Änderungen im Bereich Qualitätssicherung

Wie sich aus 4.3.4 ergibt, werden auch im Bereich Qualitätssicherung eine Fülle von Änderungen der ITSEC verlangt. Da dieser Bereich jedoch nicht im Mittelpunkt dieser Arbeit steht, sei hier nur ein Beispiel einer nötigen und möglichen Änderung angeführt: Zur Berücksichtigung von Entwicklungswerkzeugen sind die Levels umzustellen oder zu ergänzen. Eine Möglichkeit ist folgende Ergänzung [GI 1992a, 1992b]:

E7:   Eine verifizierte Entwurfsgeschichte aller Werkzeuge, die zur Entwicklung benutzt wurden, muß geliefert und bewertet werden.

E8:   Eine verifizierte Entwurfsgeschichte aller Werkzeuge, die zur Entwicklung der Werkzeuge benutzt wurden, muß geliefert und bewertet werden.

...

E∞:   Ein „Sicherer Bootstrap der Entwicklung" ist gefordert: Ein verifizierter Entwurf aller jemals während des Entwurfs benutzten Werkzeuge muß geliefert und bewertet werden.

Diese Möglichkeit ist nicht optimal, weil sie die Kontrolle der Werkzeuge zu weit „nach oben verschiebt"; sie wäre aber als Kompromiß mit dem bestehenden System geeignet, weil die vorhandenen Levels unverändert bleiben. Gelegentlich ist als Reaktion der Einwand zu hören, daß eine Werkzeug-Evaluation praktisch unmöglich sei, weil die Evaluatoren nicht an den Quellcode der Werkzeuge herankämen. Dies ist zugegebenermaßen aufwendig und möglicherweise für viele, insbesondere alte Systeme unmöglich; umgekehrt sollte nicht vergessen werden, daß die Kriterien eine Meßlatte darstellen und als solche auch die höchsten Anforderungen enthalten sollten, selbst wenn diese in der gegenwärtigen Praxis nicht einfach zu erfüllen sind.

5 Bewertung der etablierten Zertifizierungs- und Kriterienszenerie

Die in Kapitel 3 und 4 vorgestellten TCSEC und ITSEC sind die Kriterien, die die Praxis der gegenwärtig etablierten Zertifizierungs- und Kriterienlandschaft bestimmen, denn sie sind die von den Trägern der jeweiligen Zertifizierungssysteme derzeit verwendeten Dokumente. Insofern liegen mit ihnen die meisten Erfahrungen vor und fast alle öffentlichen Kommentare, insbesondere jene von seiten der Praxis, konzentrieren sich auf sie[1]. Kapitel 5.1 enthält eine in fünf Aspekte gegliederte Zusammenstellung dieser Kommentare. In Kapitel 5.2 wird auf der Basis der bisher vorliegenden Erfahrungen eine zusätzliche eigene Bewertung der Nutzen und Risiken von Zertifizierung und Kriterien vorgenommen.

Die Bewertungen, speziell die aus 5.1, bilden auch die Basis für die Bewertung der Post-ITSEC-Kriterien in Kapitel 9. Sie sind außerdem eine wesentliche Grundlage für die neu entwickelten Konzepte in Teil D (vor allem Kapitel 10) sowie für die Bemerkungen zur Organisation der Zertifizierungssysteme und der Weiterentwicklung der fachlichen Grundlagen in Teil E (vgl. vor allem die in Kapitel 12 zusammengestellten Anforderungen an die Organisation).

5.1 Eine Zusammenstellung der detaillierten Bewertungen

Der größte Teil der jüngeren kritischen Kommentare zu Zertifizierung und Evaluationskriterien in Europa konzentrierte sich auf die ITSEC und ihr Umfeld, wohl auch deswegen, weil sie Anfang der 90er Jahre neu waren und mit der Zielsetzung eingeführt wurden, die Bedeutung von Zertifizierung und Evaluation nach Kriterien deutlich zu erhöhen. Zumindest wurde ein erhebliches Maß an Aufmerksamkeit geschaffen.

Am deutlichsten und gleichzeitig am weitesten veröffentlicht ist die Kritik an der (immer noch gültigen) Version 1.2 der ITSEC, die der Präsidiumsarbeitskreis „Datenschutz und Datensicherung" der Gesellschaft für Informatik im Frühjahr 1992 veröffentlichte [GI 1992a, b]. Allerdings existiert noch eine Fülle weiterer Texte, die mehr oder weniger deutliche Kritik an den jeweils diskutierten Evaluationskriterien enthalten[2]. Die Hauptpunkte der Kritik lassen sich grob in fünf Bereiche einteilen:

---

1. Man könnte auch die kanadischen CTCPEC mit zu den etablierten Kriterien zählen, da sie von der kanadischen Zertifizierungsstelle offiziell verwendet werden. Allerdings liegen aus Kanada so gut wie keine Erfahrungen mit der Evaluation von Produkten vor (Grund dafür ist vermutlich weniger die Qualität der Kriterien als die Dominanz des US-Marktes in Nordamerika). Auch für die CC liegen noch kaum Erfahrungen (außerhalb von Versuchevaluationen) vor, obwohl sie inzwischen in mehreren Ländern zur (zusätzlichen) offiziellen Zertifizierungsgrundlage erhoben wurden.

(1)   Unausgewogenheit der beschriebenen bzw. berücksichtigten Sicherheitsfunktionalität (siehe 5.1.1);

(2)   Unausgewogenheit der Anforderungen an die Qualitätssicherung (5.1.2);

(3)   Hohe Kosten und Ineffizienz des Zertifizierungsprozesses (5.1.3);

(4)   Geringe Aussagekraft und Verwertbarkeit der Ergebnisse (5.1.4);

(5)   Ein für die Fachöffentlichkeit unkontrollierbarer und nicht nachvollziehbarer Prozeß der Entstehung und Interpretation der Kriterien (5.1.5).

Generell wird bemängelt, daß die Kriterien zu sehr auf hierarchisch verwaltete Systeme konzentriert sind, bei denen die Interessen der Betreiber die der Benutzer dominieren. Dezentral organisierte und verwaltete, also die meisten vernetzten, IT-Systeme würden nicht berücksichtigt. Ebensowenig werde beachtet, daß Gefahren nicht nur von einfachen Benutzern und Außenstehenden, sondern auch von Betreibern und Herstellern der Systeme ausgehen könnten. Der Prozeß der Zertifizierung wird oft als zu formal, bürokratisch und aufwendig beklagt.

5.1.1 Balance der Sicherheitsfunktionalität

„Einige der wesentlichen Sicherheitsfunktionen werden in den Kriterienkatalogen nicht aufgeführt oder stehen sogar im Widerspruch zu ihnen", ist die Zusammenfassung der Kritik zur Funktionalität in [Stiegler 1991]. Im einzelnen werden hier und in anderen Beiträgen [Abrams, Toth 1994; ECMA 1993b, 1993d; GI 1992a, 1992b; Rihaczek 1990, 1991a, 1991b; Schützig 1991] vor allem die folgenden Punkte bemängelt:

(1)   Daß verschiedene Gruppen, die mit einem IT-System zu tun haben (etwa Nutzer, Betreiber, Gespeicherte), auch unterschiedliche Sicherheitsinteressen haben, wird bei der Beschreibung der Sicherheitsfunktionalität nicht berücksichtigt. Entsprechend ist die Beschreibung auf der Ebene der Grundfunktionen wie der Funktionalitätsklassen unausgewogen. Überbetont ist datensammelnde Funktionalität, die dem Nutzer Risiken aufbürdet. Unberücksichtigt blieb datensparsame Funktionalität, die ihn davor bewahren kann.

(2)   Die Kriterien sind zu stark auf Betriebssysteme ausgerichtet: Anforderungen offener Kommunikationssysteme sind nicht abgedeckt.

(3)   Verdeckte Kanäle werden kaum berücksichtigt. Es fehlen insbesondere Begrenzungen für deren Bandbreite, etwa in den Funktionalitätsklassen.

---

2.   Die folgende alphabetisch sortierte Liste erhebt keinen Anspruch auf Vollständigkeit [Abrams, Toth 1994; Brunnstein, ECMA 1993b, 1993d; Fischer-Hübner 1992; Gehrke, Pfitzmann, Rannenberg 1992; GI 1992a, 1992b; Meyer, Rannenberg 1991; Pfitzmann 1990c, 1991, 1992; Rannenberg 1991a, 1991b; Rihaczek 1990, 1991a, 1991b; Schramm 1995; Schützig 1991, 1993; Stiegler 1992, 1993; Stöcker 1993].

5.1.2 Balance der Qualitätssicherungsanforderungen

Besonders ausführlich wird die mangelnde Balance der Anforderungen an die Qualitätssicherung in [Abrams, Toth 1994; ECMA 1993b, 1993d; GI 1992a, 1992b; Schützig 1991; Stiegler 1992] kritisiert. Generell wird eine zu starke Betonung formaler Methoden zur Verifikation und die zu starke Konzentration auf Produktevaluationen beklagt. Dadurch würden wesentliche Risikoaspekte, aber auch Möglichkeiten zur Qualitätssteigerung übersehen:

(1) Bei der Bewertung der Korrektheit sind die Evaluationslevels zu sehr auf die Nutzung formaler Methoden abgestellt (ein höherer Evaluationslevel als E3 ist gemäß ITSEC ohne den Einsatz formaler Methoden – wenigstens der Vorlage eines formalen Sicherheitspolitikmodelles – nicht zu erreichen).

(2) Gefahren, die aus unsicheren Softwarewerkzeugen resultieren (etwa Trojanische Pferde in Compilern), werden nicht berücksichtigt und entsprechende Verbesserungen des Evaluationsgegenstandes nicht „belohnt".

(3) Möglichkeiten, zur Qualitätssicherung statistische Verfahren auf der Basis vorangegangener Versionen des Evaluationsgegenstandes einzusetzen, und auch die Herkunft des Evaluationsgegenstandes werden zu wenig berücksichtigt.

(4) Die Unterscheidung der Mechanismenstärke innerhalb der Bewertung der Wirksamkeit in nur drei Klassen (einfach, mittel, hoch) ist ungenügend, insbesondere bei der Bewertung kryptographischer Mechanismen. Insbesondere fehlt eine Einstufung der Mechanismenstärke in Relation zur Zeit, die seit der Evaluation vergangen ist.

(5) Zur Bewertung der Stärke kryptographischer Mechanismen ist ihre Veröffentlichung nötig und in den Kriterien zu fordern.

(6) Für die Produktevaluation wird zu viel Aufwand betrieben, der bei der Installation und der Akkreditierung des Systems in der Einsatzumgebung ohnehin wiederholt werden muß: Beispielsweise würden trotz der (sehr umfangreichen) Sicherheitshandbücher, die vom Hersteller im Zuge der Produktevaluation erstellt werden müssen, von den Anwendern im Zuge der Installation und Akkreditierung noch einmal eigene geschrieben.

5.1.3 Kosten und Effizienz des Zertifizierungsprozesses

Vor allem von seiten der Sponsoren von Zertifizierungen – jedoch nicht nur von dort – wird beklagt, der Zertifizierungsprozeß sei zu langsam und ineffizient, nicht zuletzt aufgrund mangelnder Flexibilität im Ablauf [Abrams, Toth 1994; ECMA 1993b, 1993d; Schützig 1991; Stiegler 1992; Stöcker 1993]:

(1) Die Zertifizierungs- und Evaluationsverfahren sind unverträglich mit den Entwicklungsverfahren und den internen Qualitätssicherungsverfahren der Hersteller.

(2) Der Fokus der Kriterien endet nach der jeweils einzelnen Zertifizierung des jeweiligen Evaluationsgegenstandes. Zur Einstufung von Systemen, die aus mehreren Evaluations-

gegenständen zusammengesetzt sind, wird keine Hilfe gegeben. Zu wenige Produktevaluationen können modular durchgeführt werden oder später als Grundlage für Systemevaluationen oder Akkreditierungen dienen, weil zu viel Wissen über den Evaluationsgegenstand bei den beteiligten Mitarbeitern mit der Zeit wieder verloren geht und auch in den (eher knapp gefaßten) Zertifikaten nicht dokumentiert ist.

(3)   Zertifizierte Systeme sind nur unter hohem Aufwand weiterzuentwickeln, weil der bürokratische Aufwand einer Reevaluation immens ist und durch die Zertifizierungsergebnisse nicht ausreichend reduziert wird.

5.1.4 Aussagekraft und Verwertbarkeit der Ergebnisse

Die Aussagekraft der Ergebnisse ist nach übereinstimmender Ansicht vieler Kritiker [Abrams, Toth 1994; Brunnstein, Fischer-Hübner 1992; ECMA 1993b, 1993d; GI 1992a, 1992b; Schramm 1995; Stiegler 1992] nicht hoch genug. Allerdings differieren die Begründungen für diese Kritik teilweise erheblich:

(1)   Die Evaluationshierarchien sind inadäquat, weil es keine adäquate Metrik für die Bewertung der Sicherheit informationstechnischer Systeme gibt.

(2)   Nach der Weiterentwicklung und Pflege von zertifizierten Systemen sind die ursprünglichen Zertifikate formal wertlos und auch inhaltlich oft nicht mehr aussagekräftig genug, um weitere Evaluationen entscheidend zu erleichtern.

(3)   Fragen der Neueinstufung eines zertifizierten Systems aufgrund von Fortschritten in der Technik oder gesteigerten Bedrohungsmöglichkeiten sind nicht berücksichtigt, ebensowenig die Frage, ob Zertifikate abzuerkennen sind, nachdem Fehler offenbar wurden und wie dies geschieht.

(4)   Nur wenige zertifizierte Systeme sind wirklich im Einsatz, obwohl von Herstellerseite hoch in ihre Zertifizierung investiert wurde.

(5)   Der Werbeeffekt einer Zertifizierung ist im Verhältnis zu den Kosten zu gering. Darum gehen viele Hersteller dazu über, mit dem (oftmals irreführenden) Slogan „Designed-to-Meet" zu werben.

5.1.5 Entstehungsprozeß und Interpretation der Kriterien

Öffentlich kritisiert wurde bislang hauptsächlich der Prozeß der Entstehung der ITSEC bis zur Version 1.2, und dies wurde vor allem von der GI öffentlich gemacht [GI 1992a, 1992b]. Speziell drei Punkte fielen negativ auf:

(1)   Die Autoren der ITSEC lieferten kaum Begründungen für ihre Entwurfsentscheidungen.

(2)   Auf Kritik wurde nie detailliert geantwortet.

(3) Verschiedentlich wurden kritische Punkte in Folgeversionen einfach weggelassen, ohne daß darauf hingewiesen wurde.

In [ECMA 1993b, 1993d] findet sich scharfe Kritik an der Intransparenz der Interpretation der Kriterien während der jeweiligen Evaluationen. Speziell die US-amerikanische NSA und die dort gesammelten Erfahrungen werden genannt; allerdings werden ähnliche Bedenken auch für die Evaluationen entlang der ITSEC bzw. die Formulierungen des ITSEM geäußert.

5.2 Nutzen und Risiken von Zertifizierung und Kriterien

Auch wenn der Begriff in der öffentlichen Diskussion gegenwärtig inflationär gebraucht wird – Nutzen und Risiken von Zertifizierung und Kriterien sind „ein weites Feld". Den Nutzenaspekten stehen jeweils erhebliche Risiken gegenüber. Diese Risiken lassen sich begrenzen, wenn sie bei den Beteiligten hinreichend bekannt sind und öffentlich diskutiert werden. Darum ist diese kurze Bilanz in bezug auf die Risiken ausführlicher als in bezug auf die Vorteile (vgl. auch Abb. 5-1).

Nutzen	Risiken
Unabhängige Dritte bewerten -> Qualitätssteigerung	Hohe Kosten
Marktbereinigung	
Evaluationsprozeß zwingt Entwickler zur Reflexion und Anwender zum Mitdenken	Zertifikate werden unüberlegt akzeptiert
Mehr IT-Sicherheit -> Mehr mehrseitige IT-Sicherheit	Unvollständige IT-Sicherheitsmodelle gefährden Sicherheit und eventuell Grundrechte der Benutzer

Abb. 5-1: Nutzen und Risiken von Zertifizierung und Kriterien

Daß unabhängige Dritte ein System oder Produkt bewerten, führt nach aller Erfahrung zu einer Steigerung der Qualität und kann infolgedessen als Vorteil gelten. Diesem Vorteil stehen eventuell hohe Kosten gegenüber, die sich jedoch durchaus rentieren können. Der Aufwand für die Zertifizierung und Evaluation kann auch zu einer Marktbereinigung auf Anbieterseite führen – dies ist das Paradebeispiel für eine Folge mit Vor- und Nachteilen.

Wenn der Evaluationsprozeß die Entwickler dazu zwingt, noch einmal über ihre Werke nachzudenken, ist das in der Regel der Sicherheit förderlich. Demgegenüber steht die Sorge, daß Anwender die Zertifikate unüberlegt akzeptieren, ohne zu überprüfen, was zertifiziert wurde, und andere nötige Maßnahmen unterlassen. Eine sehr deutliche Einschätzung aus der Revisionspraxis findet sich in [Schramm 1995]: „Ein in den Unternehmen und Behörden nicht zu unterschätzendes Problem ergibt sich aus der durch die Zertifizierung im Management oft erzeugten Scheinsicherheit. Vielfach glaubt das Management, allein durch den Einsatz einiger zertifizierter Komponenten Sicherheit "garantiert" zu haben und unterläßt dringend erforderliche Maßnahmen im Bereich Prüfung, Sicherheitsadministration und Auditing."

Der langfristig wichtigste Aspekt ist das Verhältnis zwischen IT-Sicherheit und dem Schutz für die Nutzer und Gespeicherten. Mehr IT-Sicherheit kann zu mehr Schutz führen, etwa bei der Verarbeitung von Personaldaten, und damit auch eine wesentliche Komponente von Datenschutz und Nutzerschutz sein.

Auf der anderen Seite schreiben die gegenwärtigen „Generischen Oberbegriffe" der ITSEC bzw. die entsprechenden Elemente der anderen etablierten Kriterien ein Sicherheitsmodell vor, das unvollständig und unausgewogen ist. Es stellt die Sicherheit des IT-Systems (und damit die des Betreibers) gegenüber den Nutzern über die Sicherheit der Nutzer gegenüber dem IT-System (vgl. auch 4.2.4 und 5.1.1). Außerdem ist es einseitig daraufhin orientiert, mehr Sicherheit durch die Speicherung von mehr Daten zu erreichen. Zwar sind die „Generischen Oberbegriffe" der ITSEC wortwörtlich genommen nur Empfehlungen; da die Kriterien jedoch als offizielle Evaluationsgrundlage publiziert und damit gerade von Nichtexperten nur selten hinterfragt werden, entsteht auf diese Weise ein „Offizielles Sicherheitsmodell"[3]. Ist das „Offizielle Sicherheitsmodell" unvollständig, bestehen wenigstens zwei Gefahren:

(1)   Das Sicherheitsbewußtsein der Anwender wird getrübt, da sie auf wesentliche Gefahren nicht aufmerksam gemacht werden und darauf vertrauen, daß das „Offizielle Sicherheitsmodell" vollständig sei.

(2)   Zwei Klassen von Evaluationen können entstehen: Für Systeme, die in das „Offizielle Sicherheitsmodell" passen, ist die Formulierung eines Evaluationszieles und auch die Evaluation einfacher als für andere. Sie läßt sich infolgedessen schneller und damit preiswerter abwickeln. Für „unpassende" Systeme wird die Evaluation schwieriger und auch teurer. Sponsoren, denen es im wesentlichen auf die Erlangung eines Zertifikates ankommt, ohne daß der Prüfgegenstand für sie von weiterer Bedeutung wäre, werden sich stets an das „Offizielle Sicherheitsmodell" anpassen.

Diese Gefahren werden verstärkt durch die gefährliche Tendenz, in Evaluationskriterien lediglich kritiklos den kommerziell bereits erreichten Stand der Technik zu dokumentieren und diesen damit für die Zukunft festzuschreiben und gegen Verbesserungen „abzusichern" (vgl. hierzu etwa die in 4.3.5 geschilderte Reaktion auf Kritik an den ITSEC).

---

3.   So werden die ITSEC beispielsweise vom Bundesanzeiger-Verlag unter der Überschrift „Die grundlegenden Texte zur IT-Sicherheit" vermarktet [Bundesanzeiger 1996].

5.3 Verbesserungen durch neuere und andere Kriterien?

Die Schwächen der ITSEC und TCSEC sowie handelspolitische Motive veranlaßten die Entwicklung weiterer Kriterien bzw. Kriterienentwürfe. Teil C ist diesen „Post-ITSEC-Kriterien" und damit dem Stand der Entwicklung gewidmet. Beschrieben werden die jüngste Version der „Canadian Trusted Computer Product Evaluation Criteria" (Kapitel 6), die in der Normung bei ISO/IEC entstandenen Entwürfe (Kapitel 7) sowie die sogenannten „Common Criteria", die von Regierungsbehörden sechser Atlantikanrainerstaaten erstellt wurden (Kapitel 8). In Kapitel 9 werden diese Post-ITSEC-Kriterien der Kritik an ihren Vorgängern gegenübergestellt, um zu dokumentieren, wo Verbesserungen erreicht wurden und wo weiter Defizite bestehen.

Teil C

Die Post-ITSEC-Kriterien

6 Die kanadischen CTCPEC

Die ersten beiden Versionen der *„Canadian Trusted Computer Product Evaluation Criteria"* (CTCPEC), die im Mai 1989 und im Dezember 1990 [CDN_SSC 1990] erschienen, ähnelten relativ stark den US-amerikanischen TCSEC. Hingegen vollzog die in ersten Entwürfen [CDN_SSC 1992] 1992 vorliegende und im Januar 1993 endgültig erschienene Version 3.0 der CTCPEC [CDN_SSC 1993a] nicht nur die in den ITSEC beschriebenen Entwicklungen nach, sondern setzte auch neue Akzente. Als ein Grund für die neuen Akzente ist die Kritik an den ITSEC (vgl. Kapitel 4 und 5) anzunehmen, als ein anderer das Bestreben, den TCSEC des Nachbarn USA textuell näher zu bleiben, als die ITSEC es sind, und dennoch eine gewisse Offenheit für neue Entwicklungen zu bewahren.

Die in den ITSEC eingeführte Trennung von Sicherheitsfunktionalität und Qualitätssicherung wurde in den CTCPEC übernommen; ihr folgt auch die Gliederung dieses Kapitels. Allerdings ist die Sicherheitsfunktionalität wesentlich detaillierter gefaßt als in den ITSEC (hierzu genauer Kapitel 6.1) und näher an den TCSEC, und auch die Aspekte der Qualitätssicherung wurden anders gegliedert (hierzu 6.2). Eine Bewertung der CTCPEC wird in Kapitel 9 vorgenommen – zusammen mit der Bewertung der anderen Post-ITSEC-Kriterien.

Eine Ergänzung der CTCPEC im Hinblick auf Verschlüsselung und Funktionen zum Datenaustausch [CDN_SSC 1993b] erschien im Juli 1993 (vgl. 6.1).

6.1 Sicherheitsfunktionalität

Sicherheitsfunktionalität ist in den CTCPEC in vier Facetten („Facets" bzw. „Functional Criteria") und 18 „Services" (die grob den acht „Generic Headings" der ITSEC entsprechen) gegliedert (vgl. Abb. 6-1). Auf der Ebene der Facetten ist die in den ITSEC bzw. ZSISC verwendete Troika „Vertraulichkeit, Integrität, Verfügbarkeit" um den vierten Aspekt „Zurechenbarkeit" (Accountability) ergänzt, der damit „eine Etage nach oben befördert" worden ist[1].

Die 18 „Services" sind den vier Facetten zugeordnet. Auch hier unterscheiden sich die CTCPEC in ihrer Struktur von ITSEC und ZSISC, denn diese enthalten keine Zuordnung zwischen den Facetten einerseits und den „Generischen Oberbegriffen" (ITSEC) bzw. den „Grundfunktionen sicherer IT-Systeme" (ZSISC) andererseits. Der Funktionalitätsumfang einzelner „Services" kann in bis zu sechs verschiedene „Levels" differenziert werden. Ein höheres „Level" ist durch eine höhere Zahl gekennzeichnet, wobei die Zahl 0 jeweils bedeutet, daß das Produkt die Evaluation nicht bestanden hat.

---

1. Vgl. hierzu auch Abbildung 4-3 „Abstraktionsebenen von Sicherheitsfunktionalität" auf Seite 48

Für jeden „Service Level" sind die Abhängigkeiten („Constraints") von anderen „Service Levels" oder von den sieben „Assurance Levels" (vgl. 6.2) dokumentiert. Beispiele für Kombinationen von „Services" sind in den CTCPEC unter dem Namen „Profiles" enthalten, so daß hiermit ein Äquivalent zu den Funktionalitätsklassen der ITSEC existiert.

Functional Criteria / Facet	Security Service	Abkürzung	Level
Confidentiality	Covert Channels	CC	CC-0 – CC-3
	Discretionary Confidentiality	CD	CD-0 – CD-4
	Mandatory Confidentiality	CM	CM-0 – CM-4
	Object Reuse	CR	CR-0 – CR-1
Integrity	Domain Integrity (TCB)	IB	IB-0 – IB-2
	Discretionary Integrity	ID	ID-0 – ID-4
	Mandatory Integrity	IM	IM-0 – IM-4
	Physical Integrity	IP	IP-0 – IP-4
	Rollback	IR	IR-0 – IR-2
	Separation of Duties	IS	IS-0 – IS-3
	Self Testing	IT	IT-0 – IT-3
Availability	Containment	AC	AC-0 – AC-3
	Fault Tolerance	AF	AF-0 – AF-2
	Robustness	AR	AR-0 – AR-3
	Recovery	AY	AY-0 – AY-3
Accountability (Who)	Audit	WA	WA-0 – WA-5
	Identification and Authentication	WI	WI-0 – WI-3
	Trusted Path	WT	WT-0 – WT-3

Abb. 6-1: Die vier „Facets / Functional Criteria" und 18 „Security Services" der CTCPEC

Der Schutz von Nutzern oder Gespeicherten ist in den CTCPEC – wie in den vorherigen Kriterienkatalogen auch – kaum berücksichtigt. Allerdings werden immerhin Bedrohungen durch den Systembetreiber an relativ prominenter Stelle, nämlich durch eine der 18 Funktionen („Separation of Duties" – Aufteilung von Verantwortung) behandelt. Außerdem erlaubt die Gliederung der Facetten die Integration von „Services", die mehrseitiger Sicherheit dienen (vgl. hierzu genauer Kapitel 9.1). Insofern können die CTCPEC als Fortschritt gelten, und ihre Gliederung von Funktionalität wurde auch in der ISO/IEC-Normung als Grundlage verwendet.

Die im Verhältnis zu den früheren Kriterien erfreuliche Klarheit der Gliederung litt etwas unter dem im Juli 1993 nachgeschobenen Entwurf einer Ergänzung von Funktionalität für Datenaustausch und Verschlüsselungsmodule (vgl. Abb. 6-2).

Functional Criteria / Facet	Security Service	Abkürzung	Level
Data Exchange	Data Exchange Confidentiality	XC	XC-0 – XC-4
	Data Exchange Integrity	XI	XI-0 – XI-3
	Data Exchange Authentication (Who)	XW	XW-0 – XW-3
Cryptographic Modules	FIPS 140-1 Level	FL	FL-1 – FL-4

Abb. 6-2: Die „Facets / Functional Criteria" und „Security Services" des CTCPEC-Ergänzungsentwurfs

Die drei „Services" der Facette „Data Exchange" hätten ohne Schwierigkeiten den entsprechenden Facetten der eigentlichen CTCPEC zugeordnet werden können. Die „Cryptographic Modules" stützen sich im wesentlichen auf die „Security Requirements for Cryptographic Modules" des US-amerikanischen „National Institute of Standards and Technology" ab, die als Entwurf von 1990 [USA_NIST 1990] referenziert werden, inzwischen aber auch fertiggestellt sind [USA_NIST 1994]. Diese direkte Referenzierung eines anderen Dokumentes ist wohl auch der Grund für das Fehlen des Levels 0 bei diesem „Service".

6.2 Qualitätssicherungsmaßnahmen

Die Anforderungen der CTCPEC für Qualitätssicherungsmaßnahmen sind denen der ITSEC vergleichbar. Allerdings wird in den CTCPEC nicht wie in den ITSEC auf hoher Ebene zwischen der Evaluation der Wirksamkeit (vgl. 4.3.1) und der Evaluation der Korrektheit (vgl. 4.3.2) unterschieden.

Sechs Anforderungsbereiche bilden die Struktur der acht „Assurance Levels", in denen (von T-0[2] bis T-7 zunehmende) Anforderungen zusammengefaßt werden. Diese Anforderungsbereiche sind die folgenden:

(1) „*Architecture*": Hier geht es vor allem darum, daß der sicherheitsrelevante Teil des Produktes („Trusted Computing Base" – TCB) prinzipiell imstande ist, die Sicherheitspolitik des Produktes umzusetzen.

---

2. T steht für „Trust".

(2) *„Development Environment"*: Der Entwicklungsprozeß und die Konfiguration des entstehenden Produktes sollen geordnet, kontrolliert und geschützt werden, beispielsweise durch physikalischen Schutz der Entwicklungsumgebung und -werkzeuge sowie durch Verwendung wohldefinierter Programmiersprachen und eines Konfigurationsmanagementsystems.

(3) *„Development Evidence"*: Die Antragsteller haben den Evaluatoren nachzuweisen, daß die Implementierung des Produktes seiner Sicherheitspolitik entspricht. Hierzu werden vier Stufen der Produktentwicklung unterschieden: Funktionale Spezifikation, Architekturentwurf, Detailliertes Design und Implementierung. Mit steigendem „Assurance Level" werden für die Darstellung und Beschreibung jeder Produktentwicklungsstufe stärker formalisierte Spezifikationen gefordert. Außerdem steigen die Anforderungen an die Dokumentation der Übergänge zwischen den Produktentwicklungsstufen (also etwa vom detaillierten Design auf die Implementierung): Für niedrige „Assurance Levels" genügt es, die Zusammenhänge nachvollziehbar zu machen („trace"), für höhere Levels sind sie zu demonstrieren („demonstrate") bzw. zu beweisen („prove").

(4) *„Operational Environment"*: Das Produkt hat den Kunden sicher, insbesondere unverfälscht, zu erreichen und soll beim Kunden sowohl sicher in Betrieb genommen als auch sicher in Betrieb gehalten werden können.

(5) *„Security Documentation"*: Zusammen mit dem Produkt ist eine Dokumentation zu liefern, die den sicheren Betrieb ausreichend unterstützt. Hierzu zählt besonders eine Nutzerinformation, die die Sicherheitsfunktionen und ihre Wechselwirkung beschreibt sowie Hinweise zur Nutzung der Sicherheitsfunktionen gibt. Für die Systemadministration ist eine entsprechende Information zu liefern.

(6) *„Security Testing"*: Dem Evaluationsteam ist nachzuweisen, daß das Produkt ausreichend getestet wurde. Hierzu sind die Test-„Philosophie", der Testplan, die Testabläufe und die Testergebnisse zu dokumentieren. Die meisten „Assurance Levels" erfordern den Nachweis, daß gefundene Schwächen beseitigt wurden, und es ist durch einen neuen Test zu vermeiden, daß dabei neue Fehler entstehen. Für höhere Level (ab T-5) hat durch gezielte Angriffe nachgewiesen zu werden, daß das Produkt diesen Angriffen standhält.

Welchen Einfluß die CTCPEC auf die Normung bei ISO/IEC nahmen, wird in Kapitel 7 genauer beschrieben. Die Bewertung der CTCPEC gemessen an den Kritikpunkten aus Kapitel 5.1 findet sich in 9.

7 Die ISO/IEC-ECITS

Im Oktober 1990, also etwa gleichzeitig mit der Diskussion der ersten öffentlichen Version der ITSEC, begann in der internationalen Normung von ISO und IEC die Diskussion um *„Evaluation Criteria for IT Security"* (ECITS), und ein entsprechendes Normungsprojekt (Nr. 1.27.16) wurde initiiert. Hintergrund dieser Initiative war die Absicht der europäischen Editoren der ITSEC, den eigenen Zertifizierungs- und Kriterienaktivitäten mit einer internationalen Norm mehr Gewicht zu verschaffen und die USA zu einer Kooperation bei der Entwicklung von Nachfolgekriterien für die TCSEC zu bewegen.

Für die technische Arbeit zuständig ist die „Working Group 3" (WG3) des „Subcommittee 27 – Security Techniques" (SC27) des „Joint Technical Committee 1" (JTC1) der „International Organization for Standardization" (ISO) und der „International Electrotechnical Commission" (IEC), kurz ISO/IEC JTC1/SC27/WG3. Die entstehende Norm soll aus drei Teilen bestehen, einer Einleitung und je einem Teil zu Funktionalität („Functionality") und Qualitätssicherung („Assurance").

Wie die anderen Kriterien auch, sind die ECITS in ihrem jeweiligen Status Teil eines Entwicklungs- und Verhandlungsprozesses, der nicht immer nur von technischen Argumenten beeinflußt wird. Da die ISO/IEC-Normung jedoch im Vergleich zu den anderen Kriterienentwurfsgremien relativ öffentlich und nachvollziehbar arbeitet, sind hier die Entwicklungen relativ gut dokumentiert. Insofern lohnt zunächst ein teils technischer, teils normungspolitischer Blick auf die Entwicklung seit 1990 (Kapitel 7.1). In Kapitel 7.2 wird dann das bislang technisch interessanteste Produkt der ISO/IEC-Normung, die Entwurfsfassung der ECITS aus dem Winter 1995/96 [ISO/IEC 1995a], vorgestellt, speziell deren Teil 2 zu Funktionalität.

7.1 Die Entwicklung seit 1990

Die als erste Entwürfe für Teil 2 und 3 in den Normungsprozeß eingebrachten Dokumente stimmten fast wörtlich mit den entsprechenden Teilen der ITSEC überein. Nach längerer Diskussion und auch als Reaktion auf die Kritik an den ITSEC[1] wurde im Herbst 1992 der Teil 2 der ECITS stark geändert. Insbesondere wurden die aus den ITSEC stammenden acht „Generic Headings (zur Beschreibung von Sicherheitsfunktionalität)" durch eine neue Struktur abgelöst. Als neue Grundlage wurde der damals vorliegende Entwurf der CTCPEC-Version 3.0[2] gewählt, bei dem „Security Services" die Funktion der „Generic Headings" einnehmen[3]. Dieser Entwurf wurde um Funktiona-

---

1. U.a. hatte der Autor im März und Oktober 1992 die für die Normung relevanten Teile aus [Gehrke, Pfitzmann, Rannenberg 1992] und [GI 1992a, 1992b] (vgl. auch 5.1) als Expertenbeitrag („Expert Contribution") bei ISO/IEC JTC1/SC27/WG3 eingebracht – zunächst noch ohne Unterstützung der deutschen Vertretung.

2. [CDN_SSC 1992], vgl. auch Kapitel 6

lität zur Spezifikation mehrseitig sicherer und datensparsamer Systeme ergänzt, zunächst um drei „Security Services": „Unobservability", „Anonymity" und „Pseudonymity"[4] [ISO/IEC 1992b].

Im Zuge der weiteren Arbeit wurden die neuen „Security Services" verfeinert und weitere ergänzt. Teilweise wurden diese aus dem Sicherheitsteil des ISO-Referenzmodells für offene Kommunikationssysteme („Open Systems Interconnection – Basic Reference Model" (OSI-RM) [ISO/IEC 1989]) abgeleitet. Im OSI-RM war Funktionalität zur Nichtabstreitbarkeit des Versands bzw. des Empfangs von Nachrichten und außerdem Funktionalität zum Schutz von Nachrichteninhalten zusammengestellt worden. „Data Authentication", ein weiterer auf Vorschlag des Autors von der deutschen Vertretung eingebrachter „Security Service", deckt die Funktionalität digitaler Signaturen ab.

Zunächst wurden die neuen „Services" nur in einem ergänzenden *informativen* Anhang untergebracht, während die aus den CTCPEC in einem – normungsorganisatorisch bedeutenderen[5] – *normativen* Anhang standen [ISO/IEC 1994a]. Im November 1994 wurde infolge einer seit 1993 mehrfach vorgebrachten Initiative der deutschen Delegation, der sich dann mehr und mehr nationale Vertretungen anschlossen, entschieden, beide Anhänge zu *einem* normativen Anhang zusammenzulegen [ISO/IEC 1994b]. So entstanden bis Dezember 1995 insgesamt 29 „Security Services" (vgl. 7.2 und [ISO/IEC 1995a]).

Funktionalitätsklassen wird der Teil 2 der ECITS voraussichtlich nicht oder nur als Beispiele enthalten. Geplant ist ein internationales Register; die Regelungen für eine Aufnahme in dieses Register sollen in einem neuen Normprojekt entwickelt werden (vgl. Kapitel 17.1 bzw. 17.2).

Während der Teil 3 der ECITS in seiner Substanz den ITSEC sehr ähnlich blieb, wurde der Teil 1 schrittweise an die parallel entstehenden CC (vgl. Kapitel 8) angepaßt, die sich ihrerseits an der Entwicklung in der Normung orientierten. Diese wechselseitige Beeinflussung ergibt sich auch durch eine Liaison-Vereinbarung und eine weitgehende personelle Überlappung zwischen ISO/IEC JTC1/SC27/WG3 und den Gremien, die die CC verfaßten (vgl. auch 1.7): So sind die Editoren des Teils 1 und des Teils 3 der ECITS gleichzeitig aktiv an der Arbeit an den CC beteiligt.

Daß allerdings in der Sitzung von ISO/IEC JTC1/SC27/WG3 im April 1996 sämtliche Entwürfe der ECITS durch die korrespondierenden Teile der CC (Version 1.0) ersetzt wurden, überraschte viele

---

3. Vgl. zum Verhältnis der Gliederungsebenen auch Abbildung 4-3 auf Seite 48

4. Diese waren in [Rannenberg 1992a] u.a. aus [Pfitzmann 1990a] abgeleitet und mit Levels für unterschiedlich starke Bedrohungssituationen ausgestattet worden (zur inhaltlichen Beschreibung vgl. auch 7.2).

5. Normative Teile einer ISO/IEC-Norm sind insofern bedeutender als informative Teile, weil normative Teile von jeder nationalen Normorganisation, die die Norm veröffentlichen will, zusammen mit der Norm veröffentlicht werden müssen, während dies bei informativen Teilen in das Ermessen der jeweiligen nationalen Normorganisation gestellt ist. Der Unterschied wird besonders dann bedeutend, wenn eine nationale Normorganisation mit einem bestimmten Teil einer Norm nicht einverstanden ist, wie etwa die Vertretung der USA bei der Normung von Verschlüsselungsalgorithmen.

Beteiligte. Ebenso überraschend war die „Beförderung" der Entwürfe zu „Committee Drafts", über die die Ländervertretungen abzustimmen haben [ISO/IEC 1996d]. Dieser Situation entsprechend ergab sich eine hohe Zahl negativer Voten gerade aus den Nationen (D, F, GB, USA), deren Behörden an den CC beteiligt waren [ISO/IEC 1996f, 1996g][6].

Inzwischen gibt es (wieder) erhebliche Bemühungen, bei der Erstellung der Version 2.0 der CC die ISO-Ansätze stärker zu berücksichtigen (vgl. Kapitel 8). Deswegen und vor allem wegen der Schwächen der CC Version 1.0 bei der Gliederung sicherer Funktionalität (vgl. Kapitel 8 und 9, speziell 9.1), ist die letzte Pre-CC-Fassung des Teils 2 der ECITS [ISO/IEC 1995a] unverändert aktuell. Sie wird in Kapitel 7.2 vorgestellt.

7.2 Gliederung von Funktionalität in Weiterentwicklung der CTCPEC

In Erweiterung der CTCPEC enthält [ISO/IEC 1995a] insgesamt 29 „Security Services", die grob in fünf 5 Kategorien eingeordnet sind (vgl. Abb. 7-1).

Im folgenden werden die elf neuen „Services" kurz vorgestellt und kommentiert:

(1) *Unobservability* (CU; Unbeobachtbarkeit): Nutzer sollen imstande sein, Dienste oder Ressourcen in Anspruch zu nehmen, ohne daß Dritte dies beobachten können. Der „Service" soll datensparsame Verfahren der Diensterbringung abdecken, insbesondere Verfahren zur Sicherung unbeobachtbarer Kommunikation, etwa die Sicherung des unbeobachtbaren Empfangs durch Broadcast. Abgewehrt werden Bedrohungen wie Kommunikations- und Nutzungsprofile. Die Level richten sich nach dem Anteil der Instanzen, die zu Angreifern werden dürfen, ohne daß die Sicherheit gefährdet wird.

(2) *Anonymity* (CA; Anonymität): Nutzer sollen Dienste oder Ressourcen in Anspruch nehmen können, ohne ihre Identität preisgeben zu müssen. Auch hier geht es um datensparsame Verfahren der Diensterbringung, allerdings mit einem Schwerpunkt auf Identitätenmanagement. Die Level richten sich nach dem Anteil der Instanzen, die zu Angreifern werden dürfen, ohne daß die Sicherheit gefährdet wird. Dieser Service ist prinzipiell auch durch *Unlinkability* abgedeckt, hat sich jedoch als spezielle Ausprägung etabliert, u.a. wegen der Prominenz des Begriffes „Anonymous File Transfer", auch wenn dieser Dienst nicht wirklich anonymen Zugriff erlaubt.

---

6. Zur Illustration sei vermerkt, daß die deutsche Vertretung sogar vorschlug, den CC-Entwicklungsgremien nahezulegen, ihre parallele Arbeit einzustellen und sich direkt der Diskussion in ISO/IEC JTC1/SC27/WG3 zu stellen. Anderenfalls sei die Akzeptanz einer Norm, auf deren Entstehung die zuständigen Gremien nur geringen Einfluß gehabt hätten, stark gefährdet [ISO/IEC 1996e].

Category	Security Service	Abkürzung	Level
Confidentiality	Covert Channels	CC	CC-1 – CC-3
	Discretionary Confidentiality	CD	CD-1 – CD-4
	Mandatory Confidentiality	CM	CM-1 – CM-4
	Object Reuse	CR	CR-1
	Unobservability	CU	CU-1 – CU-4
	Anonymity	CA	CA-1 – CA-4
	Unlinkability	CL	CL-1 – CL-4
Integrity	Domain Integrity (TCB)	IB	IB-1 – IB-2
	Discretionary Integrity	ID	ID-1 – ID-4
	Mandatory Integrity	IM	IM-1 – IM-4
	Physical Integrity	IP	IP-1 – IP-4
	Rollback	IR	IR-1 – IR-2
	Separation of Duties	IS	IS-1 – IS-3
	Self Testing	IT	IT-1 – IT-3
Availability	Containment	AC	AC-1 – AC-3
	Fault Tolerance	AF	AF-1 – AF-2
	Robustness	AR	AR-1 – AR-3
	Recovery	AY	AY-1 – AY-3
Accountability (Who)	Audit	WA	WA-1 – WA-5
	Identification and Authentication	WI	WI-1 – WI-3
	Trusted Path	WT	WT-1 – WT-3
	Pseudonymity	WP	WP-1 – WP-2
Data Communication	Non-Repudiation of Origin	DO	DO-1 – DO-2
	Non-Repudiation of Receipt	DR	DR-1 – DR-2
	Data Exchange Connection Integrity	DC	DC-1 – DC-3
	Data Exchange Connectionless Integrity	DL	DL-1 – DL-3
	Data Exchange Connection Confidentiality	DB	DB-1 – DB-3
	Data Exchange Connectionless Confidentiality	DK	DK-1 – DK-3
	Data Authentication	DA	DA-1 – DA-2

Abb. 7-1: Die 29 „Security Services" der ECITS, geordnet nach den fünf „Categories"

(3) *Unlinkability* (CL; Unverkettbarkeit): Informationen und Vorgänge innerhalb des Systems sollen nicht in Zusammenhänge gebracht werden können, die der Sicherheitspolitik widersprechen oder zu unzulässigen Informationsgewinnen führen. Ein prominenter spezieller Fall von Unverkettbarkeit ist Anonymität, bei der Informationen nicht mit einer Identität verknüpft werden können. Ein technisches Beispiel sind Mixe [Chaum 1981; Pfitzmann, Pfitzmann, Waidner 1988, 1991]. Abgewehrt werden u.a. Profilbildungen. Die Level richten sich nach dem Anteil der Instanzen, die zu Angreifern werden dürfen, ohne daß die Sicherheit gefährdet wird.

(4) *Pseudonymity* (WP; Pseudonymität): Nutzer sollen Dienste oder Ressourcen in Anspruch nehmen können, ohne ihre Identität preisgeben zu müssen. Trotzdem sollen sie für Kosten oder Schäden verantwortlich gemacht werden können. Anonyme Nutzung in Verbindung mit Vorauszahlungen ist ein typischer „Pseudonymity Service". Die Levelbildung richtet sich danach, wer ggfs. seine Rechte gegenüber dem anonymen Nutzer einfordern kann. Dieser „Service" ist sehr umfangreich definiert und sprengt mit seiner starken Verwandschaft zu den „Services" *Anonymity*, *Unobservability* und *Unlinkability* etwas die Kategorie *Accountability*. Er hätte folglich auch aufgeteilt werden können. Allerdings fand sich im ISO-Bereich keine kurze Definition für den *Accountability*-Anteil von *Pseudonymity* (vgl. zu Konzepten hierfür Kapitel 10, speziell 10.3). Außerdem sollte aufgezeigt werden, daß die zunächst unvereinbar scheinenden Anforderungen nach Anonymität und Verantwortlichkeit durchaus vereinbar seien. Die dafür nötige, konstruktiv aufwendige, Technik wollte man mit einem entsprechenden Merkmal ausstatten können.

(5) *Non-Repudiation of Origin* (DO; Nicht-Abstreitbarkeit der Urheberschaft einer Nachricht): Sender einer Nachricht sollen sich nicht der Verantwortung für die Nachricht entziehen können, indem sie einfach den Versand der Nachricht abstreiten. Die Levelbildung richtet sich danach, ob nur der Empfänger oder auch Dritte die Herkunft einer Nachricht nachweisen können. Dieser „Service" wurde aus dem ISO-Referenzmodell für offene Kommunikationssysteme abgeleitet und ließe sich auch in die Kategorie *Accountability* einordnen. Er könnte auch durch den „Service" *Data Authentication* abgedeckt werden.

(6) *Non-Repudiation of Receipt* (DR; Nicht-Abstreitbarkeit des Empfanges einer Nachricht): Empfänger einer Nachricht sollen nicht einfach den Empfang einer Nachricht abstreiten können, etwa um sich der Verantwortung für unterlassene Reaktionen zu entziehen. Die Levelbildung richtet sich danach, ob nur der Sender oder auch Dritte den Empfang einer Nachricht nachweisen können. Dieser „Service" wurde aus dem ISO-Referenzmodell für offene Kommunikationssysteme abgeleitet und ließe sich auch in die Kategorie *Accountability* einordnen. Er könnte auch durch den „Service" *Data Authentication* abgedeckt werden.

(7) *Data Exchange Connection Integrity* (DC; Integrität bei verbindungsorientiertem Datenaustausch): Die Daten, die bei einem verbindungsorientierten Datenaustausch empfangen werden, sollten die gleichen sein, die abgesandt wurden. Die Levelbildung richtet sich danach,

ob Fehler nicht nur entdeckt, sondern auch behoben werden können und ob diese Maßnahmen auf ausgewählte Datenfelder beschränkbar sind. Dieser „Service" wurde aus dem ISO-Referenzmodell für offene Kommunikationssysteme abgeleitet und ließe sich auch in die Kategorie *Integrity* einordnen.

(8) *Data Exchange Connectionless Integrity* (DL; Integrität bei verbindungslosem Datenaustausch): Die Daten, die bei einem verbindungslosen Datenaustausch (etwa Paketvermittlung) empfangen werden, sollten die gleichen sein, die abgesandt wurden. Die Levelbildung richtet sich danach, ob und wie flexibel Fehler nicht nur entdeckt sondern auch behoben werden können und ob diese Maßnahmen auf ausgewählte Datenfelder beschränkbar sind. Dieser „Service" wurde aus dem ISO-Referenzmodell für offene Kommunikationssysteme abgeleitet und ließe sich auch in die Kategorie *Integrity* einordnen. Da er sich außerdem kaum von *Data Exchange Connection Integrity* unterscheidet, wäre er mit diesem integrierbar.

(9) *Data Exchange Connection Confidentiality* (DB; Vertraulichkeit bei verbindungsorientiertem Datenaustausch): Die bei einem verbindungsorientierten Datenaustausch übertragenen Daten sollen unautorisierten Instanzen nicht bekannt werden. Die Levelbildung richtet sich danach, ob wählbar ist, welche Datenfelder geschützt werden sollen, und ob auch Daten aus Verkehrsflußanalysen geschützt werden können. Dieser „Service" wurde aus dem ISO-Referenzmodell für offene Kommunikationssysteme abgeleitet und ließe sich auch in die Kategorie *Confidentiality* einordnen.

(10) *Data Exchange Connectionless Confidentiality* (DK; Vertraulichkeit bei verbindungslosem Datenaustausch): Die bei einem verbindungslosen Datenaustausch übertragenen Daten sollen unautorisierten Instanzen nicht bekannt werden. Die Levelbildung richtet sich danach, ob wählbar ist, welche Datenfelder geschützt werden sollen, und ob auch Daten aus Verkehrsflußanalysen geschützt werden können. Dieser „Service" wurde aus dem ISO-Referenzmodell für offene Kommunikationssysteme abgeleitet und ließe sich auch in die Kategorie *Confidentiality* einordnen. Da er sich außerdem kaum von *Data Exchange Connection Confidentiality* unterscheidet, wäre er mit diesem integrierbar.

(11) *Data Authentication* (DA; Datenauthentisierung): Eine Instanz soll die Verantwortung für ein Dokument übernehmen können, gegebenenfalls auch in extern nachweisbarer Weise. Ein typischer Mechanismus zur Realisierung dieses „Service" ist die digitale Unterschrift, deretwegen er auch etabliert wurde. Der „Service" ließe sich auch in die Kategorie *Accountability* einordnen. Im übrigen könnte er auch durch den „Service" *Non-Repudiation of Origin* abgedeckt werden, wenn dieser sich anders als in den ECITS nicht nur auf versandte Nachrichten, sondern allgemein auf Objekte (etwa Dokumente) bezöge.

Da noch nie „Services" aus der Liste gestrichen wurden, obwohl dies bei einigen durchaus naheläge (vgl. Kapitel 10, speziell 10.3)[7], ist die Liste mittlerweile mehr als anderthalb mal so lang wie die Liste der CTCPEC. Die Obergliederung der Funktionen, die ebenfalls aus den CTCPEC stammt, wurde im Lauf der Zeit aus Konsensgründen stark abgeschwächt. Tatsächlich erweisen sich bei einigen „Services", insbesondere bei einigen der elf neuen, andere Zuordnungen als mindestens ebenso sinnvoll wie die im Dokument gewählten.

Trotz ihrer Schwächen (Kapitel 9 gibt eine detailliertere Bewertung der ECITS) ist diese Gliederung von Sicherheitsfunktionalität die bislang umfassendste (obwohl nicht ausführlichste) und beststrukturierte. Sie dient deshalb auch als Grundlage für den Neuentwurf einer Gliederung in Kapitel 10.

---

7. Es gibt Grund zur Annahme, daß das auf Konsens ausgerichtete Vorgehen von ISO/IEC auch der wesentliche Grund dafür ist, daß keine Services gestrichen wurden.

8 Die Common Criteria

Ziel bei Entwicklung der *„Common Criteria"* (CC) ist es, die Ansätze der vorliegenden Kriterien, speziell der TCSEC, der ITSEC, der CTCPEC, der FC-ITS[1] und auch der ECITS, zu integrieren und zu harmonisieren. Das Projekt nahm seinen Ausgangspunkt aus der Präsentation der US-amerikanischen FC-ITS (vgl. 8.1).

Ein zunächst mit vier US-Amerikanern (je zwei von NIST[2] und NSA[3]) sowie je zwei Kanadiern, Briten, Franzosen und Deutschen besetztes *„Common Criteria Editorial Board"* (CCEB) traf sich ab Juni 1993 regelmäßig. Dabei erhielten die europäischen Partner in den ersten Jahren eine Förderung seitens der EU-Kommission. Später kamen noch niederländische Vertreter hinzu. Das CCEB unterhielt auch eine Liaison zum entsprechenden Gremium der ISO/IEC (vgl. Kapitel 7). Bis zur Auflösung des CCEB im Januar 1996 wurden eine Anzahl von Versionen zum Kommentar der Fachöffentlichkeit und speziell der Normung veröffentlicht. Von diesen wurden die Versionen 0.6, 0.9 [CCEB 1994] und 1.0 [CCEB 1996a] am weitesten bekannt. Die Version 1.0 kann zur Zeit in den meisten CC-Staaten, u.a. in Deutschland, als Zertifizierungsgrundlage verwendet werden. Eine Version 2.0 ist in Vorbereitung.

In Kapitel 8.2 werden die strukturell wichtigsten Charakteristika der CC vorgestellt. In Kapitel 8.3 wird über die weitere Entwicklung der CC berichtet, speziell über die Aktivitäten des *„Common Criteria Implementation Board"* (CCIB) seit Januar 1996. Eine detaillierte Kritik der CC findet sich in Kapitel 9.

8.1 Die Federal Criteria und die Vorgeschichte der Common Criteria

Nach der Veröffentlichung der ITSEC und deren Vordringen innerhalb der ISO-Normung etablierte das *„National Institute of Standards and Technology"* (NIST) der USA zusammen mit der *„National Security Agency"* (NSA) 1991 das sogenannte *„Federal Criteria Project"* zur Entwicklung von *„Federal Information Processing Standards"* (FIPS) für die Entwicklung, Spezifikation und Evaluation sicherer IT-Systeme (*U.S. Information Security Standard*, USISS). Erstes publiziertes Ergebnis des Projektes waren die *„Minimum Security Requirements for Multi-User Operating Systems"* (MSR), deren zweite Entwurfsfassung [USA_NIST 1992] seit August 1992 veröffentlicht ist. In ihnen werden die leicht um Anregungen aus dem kommerziellen Bereich erweiterten Anforderungen des TCSEC-Levels C2, der von mehreren Rechnerbetriebssystemen erreicht wurde, in eine Ordnung

---

1. *„Federal Criteria for Information Technology Security"* [USA_NIST_NSA 1992]

2. *„National Institute of Standards and Technology"* der USA

3. *„National Security Agency"* der USA

gemäß der generischen Überschriften der ITSEC gebracht; es wurden also insbesondere Funktionalitäts- und Qualitätssicherungsanforderungen getrennt spezifiziert.

Die mit den MSR vorgelegte Neugliederung eines Teiles der TCSEC dokumentierte das Interesse der USA, internationalen Marktanforderungen gerecht zu werden (oder zumindest aufgeschlossen dafür zu erscheinen) und eine Basis für eine gegenseitige Anerkennung von Evaluationsergebnissen zwischen den USA und der Europäischen Gemeinschaft zu legen. Gleichzeitig lieferten die MSR als vorweg veröffentlichtes Beispiel Hinweise auf die Struktur des geplanten USISS bzw. die nächsten Aktivitäten in den USA.

Im Dezember 1992 wurde die Entwurfsversion 1.0 der *„Federal Criteria for Information Technology Security"* (FC-ITS) [USA_NIST_NSA 1992] veröffentlicht. Zentrales Strukturelement der FC-ITS sind sogenannte *„Protection Profiles" (Schutzprofile)*, die gemeinsame Anforderungen wichtiger Anwendungsbereiche beschreiben sollen (vgl. auch 8.2.2). Von den Funktionalitätsklassen der ITSEC unterscheiden sich die „Protection Profiles" dahingehend, daß sie nicht nur Funktionalitäts-, sondern auch Qualitätssicherungsanforderungen enthalten.

Zwar werden in den FC-ITS entsprechend den ITSEC die Funktionalitäts- und Qualitätssicherungsanforderungen getrennt beschrieben; diese Trennung wird allerdings durch das Kapitel zu „Protection Profiles" relativiert, denn es enthält eine ausführliche Diskussion von Abhängigkeiten (*„Dependencies"*): Solche Abhängigkeiten bestehen nach Ansicht der Autoren zwischen Funktionalitäts- und Qualitätsanforderungen sowie zwischen einzelnen Funktionalitäts- bzw. Qualitätsanforderungen untereinander.

Schnell nach der Veröffentlichung der FC-ITS breitete sich die Befürchtung mehrerer europäischer Experten aus, die „Protection Profiles" würden lediglich eine verfeinerte aber ansonsten unveränderte Neudefinition der TCSEC-Levels werden (vgl. als Bericht auch [Rannenberg 1992b, 1993]). Diese Befürchtungen wurden dadurch verstärkt, daß von den sieben FC-ITS-Beispielen für Schutzprofile fünf den TCSEC-Levels entstammen.

Als Reaktion auf die FC-ITS und um eine dauernde gegenseitige Blockade der US-amerikanischen und der europäischen Positionen in der Normung zu vermeiden, vereinbarten zunächst die USA, Kanada und die EU-Kommission den Entwurf gemeinsamer Kriterien, der CC.

8.2 Die Struktur der CC

Die CC sind als Kriterienrahmenwerk geplant, das die Ansätze der vorliegenden Kriterien, speziell der TCSEC, der ITSEC, der CTCPEC, der FC-ITS und auch der ECITS, umfassen und harmonisieren soll. Schon in frühen Versionen wurde festgelegt, von den ITSEC die Trennung des Dokumentes in Sicherheitsfunktionalität („Part 2: Security functional requirements") und Qualitätssicherung („Part 3: Security assurance requirements") zu übernehmen, ebenso die Etablierung von Evaluationslevels (*„Evaluation Assurance Levels"* – EAL).

Von den FC-ITS stammen die „Protection Profiles" („Part 1: Introduction and general model" und „Part 4: Predefined Protection Profiles", vgl. auch 8.2.2). Ebenfalls aus den FC-ITS stammt die Idee, nicht nur die Sicherheitsfunktionalität, sondern auch die Maßnahmen zur Qualitätssicherung in – insgesamt 256 – Komponenten („*Components*") zu unterteilen (vgl. 8.2.3 und 8.2.4). Diese Komponenten sind zu 101 „*Families*" zusammengefaßt, die ihrerseits auf 16 „*Classes*" aufgeteilt sind. Aus den Komponenten der CC lassen sich verschiedene Formen von Evaluationsergebnissen kombinieren (vgl. 8.2.1).

8.2.1 Evaluationsergebnisse nach den CC

Sechs Formen von Evaluationsergebnissen werden in den CC unterschieden, wobei entweder auf die Teile 2 oder 3 der CC oder direkt auf ein „Protection Profile" (PP; vgl. 8.2.2) Bezug genommen wird (siehe [CCEB 1996a], Teil 1, S.21):

(1) Ein Evaluationsgegenstand (EVG) ist dann und nur dann „*Conformant to Part 2*", wenn er auf funktionalen Komponenten basiert, die in Teil 2 enthalten sind.

(2) Ein EVG ist „*Part 2 extended*", wenn er auf funktionalen Komponenten basiert, die in Teil 2 enthalten sind, jedoch zusätzlich Sicherheitsfunktionalität enthält, die nicht durch Teil 2 abgedeckt ist.

(3) Ein EVG ist dann und nur dann „*Conformant to Part 3*", wenn er auf einem Evaluationslevel basiert, das in Teil 3 enthalten ist.

(4) Ein EVG ist dann und nur dann „*Part 3 augmented*", wenn er auf einem Evaluationslevel basiert, das in Teil 3 enthalten ist, und zusätzlich Qualitätssicherungs-Komponenten enthält, die auch in Teil 3 enthalten sind.

(5) Ein EVG ist „*Part 3 extended*", wenn er auf einem Evaluationslevel basiert, das in Teil 3 enthalten ist, eventuell zusätzlich Qualitätssicherungs-Komponenten enthält, die auch in Teil 3 enthalten sind, jedoch außerdem noch Qualitätssicherungs-Komponenten enthält, die nicht in Teil 3 enthalten sind.

(6) Ein EVG ist dann und nur dann „*Conformant to PP*", wenn er zu allen Teilen eines PP konform ist.

Obwohl die Evaluationsresultate „*Part 2 extended*" und „*Part 3 extended*" definiert sind, wird in den CC empfohlen, diese Optionen nur nach sehr sorgfältiger Berücksichtigung der – präferierten – CC-konformen Alternativen zu nutzen. Neue Schutzprofile dürfen nur aus Komponenten der CC kombiniert werden. Insofern sind die CC nur eingeschränkt innovationsoffen, denn es droht eine Unterscheidung in (CC-konforme) Evaluationsergebnisse erster Klasse und (nicht-CC-konforme) Evaluationsergebnisse zweiter Klasse (vgl. auch 9.4).

8.2.2 Schutzprofile in den CC

Ein Schutzprofil („*Protection Profile*" – PP) definiert eine implementierungsunabhängige Kombination von IT-Sicherheitsanforderungen für eine bestimmte Kategorie von Evaluationsgegenständen, etwa „Firewall"-Systeme. PPs enthalten dazu nicht nur Funktionalitäts-, sondern auch Qualitätssicherungsanforderungen, die sämtlich aus den Teilen 2 bzw. 3 der CC stammen müssen (vgl. 8.2.1). Diese Einschränkung wird voraussichtlich in der Version 2.0 der CC entfallen.

Drei PPs sind als Beispiele im Teil 4 der Version 1.0 der CC enthalten[4]:

(1) „*Commercial Security 1 Protection Profile*" (CS1): Es basiert auf dem Level C2 der TCSEC (vgl. 3.2.2.2 und 4.2.3.1) und ist wie dieser hauptsächlich für allgemeine Betriebssysteme mit Zugriffskontrolle auf der Basis individueller Rechte gedacht. CS1 enthält 22 funktionale Komponenten und den EAL3, der dem ITSEC-Level E2 entspricht.

(2) „*Commercial Security 3 Protection Profile*" (CS3): Es basiert auf dem Profil CS3 der FC-ITS und ist hauptsächlich für fehlertolerante und ausfallsichere Systeme mit u.a rollenbasierter Zugriffskontrolle gedacht. CS3 enthält 64 funktionale Komponenten und den EAL4 (entsprechend ITSEC-Level E3), erweitert um zwei weitere „Assurance"-Komponenten.

(3) „*Network/Transport Layer Packet Filter Firewall Protection Profile*" (PFFW): Es bildet ein einfaches „Firewall"-System ab, das den Paketfluß zwischen Netzen kontrolliert, ohne den Inhalt der Pakete zu betrachten. PFFW wurde entworfen, um die Anwendbarkeit der CC auf neue Felder der IT-Sicherheit zu demonstrieren.

Die Motivation für das PFFW zeigt bereits die Grenzen der Auswahl der Beispiel-PPs auf. Zwar wurde ein Beispiel aus dem Bereich Rechnernetze gewählt, mit einem „Firewall"-System allerdings eines, das bezüglich seiner Sicherheitsanforderungen den herkömmlichen Beispielen entspricht: Der Systembetreiber schützt sich bzw. das System vor Angriffen von außen (oder von Nutzern bzw. Kunden). Gegenüber diesem Beispiel war die schon 1995 veröffentlichte ITSEC-Funktionalitätsklasse für die Sicherheit von digitalen TK-Anlagen [Mackenbrock 1995][5] fortschrittlicher, denn sie berücksichtigt immerhin einige Sicherheitsinteressen von Nutzern.

8.2.3 Sicherheitsfunktionalität in den CC

Sicherheitsfunktionalität wird in den CC durch 184 „Functional Components" modelliert, aus denen „Protection Profiles" (PP) oder (ITSEC-ähnliche) „*Security Targets*" (ST) kombiniert werden können.

---

4. Die Version 2.0 der CC wird voraussichtlich keinen Teil 4 mehr haben. Die Beispiele für PPs werden vermutlich getrennt veröffentlicht werden.

5. Genauere Darstellung und Bewertung in Kapitel 11

Die 184 Komponenten sind zu 76 „Functional Families" zusammengefaßt, wobei Komponenten einer Familie grob die gleiche Funktionalität, diese jedoch in verschiedenem Umfang bzw. verschiedener Stärke darstellen. Entsprechend besteht eine Analogie zwischen den CC-„Functional Families" und den CTCPEC/ECITS-„Security Services" bzw. zwischen den CC-„Functional Components" und den CTCPEC/ECITS-„Security Service Levels". Allerdings sind die „Functional Components" bezüglich ihrer Stärke nicht geordnet. „Dependencies" zwischen Komponenten sind jeweils bei den abhängigen Komponenten verzeichnet.

Die 76 Familien sind ihrerseits in neun „Classes" gegliedert (vgl. Abb. 8-1). Die neun Klassen wie auch die gesamte Strukturierung von Funktionalität in den CC sind in mehrerlei Hinsicht unsystematisch und unausgewogen:

- Sicherheitsmaßnahmen wie „Identification and Authentication" stehen neben Anwendungsgebieten wie „Communication".

- Einzelne Bereiche wurden gegenüber den ECITS oder den CTCPEC ausführlich detailliert, andere nur knapp übernommen: So wurden etwa bei „Identification and Authentication" aus einem ECITS-„Security Service" mit drei Levels in den CC eine Klasse mit neun Familien und 27 Komponenten. Demgegenüber wurden die vier ECITS-„Security Services" „Anonymity", „Pseudonymity", „Unlinkability" und „Unobservability" in der Klasse „Privacy" auf vier Familien mit nur noch insgesamt acht Komponenten gestutzt.

- Funktionalität zur Beschreibung digitaler Signaturen wurde nicht aus den ECITS übernommen, so daß der „Security Service" „Data Authentication" kein Äquivalent in den CC hat (dieser Fehler soll in Version 2.0 behoben werden).

Darüberhinaus weisen die Beschreibungen der Funktionalität eine Vielzahl konzeptioneller Schwächen auf, die bereits zu ersten energischen Kommentaren, etwa in der Normung, führten. So wurde in den CC für die „Privacy"-Familien das Konzept eines „Authorized Administrator responsible for Privacy" eingeführt: Er kann nicht von Informationsflüssen ausgeschlossen werden, d.h. beispielsweise Unbeobachtbarkeit ihm gegenüber ist nicht möglich. Bezüglich der Nutzeranforderungen nach Schutz in Kommunikationssystemen (vgl. Kapitel 2) wird so „der Bock zum Gärtner gemacht". Eine genauere Darstellung und weitere detaillierte Beschreibungen von Schwächen der CC, gerade in Bezug auf mehrseitige Sicherheit, finden sich in [ISO/IEC 1996f Anhang 1][6].

---

6. Die Kritik wurde auf Vorschlag des Autors zur DIN-Position und weitgehend von ISO/IEC JTC1/SC27/WG3 übernommen.

FAU Security Audit

FAU_ARP Security Audit Automatic Response	FAU_GEN Security Audit Data Generation
FAU_MGT Security Audit Management	FAU_PAD Profile-Based Anomaly Detection
FAU_PIT Penetration Identification Tools	FAU_POP Security Audit Post-storage Processing
FAU_PRO Security Audit Trail Protection	FAU_PRP Security Audit Pre-storage Processing
FAU_SAA Security Audit Analysis	FAU_SAR Security Audit Review
FAU_SEL Security Audit Event Selection	FAU_STG Security Audit Event Storage

FCO Communication

FCO_NRO Non-Repudiation of Origin	FCO_NRR Non-Repudiation of Receipt

FDP User Data Protection

FDP_ACC Access Control Policy	FDP_ACF Access Control Functions
FDP_ACI Object Attributes Initialisation	FDP_ETC Export to Outside TSF Control
FDP_IFC Information Flow Control Policy	FDP_IFF Information Flow Control Functions
FDP_ITC Import from Outside TSF Control	FDP_ITT Internal TOE Transfer
FDP_RIP Residual Information Protection	FDP_ROL Rollback
FDP_SAM Security Attribute Modification	FDP_SAQ Security Attribute Query
FDP_SDI Stored Data Integrity	FDP_UCT Inter-TSF User Data Confidentiality Transfer Prot.
FDP_UIT Inter-TSF User Data Integrity Transfer Protection	

FIA Identification and Authentication

FIA_ADA User Authentication Data Administration	FIA_ADP User Authentication Data Protection
FIA_AFL Authentication Failures	FIA_ATA User Attribute Administration
FIA_ATD User Attribute Definition	FIA_SOS Specification of Secrets
FIA_UAU User Authentication	FIA_UID User Identification
FIA_USB User-Subject Binding	

FPR Privacy

FPR_ANO Anonymity	FPR_PSE Pseudonymity
FPR_UNL Unlinkability	FPR_UNO Unobservability

FPT Protection of the Trusted Security Functions

FPT_AMT Underlying Abstract Machine Test	FPT_FLS Fail Secure
FPT_ITA Inter-TSF Availability of TSF Data	FPT_ITC Inter-TSF Confidentiality of TSF Data
FPT_ITI Inter-TSF Integrity of TSF Data	FPT_ITT Internal TOE TSF Data Transfer
FPT_PHP TSF Physical Protection	FPT_RCV Trusted Recovery
FPT_REV Revocation	FPT_RPL Replay Detection and Prevention
FPT_RVM Reference Mediation	FPT_SAE Security Attribute Expiration
FPT_SEP Domain Separation	FPT_SSP State Synchrony Protocol
FPT_STM Time Stamps	FPT_SWM TSF Software Modification
FPT_TDC Inter-TSF TSF Data Consistency	FPT_TRC Internal TOE TSF Data Replication Consistency
FPT_TSA TOE Security Administration	FPT_TSM TOE Security Management
FPT_TST TSF Self Test	FPT_TSU TOE Administrative Safe Use

FRU Resource Utilisation

FRU_FLT Fault Tolerance	FRU_PRS Priority of Service
FRU_RSA Resource Allocation	

FTA TOE Access

FTA_LSA Limitation on Scope of Selectable Attributes	FTA_MCS Limitation on Multiple Concurrent Sessions
FTA_SSL Session Locking	FTA_TAB TOE Access Banners
FTA_TAH TOE Access History	FTA_TAM TOE Access Management
FTA_TSE TOE Session Establishment	

FTP Trusted Path/Channels

FTP_ITC Inter-TSF Trusted Channel	FTP_TRP Trusted Path

Abb. 8-1: „**Classes**" und „Families" zu „Functionality" in Teil 2 der CC

Selbst wesentlich bescheidenere Schutzanforderungen sind ohne Modifikationen der CC nicht adäquat abbildbar: So ist bei pseudonym-orientiertem Auditing[7] sicherheitsrelevanter Aktionen in Betriebssystemen nach gegenwärtigem Stand der Entwicklung der Schutz der Nutzerdaten tatsächlich von der Vertrauenswürdigkeit des oder der zuständigen Administratoren abhängig. Selbst diese Funktionalität ist jedoch nicht abgedeckt, da die Komponenten der Klasse „Audit", speziell die Familie „Security Audit Data Generation", Pseudonyme nicht berücksichtigen[8].

Weitere Kritik entzündete sich besonders an dem Umfang und der Unübersichtlichkeit der CC. Die meisten Schwächen wurden im Prinzip bereits an der Version 0.9 der CC kritisiert, ohne daß sich entscheidendes tat.

8.2.4 Qualitätssicherung in den CC

Der Qualitätssicherung („Assurance") sind in den CC 72 „Assurance Components" gewidmet, aus denen sich die sieben „Evaluation Assurance Levels" (EAL) oder Teile von „Protection Profiles" (PP) bilden lassen.

Die 72 Komponenten sind zu 25 „Assurance Families" zusammengefaßt, wobei Komponenten einer Familie gleiche Aspekte, diese jedoch in verschiedenem Umfang bzw. verschiedener Intensität darstellen. Der Ansatz, auch „Assurance" – ebenso wie „Functionality" – komponentenweise zu gliedern, wurde aus den FC-ITS übernommen. „Dependencies" zwischen Komponenten werden jeweils bei den abhängigen Komponenten verzeichnet.

Die 25 Familien sind ihrerseits in sieben „Classes" gegliedert, wobei je eine Klasse für die Evaluation von „Protection Profiles" und „Security Targets" reserviert ist (vgl. Abb. 8-2).

---

7. Pseudonym-orientiertes Auditing bedeutet, daß sicherheitsrelevante Aktionen nicht zusammen mit direkt interpretierbaren Nutzeridentitäten, sondern zusammen mit (reversiblen) Pseudonymen gespeichert werden. Nur bei einem tatsächlichen Sicherheitsvorfall werden die zu den Pseudonymen gehörigen wirklichen Identitäten ermittelt, so daß Nutzer im Normalfall anonym bleiben und nur im Sonderfall identifiziert werden [Fischer-Hübner 1992; Sobirey, Richter, König 1996; Sobirey, Fischer-Hübner, Rannenberg 1997].

8. Vgl. [ISO/IEC 1996f, Anhang 2] sowie [Sobirey, Fischer-Hübner, Rannenberg 1997]

APE	Protection Profile evaluation	APE_ENV	Protection Profile, Security Environment
		APE_OBJ	Protection Profile, Security Objectives
		APE_REQ	Protection Profile, TOE Security Requirements
ASE	Security Target evaluation	ASE_ENV	Security Target, Security Environment
		ASE_OBJ	Security Target, Security Objectives
		ASE_PPC	Security Target, PP Claims
		ASE_REQ	Security Target, TOE Security Requirements
ACM	Configuration management	ACM_AUT	CM automation
		ACM_CAP	CM capabilities
		ACM_SCP	CM scope
ADO	Delivery and operation	ADO_DEL	Delivery
		ADO_IGS	Installation, generation, and start-up
ADV	Development	ADV_FSP	Functional specification
		ADV_HLD	High-level design
		ADV_IMP	Implementation representation
		ADV_INT	TSF internals
		ADV_LLD	Low-level design
		ADV_RCR	Representation correspondence
AGD	Guidance documents	AGD_ADM	Administrator guidance
		AGD_USR	User guidance
ALC	Life cycle support	ALC_DVS	Development security
		ALC_FLR	Flaw remediation
		ALC_LCD	Life cycle definition
		ALC_TAT	Tools and techniques
ATE	Tests	ATE_COV	Coverage
		ATE_DPT	Depth
		ATE_FUN	Functional tests
		ATE_IND	Independent testing
AVA	Vulnerability assessment	AVA_CCA	Covert channel analysis
		AVA_MSU	Misuse
		AVA_SOF	Strength of TOE security functions
		AVA_VLA	Vulnerability analysis

Abb. 8-2: „**Classes**" und „Families" zu „Assurance" in Teil 3 der CC

Von den sieben EAL der CC entsprechen die sechs höheren den sechs Evaluationslevels der ITSEC. Der niedrigste Level EAL1 wurde entwickelt, um den Zugang zur Evaluation zu erleichtern (siehe Abb. 8-3).

EAL1	Functionally tested
EAL2	Structurally tested
EAL3	Methodically tested and checked
EAL4	Methodically designed, tested, and reviewed
EAL5	Semiformally designed and tested
EAL6	Semiformally verified design and tested
EAL7	Formally verified design and tested

Abb. 8-3: Die 7 „Evaluation Assurance Levels" (EAL) der CC

8.3 Die weitere Entwicklung der CC

Mit Fertigstellung der Version 1.0 der CC am 31. Januar 1996 löste sich das CCEB auf. Als sein Nachfolger koordiniert das „*Common Criteria Implementation Board*" (CCIB) die weitere Arbeit an den CC und ihrem Umfeld:

- mehrere Probe-Evaluationen auf Basis der CC im Hinblick auf eine Version 2.0;

- Einwerbung und Entgegennahme der Kommentare zur Version 1.0 der CC;

- die Liaison zur ISO/IEC-Normung;

- Empfehlungen für die Version 2.0 der CC.

Drei weitere Arbeitsschwerpunkte wurden im Umfeld des CCIB definiert:

- die Entwicklung einer „*Common Evaluation Methodology*" (CEM) in einem dafür gegründeten „*Common Evaluation Methodology Editorial Board*" (CEMEB);

- die Vorbereitung der wechselseitigen Anerkennung von CC-Zertifikaten der CC-Organisatoren in einer „*Mutual Recognition Group*" (MRG);

- die Untersuchung weiterer Methoden zur Qualitätssicherung in einer „*Assurance Approaches Working Group*" (AAWG).

Am 30. November 1996 endete die Frist für die Einreichung von Kommentaren zu den CC, sogenannten „*CC Observation Reports*" (CCORs). Ihre große Zahl (mehr als 750 bis zum Februar 1997) wuchs noch weiter, da die Probeevaluationen nicht bis zum 30. November 1996 abgeschlossen waren [CCIB 1997b]. Entsprechend hat sich das Erscheinen der Version 2.0 der CC von 1997 auf 1998 verschoben. Angepeilt wird nun der Mai 1998.

Eine erste Beschreibung der vom CCIB vorläufig vorgeschlagenen Änderungen [CCIB 1997a] zeigt eine Fülle von Detailproblemen auf, und die von ISO/IEC JTC1/SC27/WG3 für den 1. Juni 1997 erwartete Lieferung einer Zwischenversion 1.x [ISO/IEC 1996h] wurde als nicht realisierbar abgelehnt [CCIB 1997b]. Inzwischen sind ISO/IEC JTC1/SC27/WG3 Entwürfe der CC Version 2.0

zugänglich, die sich jedoch nicht grundsätzlich von der Version 1.0 unterscheiden. Aus diesem Grund basiert die Bewertung der CC in Kapitel 9 im wesentlichen auf der Version 1.0.

9 Die Post-ITSEC-Kriterien im Lichte der ITSEC-Kritik

Die in den letzten drei Kapiteln vorgestellten Post-ITSEC-Kriterien unterscheiden sich teilweise erheblich von den ITSEC. Insofern bietet es sich an, sie im Lichte der in Kapitel 5.1 zusammengestellten Kritik an den ITSEC zu vergleichen, um zu sehen, ob und inwieweit diese Kritik durch die neuen Kriterien überwunden ist.

Verglichen werden die kanadischen CTCPEC 3.0[1], die ECITS-Normentwürfe des Winters 1995/96[2] sowie die Version 1.0 der CC[3]. Zu Einzelpunkten wurden noch die Entwurfsversion 1.0 der „Cryptographic Modules" für die CTCPEC 3.0 [CDN_SSC 1993b], die Entwurfsversion 0.99b des „Technical Report Evaluation Criteria for Cryptography" für die CC [CCEB1996b] sowie die Version 0.9 der CC [CCEB 1994] herangezogen.

Die Gliederung dieses Kapitels folgt der von Kapitel 5.1. Untersucht werden die Kriterien anhand von fünf Bereichen, in die die Kritik dort eingeteilt wurde:

(1) Unausgewogenheit der beschriebenen bzw. berücksichtigten Sicherheitsfunktionalität (siehe 9.1);

(2) Unausgewogenheit der Anforderungen an die Qualitätssicherung (9.2);

(3) Hohe Kosten und Ineffizienz des Zertifizierungsprozesses (9.3);

(4) Geringe Aussagekraft und Verwertbarkeit der Ergebnisse (9.4);

(5) Ein für die Fachöffentlichkeit unkontrollierbarer und nicht nachvollziehbarer Prozeß der Entstehung und Interpretation der Kriterien (9.5).

Das abschließende Kapitel 9.6 enthält als Überleitung zu den folgenden Teilen D und E ein kurzes Zwischenfazit.

9.1 Balance der Sicherheitsfunktionalität

An den Teilen der ITSEC und der ITSEC-Vorgänger, die die Beschreibung von Sicherheitsfunktionalität regeln, wurde vor allem die Unausgewogenheit der beschriebenen bzw. berücksichtigten Sicherheitsfunktionalität kritisiert (vgl. 5.1.1). Hier hat sich seit der Kritik an den ITSEC immerhin ein wenig getan. Insbesondere ist datensparsame und datenschutzfreundliche Funktionalität in den Entwürfen für die CC und die ECITS wenigstens erwähnt, wenn auch — insbesondere in den

---

1. [CDN_SSC 1993a], vgl. Kapitel 6

2. [ISO/IEC 1995a], vgl. Kapitel 7

3. [CCEB 1996a], vgl. Kapitel 8

CC – noch nicht ihrer Bedeutung entsprechend repräsentiert (vgl. 9.1.1). Verdeckte Kanäle sind in allen drei Kriterien ausführlicher berücksichtigt als in den ITSEC (vgl. 9.1.2).

9.1.1 Berücksichtigung mehrseitiger Sicherheit

In der aktuellen Version 3.0 der CTCPEC fehlen zwar noch wesentliche Funktionalitäten für mehrseitige Sicherheit, allerdings gibt die Struktur der CTCPEC immerhin Raum dafür. Die Einführung von „Accountability" als vierte oberste Gliederungseinheit („Facet") neben „Confidentiality", „Integrity" und „Availability" führt dazu, daß unter „Confidentiality" keine Protokollierungsfunktionen mehr eingeordnet sind. Diese sind in den CTCPEC unter „Accountability" zu finden; damit ist unter „Confidentiality" Raum, um Funktionalitäten („Services") wie „Unbeobachtbarkeit", „Unverkettbarkeit" und „Anonymität", mit denen sich z.B. datensparsame Telekommunikationsdienste beschreiben lassen, einzuordnen. In der „Facet" „Accountability" läßt sich „Pseudonymität" einordnen und stünde dann gleichberechtigt neben „Services" wie „Audit" oder „Identification and Authentication". Drei einfache „Services" zum Austausch von Daten über Netze enthalten die „Cryptographic Modules" [CDN_SSC 1993b], die als Ergänzung zu den CTCPEC erschienen. Sie sind allerdings keiner der vier „Facets" zugeordnet, obwohl dies relativ leicht möglich gewesen wäre (vgl. Kapitel 6.1).

Daß die Struktur der CTCPEC zumindest Raum für datenschutzfreundliche Funktionalität gibt, mag ein Zufall sein. Es hat jedoch bei der ISO im Oktober 1992 den Entschluß gefördert, statt der bis dahin verwendeten „Generic Headings" der ITSEC die „Facets" und „Services" des damaligen CTCPEC-Entwurfes zur Basis des Teils 2 des ECITS-Normentwurfs zu machen (vgl. 7.1) und diese Sammlung mit weiterer Funktionalität, etwa „Unobservability", „Anonymity", „Pseudonymity" „Unlinkability" und „Data Authentication" anzureichern (vgl. 7.2). Während also das „Service"-Konzept der CTCPEC die Diskussion in der Normung befruchtete, wurde die Strukturebene der „Facets" (und die Zuordnung der „Services" dazu) in den ECITS wieder abgeschwächt, weil man sich nicht auf eine einheitliche Zuordnung einigen konnte. Infolgedessen steht in den ECITS nun eine vergleichsweise vollständige – allerdings ziemlich lange und kaum gegliederte – Liste von „Services".

Die CC enthalten in ihrer Version 1.0 vom Januar 1996 (wie auch schon in der Version 0.9 vom Oktober 1994) eine sogenannte „Class" „Privacy" mit den „Families" „Unobservability", „Anonymity", „Pseudonymity" und „Unlinkability", außerdem eine „Class" „Communication" mit den „Families" „Non-Repudiation of Origin" und „Non-Repudiation of Receipt". Allerdings sind beide „Classes", insbesondere die zu „Privacy", im Verhältnis zu den anderen „Classes" sehr knapp und gedrängt formuliert, so daß wesentliche Eigenschaften mit ihnen nicht modelliert werden können (vgl. 8.2.3).

9.1.2 Verdeckte Kanäle

Der zweite Schwerpunkt der Kritik an der ITSEC-Funktionalität war die unzureichende Berücksichtigung verdeckter Kanäle. Wer dementsprechend in den drei Post-ITSEC-Kriterien ein in Zahlen vorgegebenes Limit für die Bandbreite verdeckter Kanäle sucht, wird enttäuscht. Allerdings wird das Thema dort zumindest ausführlicher behandelt als in den ITSEC.

Die CTCPEC enthalten in ihrem Funktionalitätsteil drei „Services", die von der Dokumentation über das „Auditing" bis hin zur Eliminierung verdeckter Kanäle reichen. Das Problem der Bandbreite wird in einem Anhang diskutiert; die Festlegung eines Limits wird als Aufgabe des Sponsors angesehen, bei deren Lösung er die vorgesehene Betriebsumgebung berücksichtigen möge. Die ECITS haben die drei „Services" der CTCPEC zu verdeckten Kanälen übernommen; ein Bandbreitenlimit festzulegen, ist ebenfalls Sache des Sponsors.

Die CC behandeln das Problem der Bandbreite verdeckter Kanäle am ausführlichsten. Im Teil 2 (Functionality) finden sich in der „Class" „User Data Protection" und darin in der „Family" „Information Control Mechanisms" vier „Components" dazu. Drei Komponenten sind der Begrenzung und Beseitigung verdeckter Kanäle (bzw. allgemeiner gefaßt „unerlaubter Informationsflüsse") gewidmet: „Limited Illicit Information Flows", „Partial Elimination of Illicit Information Flows" und „No Illicit Information Flows". Die vierte Komponente „Illicit Information Flow Monitoring" beschreibt die Kontrolle und Begrenzung bekannter unerlaubter Informationsflüsse.

Alle vier Komponenten sind über „Dependencies" mit dem Teil 3 (Assurance) verknüpft, speziell mit der Komponente „Covert Channel Analysis". Diese Komponente ist in eine gleichfalls „Covert Channel Analysis" genannte Familie innerhalb der Klasse „Vulnerability Assessment" eingeordnet. Dort finden sich noch zwei weitere und etwas anspruchsvollere Komponenten, nämlich „Systematic Covert Channel Analysis" und „Exhaustive Covert Channel Analysis". In den „Assurance Levels" sind nur die Komponenten „Covert Channel Analysis" (in EAL5) und „Systematic Covert Channel Analysis" (in EAL6 und EAL7) enthalten.

9.2 Balance der Qualitätssicherungsanforderungen

Wie die Sicherheitsfunktionalität war auch die Balance der Qualitätssicherungsanforderungen harter Kritik ausgesetzt (vgl. 5.1.2). Allerdings hat sich hier im Vergleich zu den Entwicklungen bei der Sicherheitsfunktionalität wenig neues entwickelt. Die hauptsächliche Veränderung besteht darin, daß das in den ITSEC noch fest vorgeschriebene Konzept der Evaluationslevels in den CC nicht mehr verbindlich ist. Sponsoren können sich also nicht nur die Funktionalität, sondern auch die Maßnahmen zur Qualitätssicherung aus Bausteinen zusammenstellen. Im folgenden sind die Entwicklungen anhand der Kritikliste aus Kapitel 5.1.2 aufgeführt.

(1) An der **überstarken Betonung formaler Methoden** und der daraus resultierenden mangelnden Differenzierung der Qualität von Produkten, die ohne formale Methoden entwickelt wurden, hat sich sowohl bei den CTCPEC als auch bei den ECITS nur wenig gegenüber den ITSEC geändert. Die CC enthalten vier statt drei Levels, die noch weitgehend ohne formale oder semiformale Methoden auskommen, da hier ja ein zusätzlicher niedrigster Level eingeführt wurde. In den oberen Levels entsprechen die Anforderungen weitgehend denen der

ITSEC. Allerdings kann bei den CC eventuell die Möglichkeit, Qualitätssicherungsbausteine unabhängig von den Levels zu kombinieren, zu mehr Unabhängigkeit von formalen Methoden verhelfen.

(2) **Gefahren**, die **aus unsicheren Softwarewerkzeugen** resultieren, sind keinem der drei untersuchten Kriterienkataloge entscheidend wichtiger als den ITSEC. Die einzige Maßnahme bleibt Konfigurationskontrolle für die Entwicklungswerkzeuge. In den CC sind die entsprechenden Maßnahmen in der Familie „Configuration Management Scope" in der Klasse „Configuration Management" zusammengefaßt. Die Familie „Tools and Techniques" innerhalb der Klasse „Life-Cycle Support" fordert lediglich, daß die Werkzeuge wohldefiniert und die Implementierungsstandards beschrieben sind.

(3) Auch im Bereich **statistischer Verfahren zur Qualitätssicherung** hat sich in den Kriterien nichts entwickelt. Entfernt verwandt mit diesen Ideen sind lediglich die „Class" „Life-Cycle Support" der CC und entsprechende Passagen in den CTCPEC.

(4) Was die **Differenzierung der Mechanismenstärke** angeht, hat sich gegenüber den ITSEC ebenfalls nichts getan. Die ECITS enthalten noch den ITSEC-Text; in den CC existiert eine Familie „Strength of TOE Security Functions", die ebenfalls drei Kategorien „Basic", „Medium" und „High" unterscheidet.

(5) Eine adäquate **Bewertung kryptographischer Mechanismen**, etwa durch den Zwang zur Veröffentlichung der Algorithmen, ist in keinem der Kriterienkataloge ausreichend abgesichert. Im übrigen sind Untersuchungen zur „inhärenten Qualität" kryptographischer Algorithmen und verwandter Techniken ausdrücklich aus dem Fokus der CC ausgeklammert und in die Verantwortung der nationalen Zertifizierungsorganisationen gestellt (vgl. [CCEB 1996a], Teil 1, S. 7). Lediglich Funktionalität zur Nutzung und Einbettung kryptographischer Mechanismen liegt als Entwurf vor [CCEB 1996b]. Auch die „Cryptographic Modules" zu den CTCPEC bieten kaum Neues. Sie beschreiben lediglich die Prüfung kryptographischer Mechanismen detaillierter als die ITSEC.

(6) Der **Aufwand für die Produktevaluation** kann, wenn nach den CC evaluiert wird, theoretisch reduziert werden: Die Qualitätssicherungskomponenten kann der Sponsor fast nach Belieben zusammenstellen. So könnte er auf die Komponenten „User Guidance" und „Administrator Guidance" verzichten, um den eventuell als unangemessen hoch beklagten Aufwand für Sicherheitshandbücher zu reduzieren. Allerdings enthält bereits die niedrigste der in den CC empfohlenen Evaluationsstufen die Forderung nach „User Guidance" und „Administrator Guidance". Diese Anforderung bleibt bis zur höchsten Stufe gleich, worin auch die CTCPEC den CC gleichen. Die ECITS unterscheiden sich an dieser Stelle nicht von den ITSEC.

9.3 Kosten und Effizienz des Zertifizierungsprozesses

Ein Wunsch vieler Sponsoren ist, daß die Kosten des Zertifizierungsprozesses sinken und seine Effizienz steigt (vgl. 5.1.3). Zertifizierungsverfahren verträglicher mit den internen Qualitätssicherungsverfahren der Hersteller zu gestalten, ist eines ihrer Anliegen. Entwicklungsbegleitende Zertifizierung liegt nach wie vor innerhalb des Fokus aller Kriterien seit den ITSEC, hat aber wohl allein nicht die Bedürfnisse bezüglich Kosten und Effizienz befriedigt. Ob die in den CC vorgesehene Möglichkeit, als Sponsor Qualitätssicherungsbausteine zu kombinieren, hier hilft und nicht umgekehrt den Aussagewert der Zertifikate schmälert (vgl. 5.1.4), ist noch unklar.

Zur Einstufung von Systemen, die sich aus Kombinationen von Evaluationsgegenständen zusammensetzen, wird wenig Neues geboten. Die CTCPEC legen die Verantwortung dafür in die Hände der Zertifizierungsinstanz, die von Fall zu Fall entscheiden soll, zu einer Evaluation zusammengesetzter Systeme jedoch nicht verpflichtet ist. Die ECITS stehen hier noch auf dem Stand der ITSEC. In den CC werden immerhin einige organisatorische Hilfen angedacht: Es gibt die Möglichkeit, „Protection Profiles" einzeln (also ohne, daß gleichzeitig ein Produkt evaluiert wird) zu evaluieren und registrieren zu lassen, ebenso sollen international geführte Register zertifizierter Produkte entstehen. Bei der Evaluation eines Gesamtsystems können diese dann zu Rate gezogen werden und eventuell Doppelarbeit verhindern. Allerdings deutet alles darauf hin, daß zumindest die Risikoanalyse in jedem Fall neu durchgeführt werden muß, weil die Kombinationsmöglichkeiten der Produkte und die damit verbundenen Risiken in den Einzelzertifikaten üblicherweise nicht abgedeckt sind.

Spezielle Konzepte zur Vereinfachung der Reevaluation zertifizierter und danach weiterentwickelter Produkte finden sich in keinem Kriterienkatalog. Eventuell kann die Familie „Life-Cycle Definition" der CC helfen, weil sie dazu beiträgt, die Entwicklungsprozesse für komplexe Systeme überschaubarer zu machen.

9.4 Aussagekraft und Verwertbarkeit der Ergebnisse

Zu geringe Aussagekraft und Verwertbarkeit der Ergebnisse wurde an den ITSEC kritisiert (vgl. 5.1.4). Hinsichtlich der Struktur der Ergebnisse einer Evaluation unterscheiden sich von allen drei Kriterien die CC am deutlichsten von den ITSEC.

Hauptgrund für den Unterschied zwischen ITSEC- und CC-Ergebnissen ist, daß – wie bereits in 8.2.1 erwähnt – eine Zertifizierung nach den CC nicht unbedingt mit einem „Assurance Level" (den Evaluationslevels der ITSEC vergleichbar) abschließen muß. Der Sponsor kann, zumindest oberhalb des recht einfach erreichbaren Levels EAL1, selbst bestimmen, welche Qualitätssicherungsbausteine er in seinem „Security Target" kombiniert. Entsprechend sind auch andere Ergebnisse als die Zuordnung zu einem Level möglich. Außerdem kann auch nach Anforderungen evaluiert und zertifiziert werden, die in den Kriterien nicht enthalten sind. Das Problem einer zwangsweisen Einordnung eines Produktes innerhalb einer möglicherweise unangemessenen Metrik wird somit geringer.

Umgekehrt wird natürlich die Zertifikatslandschaft unübersichtlicher: Ein Vergleich von Zertifikaten erfordert mehr als nur das bloße Gegenüberstellen der jeweils erreichten Evaluationslevels. Dies war allerdings auch bei den ITSEC-Zertifikaten nötig und wurde nur unter dem Eindruck der Levelangabe oft vergessen. Entsprechend kann die neue Unübersichtlichkeit zu einer insgesamt realistischeren Einschätzung von Zertifikaten durch potentielle Käufer führen (vgl. auch [Meyer, Rannenberg 1991]). Wenig hilfreich erscheint hierbei allerdings die Definition der CC für „Conformant to CC" bzw. Konformität zu den einzelnen Teilen der CC (siehe Kapitel 8.2.1 bzw. [CCEB 1996a], Teil 1, S.21). Nur Evaluationsgegenstände, die *vollständig* auf Familien des Teils 2 und „Assurance Levels" des Teils 3 basieren, sind „Conformant". Ein Sponsor, der zusätzliche Funktionalität oder Qualitätssicherung nachweist, kann zwar ein „Extended" bekommen, verliert aber das durchaus werbewirksame Wort „Conformant" aus seinem Zertifikat.

Die CTCPEC enthalten noch das Level-Konzept der ITSEC. Bei den ECITS kommt es darauf an, ob man sich an dem stark CC-beeinflußten Teil 1 oder dem sehr ITSEC-ähnlichen Teil 3 orientiert. Vieles, insbesondere die Übernahme der CC in der Normung, deutet darauf hin, daß das Konzept der CC sich durchsetzt, weil es auch Platz für Levels bietet, Zertifikate aber nicht allein darauf festlegt.

Was mit Zertifikaten passiert, nachdem beim zertifizierten Produkt Fehler oder unter veränderten Rahmenbedingungen nicht mehr tolerierbare Schwächen offenbar wurden, bleibt bei den CTCPEC wie den ECITS unerwähnt. In der Einleitung der CC ([CCEB 1996a], Teil 1, S.11) wird kurz darauf hingewiesen, daß solche Vorkommnisse eine Reevaluation nötig machen können. Das Thema wird jedoch als „outside of the scope of the CC" bezeichnet und in die Zuständigkeit der „Evaluation Authorities" verwiesen. Immerhin existiert jedoch eine Familie „Flaw Remediation" innerhalb der Klasse „Life-Cycle Support". In ihr sind organisatorische Maßnahmen zur Bekanntmachung, Dokumentation und Behebung von Fehlern, die während des Betriebs auftauchen, zusammengefaßt, und sie werden damit Teil der Evaluation. Maßnahmen zur „Flaw Remediation" sind allerdings in keinem der „Assurance Levels" enthalten (bei Version 0.9 waren sie noch ab EAL4, dort AL4 genannt, vorgesehen).

9.5 Entstehungsprozeß und Interpretation der Kriterien

Daß der Prozeß der Entstehung und der Kriterien für die Fachöffentlichkeit unkontrollierbar und nicht nachvollziehbar war, wurde öffentlich vor allem an den ITSEC kritisiert. Kritik an der Intransparenz der Interpretation der Kriterien wurde auch bezüglich der TCSEC geäußert (vgl. 5.1.5). Die drei Post-ITSEC-Kriterien entstammen drei verschiedenen Organisationen: Entsprechend unterscheiden sich auch die Begleitumstände und die Transparenz ihrer Entstehung.

Die CTCPEC 3.0 waren 1992 international in einer Entwurfsversion erhältlich und konnten so durch die Fachöffentlichkeit kommentiert werden. Zwar gab es wie bei den ITSEC keine detaillierten Antworten auf die Kommentare, jedoch enthielten sowohl die Entwurfsversion wie die endgültigen Kriterien sehr ausführliche Erläuterungen und Begründungen zu den einzelnen Entwurfsentscheidungen. Darüber hinaus waren die Autoren namentlich genannt, und es wurde durch organisatorische Maßnahmen und Informationen (etwa E-Mail-Adressen, Telefon- und Faxnummern) dafür gesorgt, daß sie einfach für Diskussionen erreichbar waren. Dies mag ebenso wie der sehr bescheiden und zurückhaltend formulierte Fokus der CTCPEC dazu beigetragen haben, daß Kritik am Entwurfsprozeß dieser Kriterien nicht bekannt wurde, zumindest in Europa nicht.

Die Erarbeitung der ECITS folgt den Regeln der ISO-Normung. Üben die nationalen Normungsorganisationen Kritik an den Entwürfen, werden diese Kommentare im allgemeinen sorgfältig beantwortet, schon um später den nötigen Konsens der abstimmenden Nationen sicherzustellen. Insofern sind die meisten Entwurfsentscheidungen, die innerhalb der ISO-Gremien gefällt wurden, dokumentiert oder zumindest irgendwo einmal dokumentiert worden. Auch Kritik einzelner Experten konnte bislang meist inhaltlich diskutiert werden, zumal die Editoren der drei Teile des Normentwurfs namentlich bekannt sind. Keine eigenen Erläuterungen gibt es für die Entwurfsentscheidungen, die in den im Ganzen (hauptsächlich aus den ITSEC bzw. den CC) übernommenen Teilen der Normentwürfe stecken.

Die Sitzungen des Gremiums sind öffentlich für die Delegierten der nationalen Normungsorganisationen; allerdings sind erhebliche Reisekosten aufzubringen, um an den weltweit verstreuten Sitzungsorten erscheinen zu können. Die Delegierung zu den Sitzungen ist Aufgabe der nationalen Normungsorganisationen, die ihre Delegierten zur Unterstützung der jeweiligen nationalen Position und zur Abstimmung mit der Delegation verpflichten können (vgl. auch Kapitel 17.3)

Zu den CC gab es vor der Version 0.9 keine autorisierten öffentlichen Dokumente. Die Sitzungen des „Common Criteria Editorial Board" (CCEB) sind nicht öffentlich. Der Review der Version 0.6 der CC war nur einem geschlossenen Kreis von Experten möglich (in Deutschland u.a. dem Nationalen Expertenarbeitskreis „IT-Sicherheitskriterien" beim BSI), und ISO/IEC JTC1/SC27/WG3 erhielt die Textversion nur mit deutlicher Verspätung. Die Antwort auf die Kommentare der Reviewer war ähnlich knapp wie die entsprechenden Antworten an die ITSEC-Kommentatoren.

Die Version 0.9 der CC wurde frühzeitig der Normung zugänglich gemacht und enthält immerhin eine, wenn auch dünne, „Technical Rationale", einen Einleitungsteil und eine Synopse, die die CC mit den schon bekannten Kriterien vergleicht. Ob die Erläuterungen des mit insgesamt ca. 800 Seiten sehr umfangreichen Dokumentes bei den Lesern das von den Autoren intendierte Verständnis der Kriterien förderten und ob dieses Verständnis dann mit der Realität der Version 0.9 übereinstimmte, blieb bis nach Ablauf der Kommentarfrist unklar. Danach ergaben sich für die Fachöffentlichkeit einige Überraschungen: Von zwei angekündigten Workshops (je einem in Nordamerika und Europa), auf denen die Version 0.9 im Lichte der eingegangenen Kommentare diskutiert werden sollte, wurde der in Europa wieder abgesagt; nach dem Entzug der Unterstützung durch die

EU-Kommission sah sich keine der beteiligten Organisationen aus den europäischen Staaten (D, F, GB, NL) in der Lage, den Workshop auszurichten.

Auch der Umgang mit Reaktionen und Kommentaren aus der Normung bot Überraschungen: ISO/ IEC JTC1/SC27/WG3 hatte im April 1995 im Rahmen eines Liaisonstatements [ISO/IEC 1995b] Kommentare formuliert. Im November 1995 erhielt die Gruppe Informationen zu Zwischenversionen (zwischen Version 0.9 und V 1.0) und formulierte auf deren Basis ein weiteres Liaisonstatement [ISO/IEC 1995c]. Danach ließ das CCEB bis zur Fertigstellung der Version 1.0 Ende Januar 1996 nichts mehr verlauten.

An der Version 1.0 zeigte sich dann, daß anders, als es die Zwischenversionen andeuteten, viele Kommentare zur Version 0.9 der ITSEC (etwa die in diesem Kapitel behandelten und weitere aus dem Liaisonstatement), im wesentlichen unbeachtet geblieben waren. Auch die im Rahmen zweier Liaisonstatements von ISO/IEC vorgebrachten Anmerkungen wurden nur zu einem geringen Maß beachtet. Wie mit den Kommentaren zur Version 1.0 umgegangen wird, muß die Zukunft zeigen. Veröffentlicht wurden sie jedenfalls vorläufig nicht.

9.6 Ein Zwischenfazit

Zusammenfassend ist festzuhalten, daß keine Variante der Post-ITSEC-Kriterien die Kritik an den ITSEC inhaltlich überwunden hat, auch wenn die ECITS den Anforderungen noch am nächsten kommen. Deswegen werden in Teil D dieser Arbeit Änderungsvorschläge zu den Kriterien, speziell zur Gliederung sicherer Funktionalität, auf der Basis der ECITS formuliert und untersucht.

Schwächen der Zertifizierung, etwa die als zu gering beklagte Effizienz, und der Kriterienentwicklung, etwa ihre Intransparenz, können nur teilweise durch andere Kriterien behoben werden. Hierzu sind organisatorische Änderungen nötig. Eine genauere Analyse der Anforderungen und Vorschläge zur Organisation der entsprechenden Bereiche finden sich deshalb in Teil E.

Teil D

Konzepte für Kriterien
für mehrseitig sichere Systeme

10 Eine neue Gliederung von Sicherheitsfunktionalität

Die Analysen in den Teilen B (speziell Kapitel 5) und C (speziell Kapitel 9) dieser Arbeit zeigten die Defizite der bislang vorliegenden Kriterien. Ein zentraler Punkt waren dabei die Schwächen der jeweiligen Gliederungen von Sicherheitsfunktionalität, die noch einmal in Kapitel 10.1 zusammengefaßt werden. Wegen dieser Schwächen wird in den folgenden Unterkapiteln eine neue Gliederung vorgestellt. Ausgangspunkte für diese Entwicklung waren vor allem die ISO-ECITS in der Fassung vom Winter 1995/96 [ISO/IEC 1995a] sowie die Version 3.0 der CTCPEC [CDN_SSC 1993a]. In 10.2 werden Zweck und Struktur der neuen Gliederung im Überblick vorgestellt, in 10.3 wird sie detailliert erläutert. In 10.4 wird begründet, warum einige der in den ISO-ECITS bzw. den CTCPEC enthaltenen Elemente nicht mehr bzw. nicht mehr in ihrer ursprünglichen Form in der neuen Gliederung enthalten sind.

10.1 Die bisherigen Gliederungen und ihre Defizite

Die Gliederung von Sicherheitsfunktionalität in Kriterien ist eine wesentliche Grundlage dafür, daß die jeweils wichtigen Eigenschaften der zu zertifizierenden Produkte in den Prüfungen gefordert und in den Zertifikaten gewürdigt werden können (vgl. 2.5). Außerdem ist diese Gliederung wichtig für die Einordnung und Vergleichbarkeit der Zertifikate.

Die meisten bislang vorliegenden Kriterien enthalten zur Gliederung von Sicherheitsfunktionalität eine Liste von Sicherheitsgrundfunktionen. Aus diesen Sicherheitsgrundfunktionen sollen Sponsoren und Evaluatoren das funktionale Evaluationsziel („Functional Profile") zusammenstellen können. In den deutschen IT-Sicherheitskriterien heißen die Grundfunktionen tatsächlich Grundfunktionen, in den ITSEC „Generic Headings", in den CTCPEC und den ISO-ECITS „Security Services", in den CC schließlich „Functional Families". In den CTCPEC, den ISO-ECITS und den CC werden die Grundfunktionen noch je nach Leistungsfähigkeit in Levels abgestuft.

Keine der Sammlungen von Grundfunktionen in den vorliegenden Kriterien bietet eine nach dem gegenwärtigen Stand der Technik vollständige und gleichzeitig übersichtlich geordnete Gliederung (vgl. 5, speziell 5.1.1, und 9, speziell 9.1; die Aussagen sind hier noch einmal kurz zusammengefaßt):

- Die Liste der acht „Generic Headings" in den ITSEC ist weder vollständig noch systematisch geordnet. Insbesondere fehlen Funktionen, die mehrseitige Sicherheit realisieren.

- Die Liste der 18 „Security Services" der CTCPEC ist ebenfalls unvollständig, allerdings immerhin ansatzweise systematisch strukturiert.

- Die Liste der 29 „Security Services" der ISO-ECITS baut auf der Liste und der Gliederung der CTCPEC auf, wurde allerdings um neuere Services ergänzt, die unter anderem dazu beitragen, daß mehrseitige Sicherheit besser abgedeckt ist. Da noch nie Services aus der Liste gestrichen wurden, obwohl dies bei einigen durchaus naheläge (vgl. 10.3 und 10.4), ist die Liste mittlerweile mehr als anderthalb mal so lang wie die der CTCPEC. Sie ist auch recht unübersichtlich geworden, zumal die Obergliederung der Funktionen aus Konsensgründen stark abgeschwächt wurde.

- Die CC enthalten 76 „Functional Families", zusammengefaßt zu 9 „Classes". Die Struktur dieser Gliederung ist sehr davon geprägt, die Begriffe der vorherigen Kriterien und insbesondere die der TCSEC widerzuspiegeln. Entsprechend ist die Gliederung der CC zwar nicht ganz so unvollständig wie die der ITSEC, aber unübersichtlich und unausgewogen. Anforderungen mehrseitiger Sicherheit sind erheblich unterrepräsentiert.

10.2 Zweck und Struktur der neuen Gliederung

Die im folgenden vorgestellte Gliederung soll eine möglichst vollständige Abdeckung[1] der für Sicherheit nötigen Funktionalität mit einer noch übersichtlichen Struktur verbinden. Aus diesem Grund wurden 3 Gliederungsebenen gewählt: „Sicherheit" ist in 3 *Ziele* unterteilt (Ebene 1). Diese Ziele können durch die richtige Kombination von Funktionalität aus insgesamt 20 *funktionalen Bausteinen* (Ebene 3) realisiert werden. Die funktionalen Bausteine sollen bewertbar und in Levels einteilbar sein. Darüberhinaus sollen es nicht zuviele sein, um die Übersichtlichkeit zu wahren. Auch aus diesem Grund sind sie zu 8 *Schutzprinzipien* (Ebene 2) gruppiert.

Bei der Detailgestaltung der Gliederung waren die folgenden Motive bestimmend:

(1) Repräsentiert werden soll evaluierbare Funktionalität von Informationstechnik. Entsprechend sind die funktionalen Bausteine im Zweifelsfall maßnahmenorientiert, die Ziele hingegen durchweg eigenschaftsorientiert. Eine Gliederung, die sich ausschließlich an den Eigenschaften von Information orientiert, fällt möglicherweise anders aus, vgl. etwa [Parker 1995].

(2) Im Interesse der Übersichtlichkeit wurde die Anzahl der funktionalen Bausteine möglichst klein gehalten: Ein eigenständiger funktionaler Baustein wurde dann gewählt, wenn auf besondere Eigenschaften von Informationstechnik reagiert werden muß und mit informationstechnischen Maßnahmen reagiert werden kann[2]. Funktionale Bausteine wurden umgekehrt nur in dem Maße umfassend gewählt, daß sie noch in möglichst hierarchisch ordenbare Levels unterscheidbar sind.

---

1. Da unklar ist, welche Bedrohungen und Gegenmaßnahmen in der Zukunft noch auftauchen können bzw. entwickelt werden, ist eine vollständige Abdeckung nicht zu garantieren.

2. Beispielsweise wurde für physikalischen Schutz, etwa eine Stahlummantelung, keine eigenständige Grundfunktion gewählt, da Stahlummantelungen keine informationstechnischen Maßnahmen sind.

1 Confidentiality [C]

    1.1 Data Avoidance [CA]

        1.1.1 Unobservability [CAU]
        1.1.2 Unlinkability [CAL]

    1.2 Data Flow Control [CF]

        1.2.1 Object Confidentiality Mediation [CFM]
        1.2.2 Object Reuse [CFR]
        1.2.3 Covert Channel Handling [CFH]

2 Fitness for Use (Integrity & Availability) [F]

    2.1 Preventive Self Protection [FS]

        2.1.1 Object Modification Mediation [FSM]
        2.1.2 Containment [FSC]

    2.2 Preventive Partner Protection [FP]

        2.2.1 Modest Resource Access (e.g. on Networks) [FPM]
        2.2.2 Careful Resource Access (e.g. on magnetic Disks) [FPC]

    2.3 Damage Limitation [FL]

        2.3.1 Robustness [FLR]
        2.3.2 Component Replacement [FLC]
        2.3.3 Self Assessment [FLS]
        2.3.4 Testability [FLT]

    2.4 Comeback [FC]

        2.4.1 Rollback [FCR]
        2.4.2 Recovery [FCY]

3 Accountability [A]

    3.1 Non-Repudiation (to find responsible Entities) [AN]

        3.1.1 Non-Repudiation of Actions [ANA]
        3.1.2 Non-Repudiation of Origin [ANO]
        3.1.3 Non-Repudiation of Receipt [ANR]

    3.2 Compensation (for eventual Damage) [AC]

        3.2.1 Prepayment with Receipt [ACP]
        3.2.2 Deposit with Receipt [ACD]

Abb. 10-1: Gliederung sicherer Funktionalität in 3 Ziele, 8 Schutzprinzipien und 20 funktionale Bausteine

Ausgangspunkt der Gliederung war die durch die ISO-ECITS in der Fassung vom Winter 1995/96 [ISO/IEC 1995a] abgedeckte Funktionalität, die ihrerseits zum Teil auf der Version 3.0 der CTCPEC [CDN_SSC 1993a] basiert. Die in den ISO-ECITS enthaltenen „Security Services" wurden neu geordnet und teilweise zusammengefaßt. Einige zusätzliche Funktionalität wurde aus Levels der „Security Services" der ISO-ECITS abgeleitet: Wenn diese Levels nicht systematisch strukturiert wirkten, bot sich eine Aufteilung der entsprechenden „Services" an. Weitere neue und sinnvolle Funktionalität ergab sich aus der Systematik des neuen Ansatzes.

Vielfach wurden bei der Darstellung die englischen Begriffe gewählt und lediglich zusätzlich in das Deutsche übersetzt. Insbesondere wurden die englischen Begriffe als Basis für die Wahl der Abkürzungen verwendet. Ein Grund dafür ist, daß bis auf die deutschen IT-Sicherheitskriterien und eine in vielen Fällen unglückliche und unpräzise Übersetzung der ITSEC ins Deutsche die Kriterien lediglich in Englisch vorliegen. Dies gilt insbesondere für die jüngeren Kriterien. Im übrigen sind die englischen Begriffe zumeist prägnanter als ihre deutschen Übersetzungen.

10.3 Ziele, Schutzprinzipien und funktionale Bausteine im einzelnen

Im folgenden sind die *funktionalen Bausteine* nach **Schutzprinzipien** und *Zielen* geordnet dargestellt. Die Schutzprinzipien und funktionalen Bausteine zum Ziel „Vertraulichkeit" finden sich in 10.3.1, die zum Ziel „Gebrauchsfähigkeit" in 10.3.2 und die zum Ziel „Zurechenbarkeit" in 10.3.3. Da die aktuelle Gliederung der ISO-ECITS eine später entstandene Obermenge der Gliederung der CTCPEC ist, wurde aus Gründen der Präzision immer auf die CTCPEC verwiesen, wenn der entsprechende funktionale Baustein bereits dort als „Security Service" enthalten war.

10.3.1 Schutzprinzipien und funktionale Bausteine zum Ziel „Confidentiality"

Das Ziel ***Vertraulichkeit*** (Confidentiality [C]) ist durch 2 Schutzprinzipien, Datenvermeidung und Datenflußkontrolle abgedeckt.

Datenvermeidung (Data Avoidance [CA]): Daten[3], die nicht anfallen, stellen kein Risiko dar und müssen nicht geschützt werden. Datenvermeidung ist deswegen ein sinnvolles Schutzprinzip im Dienste der Vertraulichkeit. Gleichzeitig ist eine Analogie zum Erforderlichkeitsprinzip der Datenschutzgesetzgebung gegeben. Zwei funktionale Bausteine, Unbeobachtbarkeit und Unverkettbarkeit, folgen diesem Schutzprinzip.

Unbeobachtbarkeit (Unobservability [CAU]): Vorgänge innerhalb des Systems sollen für potentielle Angreifer unbeobachtbar sein. Zusammengefaßt werden hier datensparsame Verfahren der

---

3. Hier wird von der Darstellung der DIN 44300 abgewichen, die Daten bereits als Interpretationen von Signalen ansieht. Entsprechend müßten statt Daten bereits Signale vermieden werden, um keine Möglichkeit für möglicherweise die Vertraulichkeit gefährdende Interpretationen zu lassen. Der Begriff „Signal" kann jedoch im Umfeld der Informationstechnik zu Mißverständnissen führen und wird deswegen in diesem Text nicht verwendet.

Diensterbringung, insbesondere Verfahren zur Sicherung unbeobachtbarer Kommunikation, etwa Sicherung des unbeobachtbaren Empfangs durch Broadcast seitens des Senders. Abgewehrt werden Bedrohungen wie Kommunikations- und Nutzungsprofile. Levels richten sich nach dem Anteil der Instanzen, die zu Angreifern werden dürfen, ohne daß die Sicherheit gefährdet wird: es wird also ein System, bei dem schon eine einzige zum Angreifer werdende (umfallende) Instanz die Sicherheit gefährdet, auf einem niedrigeren Level eingeordnet als ein System, bei dem auch mehrere Instanzen umfallen können, ohne das die Sicherheit gefährdet wird.

Unverkettbarkeit (Unlinkability [CAL]): Informationen und Vorgänge innerhalb des Systems sollen nicht in Zusammenhänge gebracht werden können, die der Sicherheitspolitik widersprechen oder zu unzulässigen Informationsgewinnen führen. Ein prominenter spezieller Fall von Unverkettbarkeit ist Anonymität, bei der Informationen nicht mit einer Identität verknüpft werden können. Ein technisches Beispiel sind Mixe [Chaum 1981; Pfitzmann, Pfitzmann, Waidner 1988, 1991]. Abgewehrt werden u.a. Profilbildungen. Levels richten sich nach dem Anteil der Instanzen, die zu Angreifern werden dürfen, ohne daß die Sicherheit gefährdet wird.

Datenflußregelung (Data Flow Control [CF]): Fallen Daten an, muß im Interesse des Zieles Vertraulichkeit vermieden werden, daß sie in falsche Hände geraten. Dem Schutzprinzip Datenflußregelung, das Ähnlichkeit mit dem Zweckbindungsgrundsatz der Datenschutzgesetzgebung hat, folgen drei funktionale Bausteine (Vertraulichkeitsorientierte Objektvermittlung, Wiederaufbereitung und Behandlung verdeckter Kanäle):

Vertraulichkeitsorientierte Objektvermittlung (Object Confidentiality Mediation [CFM]): Hier sind die Regelungen der Kenntnisnahme von Daten zusammengefaßt, also insbesondere die verschiedenen Formen der Regelung lesenden Zugriffs. Abgewehrt werden Bedrohungen wie die unzulässige Kenntnisnahme von Datenbank- oder Nachrichteninhalten. *Vertraulichkeitsorientierte Objektvermittlung* geht in ihrer Struktur auf die in den CTCPEC vorgestellte „Object Mediation" [CDN_SSC 1993a, S. 117ff] zurück, die die Regelung des Zugriffs auf beliebige Datenobjekte politik- und mechanismenneutral zusammenfaßt. Entsprechend sind hier die beiden CTCPEC-Security-Services *Discretionary Confidentiality* und *Mandatory Confidentiality* abgedeckt, denn beide Services erlauben es, den Datenfluß von geschützten Objekten zu Benutzern zu kontrollieren. Der einzige Unterschied der beiden Services besteht darin, daß dies bei *Discretionary Confidentiality* nur autorisierte Benutzer dürfen, bei *Mandatory Confidentiality* auch und mit Priorität ein – bei *Discretionary Confidentiality* nicht vorgesehener – Administrator, der so zentral die jeweilige Sicherheitspolitik durchsetzen kann. Dieser Unterschied der beiden Services ist eine Frage der Sicherheitspolitik, gegenüber der die Kriterien möglichst neutral sein sollen, und insofern hier nicht bedeutend[4]. Die Levelbildung richtet sich wie bei den CTCPEC-Services nach dem Anteil der von den Schutzmaßnahmen erfaßten Objekte sowie nach dem Ausmaß, in dem die Verhältnisse zwischen Nutzern (im weitesten Sinne) und den in ihrem Auftrag agierenden Prozessen erfaßt und in die Vermittlung einbezogen wurden.

Wiederaufbereitung (Object **R**euse [CFR]): Teile des Systems, insbesondere Speicherplatz, sollen wiederverwendet werden können, ohne daß hierdurch unzulässige Datenflüsse entstehen können. Dieser funktionale Baustein ließe sich bei geeigneter Auslegung von vertraulichkeitsorientierter Objektvermittlung auch von dort abdecken. Er wirkt jedoch der speziellen Eigenschaft von Rechnern entgegen, unerkannt noch Daten zu enthalten, die eigentlich nicht mehr benötigt werden. Ein Beispiel für die Bedrohungen ist das (zwar Zeit sparende, aber Risiken verursachende) Vorgehen vieler Betriebssysteme, gelöschte Dateien nicht physikalisch auf der Festplatte zu überschreiben, sondern lediglich den entsprechenden Verweis im Dateiverzeichnis zu entfernen. Entsprechend gehören zu diesem Baustein jene Mechanismen, die für eine nachhaltige Datenvernichtung sorgen.

Behandlung verdeckter Kanäle (Covert Channel Handling [CFH]): Verdeckte Kanäle sollen nicht zu unzulässigen Datenflüssen führen können. Auch dieser funktionale Baustein ließe sich bei geeigneter Auslegung von vertraulichkeitsorientierter Objektvermittlung oder von Unverkettbarkeit abdecken. Er wirkt jedoch dem speziellen Risiko entgegen, daß das in IT-Systemen verbreitete Abstraktionsprinzip mit sich bringt. Hat beispielsweise ein Benutzer in seiner Sicherheitspolitik lediglich Vorkehrungen für den Umgang mit Inhalten von Dateien, seinen Nutzdaten, vorgesehen und von der Art der Ablage von Dateien abstrahiert, wird er dadurch bedroht, daß ein interner Angreifer die Anzahl der Dateien in einem öffentlichen Verzeichnis des Rechners variiert und so Daten an andere Benutzer und auf diesem Weg nach außen übermitteln kann. Verdeckte Kanäle können bei der Komplexität heutiger Rechnersysteme nicht mit Sicherheit völlig geschlossen werden, allerdings sind einige schließbar, und bei manchen anderen ist zumindest der Fluß der Daten überwachbar.

10.3.2 Schutzprinzipien und funktionale Bausteine zum Ziel „ Fitness for Use"

Das Ziel *Gebrauchsfähigkeit (Integrität & Verfügbarkeit)* (engl. Fitness for Use (Integrity & Availability) [F]) umfaßt zwei Bereiche, die in den CTCPEC und (schwächer) auch in den ISO-ECITS voneinander abgegrenzt werden. Integrität bezieht sich dort auf den Schutz vor unautorisierter Modifikation, Verfügbarkeit auf die Sicherung der Zugriffsmöglichkeit. Da die vier Schutzprinzipien für Integrität und Verfügbarkeit die gleichen sind und doppelt aufträten, würde man die zwei Ziele getrennt formulieren, wurden die Ziele hier zu einem einzigen zusammengelegt. Diese Zusammenlegung erspart gleichzeitig die willkürlich wirkende Abgrenzung zweier stark verwandter Bereiche[5]. Letztendlich dienen Integrität und Verfügbarkeit dem Ziel, auch künftig für die anliegenden Aufgaben bereitzustehen, was den Titel Gebrauchsfähigkeit rechtfertigt. Die vier Schutzprinzi-

---

4. Persönliche, jedoch nicht detaillierter zitierfähige Kommunikation mit Verantwortlichen für die kanadischen Kriterien ergab, daß diese Unterscheidung im wesentlichen vorgenommen wurde, um eine Anlehnung an die US-amerikanischen TCSEC zu demonstrieren.

pien, die im folgenden vorgestellt werden, sind vorbeugender Selbstschutz, vorbeugender Partnerschutz, Schadensbegrenzung, und Comeback.

Vorbeugender Selbstschutz (Preventive Self Protection [FS]): Durch direkte Abwehr schädliche Einflüsse erst gar nicht zuzulassen, ist vorbeugender Selbstschutz. Zwei funktionale Bausteine folgen diesem Schutzprinzip:

Vermittlung der Objektmodifikation (Object Modification Mediation [FSM]): Sämtliche Formen der Regelung der (softwareseitigen) Modifikation von Daten und Systemen sind hier zusammengefaßt, also insbesondere die verschiedenen Formen der Regelung schreibenden Zugriffs. Abgewehrt werden Bedrohungen wie etwa die unzulässige Veränderung von Datenbank- oder Nachrichteninhalten. *Vermittlung der Objektmodifikation* geht wie *Vertraulichkeitsorientierte Objektvermittlung* in ihrer Struktur auf die in den CTCPEC vorgestellte „Object Mediation" [CDN_SSC 1993a, S. 117ff] zurück, die die Regelung des Zugriffs auf beliebige Informationsobjekte politik- und mechanismenneutral zusammenfaßt. Entsprechend deckt *Vermittlung der Objektmodifikation* die beiden CTCPEC-Security-Services *Discretionary Integrity* und *Mandatory Integrity* ab, die erlauben, den Datenfluß von Benutzern zu geschützten Objekten zu kontrollieren. Der Unterschied der beiden Services ist wie der von *Discretionary Confidentiality* und *Mandatory Confidentiality* eine Frage der Sicherheitspolitik und hier ebenso wenig bedeutend. Die Levelbildung richtet sich wie bei den CTCPEC-Services nach dem Anteil der von den Schutzmaßnahmen erfaßten Objekte sowie nach dem Ausmaß, in dem die Verhältnisse zwischen Nutzern (im weitesten Sinne) und den in ihrem Auftrag agierenden Prozessen erfaßt und in die Vermittlung einbezogen wurden.

Eindämmung (Containment [FSC]): Der funktionale Baustein *Eindämmung* erlaubt dem System, den Zugriff von Benutzern auf Ressourcen quantitativ zu beschränken. Damit werden Überlastungen des Systems, etwa die übermäßige Belegung von Speicherplatz, die zu unerwünschtem Verhalten führen können, vermieden. Der funktionale Baustein entspricht dem CTCPEC-Security-Service *Containment*, dessen Levelbildung sich an dem Ausmaß und der Strenge der Regelung und Beschränkung des Zugriffs orientiert.

---

5. Eine klassische Abgrenzung zwischen Integrität und Verfügbarkeit, die sich auch in Teilen der CTCPEC findet, geht dahin, daß bei Integrität der Schutz von Informationen, bei Verfügbarkeit der Schutz von Rechnersystemen intendiert ist. Diese Abgrenzung wird willkürlich, wenn man berücksichtigt, daß auch der Schutz der Integrität von Rechnersystemen sicherheitsrelevant ist. Die CTCPEC tragen dieser Tatsache an einer Stelle ([CDN_SSC 1993a] S. 133) Rechnung, an anderen Stellen jedoch nicht. Versucht man bei Schutzmaßnahmen zu unterscheiden, ob sie der Verfügbarkeit oder der Integrität von Rechnersystemen dienen, stößt man auf Probleme: Eine Funktion wie *Selbsttest* dient sowohl der Integrität als auch der Verfügbarkeit. (Ähnliches gilt für das Schutzprinzip *Schadensbegrenzung*, etwa Schutzmaßnahmen gegen überfüllte und nicht mehr aufnahmefähige Speicherpuffer).

Vorbeugender Partnerschutz (Preventive Partner Protection [FP]): Vorbeugender Partnerschutz ist das Prinzip, durch eigenes maßvolles oder achtsames Verhalten schädliche Einflüsse auf kooperierende Instanzen zu vermeiden. Zwei funktionale Bausteine folgen diesem Schutzprinzip:

Maßvoller Ressourcenzugriff (Modest Resource Access [FPM]): Maßvoller Ressourcenzugriff vermeidet die übermäßige Belastung fremder Ressourcen. Dieser funktionale Baustein ist speziell beim sendenden Zugriff auf Netze sinnvoll. Typische Mechanismen sind Vorkehrungen zur Kollisionsvermeidung oder -reduktion. Levelbildung kann sich an dem Schonungsgrad der belasteten Ressource orientieren.

Achtsamer Ressourcenzugriff (Careful Resource Access [FPC]): Achtsamer Ressourcenzugriff vermeidet die schädliche Abnutzung der Ressourcen eines Kooperationspartners, etwa von abnutzungsgefährdeten Magnetspeichern (z.B. Disketten), die nach einer Anzahl von Lesevorgängen ihren Inhalt verlieren können. Typische Mechanismen sind das Neuschreiben des gelesenen Wertes oder die Verständigung der Partnerinstanz, wenn die kritische Anzahl an Lesevorgängen erreicht ist. Levelbildung kann sich an dem Ausmaß der Pflege der Ressource orientieren.

Schadensbegrenzung (Damage Limitation [FL]): Nicht alle Bedrohungen lassen sich vollständig abwehren; jedoch ist vielfach der Schaden begrenzbar oder behebbar, bevor das System völlig ausfällt. Vier funktionale Bausteine folgen diesem Schutzprinzip:

Robustheit (Robustness [FLR]): *Robustheit* erlaubt dem System, den Betrieb auch nach dem Ausfall von Komponenten zumindest in Teilen aufrecht zu erhalten, indem ohne diese Komponenten weitergearbeitet wird, ohne jedoch den Betrieb zu unterbrechen. „Komponenten" ist hierbei im weiteren Sinn zu verstehen: Es sind also auch Nachrichtenteile als Komponenten denkbar. Der funktionale Baustein entspricht dem CTCPEC-Security-Service *Robustness*. Dessen Levels richten sich nach dem Anteil der Komponenten, deren Ausfall verkraftet wird.

Komponentenersetzung (Component Replacement [FLC]): *Komponentenersetzung* erlaubt dem System, den Betrieb auch nach dem Ausfall von Komponenten aufrecht zu erhalten, indem diese ersetzt werden, ohne den Betrieb deswegen zu unterbrechen. Der funktionale Baustein entspricht dem Security Service *Fault Tolerance* der CTCPEC, dessen Bezeichnung hier nicht übernommen wird, weil *Fault Tolerance* vielfach in einem weiteren Sinne gebraucht wird (sie umfaßt dann auch die Funktionalität der funktionalen Bausteine *Robustness, Self Assessment* und *Testability*). Die Levels richten sich wie in den CTCPEC nach dem Anteil der Komponenten, die ersetzt werden können, ohne den laufenden Betrieb zu unterbrechen.

Selbsteinschätzung (Self Assessment [FLS]): *Selbsteinschätzung* erlaubt dem System, seine korrekte Funktionalität selbst zu überprüfen und so einen eventuellen Schaden zu begrenzen. Dieser funktionale Baustein basiert auf dem Security Service *Self Testing* der CTCPEC. Dessen Levels sind nach der Fähigkeit des Systems geordnet, zu möglichst vielen und beliebigen Zeitpunkten Selbsttests durchführen zu können, um eine möglichst gut passende Kontrolldichte zu erreichen.

Testbarkeit (**T**estability [FLT]): Der funktionale Baustein *Testbarkeit* erlaubt Kooperationspartnern, einen von ihnen initiierten Test durchzuführen. Die Kooperationspartner können auf diese Weise die Zuverlässigkeit eines für sie erbrachten Dienstes zu von ihnen gewählten Gelegenheiten prüfen und so die Dienstqualität erhöhen. Die Levelbildung kann sich nach der Flexibilität richten, mit der die Tests ermöglicht werden, und sich entsprechend an dem funktionalen Baustein *Selbsttest* orientieren.

Comeback (**C**omeback [FC]): War ein Schaden nicht mehr vermeidbar und mußte die Erbringung der Dienste unterbrochen werden, ist es trotzdem möglich, Folgeschäden zu begrenzen, etwa durch Rückkehr in einen sicheren Zustand oder möglichst schnellen (und deswegen automatischen) Wiederanlauf des Betriebes. Zwei funktionale Bausteine folgen diesem Schutzprinzip der geordneten Rückkehr zum geordneten Betrieb:

Rücksetzung (**R**ollback [FCR]): Dieser funktionale Baustein dient der Wiederherstellung eines integren Zustandes geschützter Objekte, nachdem unzulässige Veränderungen stattfanden. Er entspricht dem CTCPEC-Security-Service *Rollback*. Dessen Levels richten sich nach der Mächtigkeit des Rücksetzmechanismus, also dem qualitativen Umfang der Operationen, die auf diesem Wege rückgängig gemacht werden können. Systeme, bei denen alle Arten von Operationen rückgängig gemacht werden können, werden höher eingestuft als solche, bei denen sich nur eine Auswahl von Operationen rückgängig machen läßt.

Erholung (Recovery [FCY]): Dieser funktionale Baustein erlaubt dem System, nach einem Ausfall wieder in einen bestimmbaren sicheren Zustand zurückzukehren. Er entspricht dem CTCPEC-Security-Service *Recovery*. Dessen Levels richten sich nach dem Grad an Automatisierung der Grundfunktion und nach der Fähigkeit des Systems, automatisch den nötigen Umfang der Maßnahmen zu erkennen, damit beispielsweise nicht zuviele Systemdienste neu gestartet werden und so Rechnerzeit gespart wird.

10.3.3 Schutzprinzipien und funktionale Bausteine zum Ziel „ Accountability"

Das Ziel *Zurechenbarkeit* (Accountability [A]) wirkt der Bedrohung entgegen, daß die Verantwortung für Handlungen nicht zugerechnet werden kann. Zwei durch Technik unterstützbare Schutzprinzipien dienen diesem Ziel: Entweder soll es Verantwortliche für Aktionen geben (Nicht-Abstreitbarkeit), oder es soll eine sichere Kompensation für Schaden geben, der durch eine Aktion oder Kooperationsbereitschaft entstehen kann (Kompensation).

Nicht-Abstreitbarkeit (Non-Repudiation [AN]): Nicht-Abstreitbarkeit ist das Prinzip, keine Aktionen zuzulassen, für die nicht sicher die Verantwortlichen ermittelt werden können. Vier funktionale Bausteine folgen diesem Schutzprinzip:

Nicht-Abstreitbarkeit von Aktionen (Non-Repudiation of Actions [ANA]): Dieser funktionale Baustein soll sicherstellen, daß für alle Aktionen in Rechnern, etwa Zugriffe auf Informationen oder Änderungen des Systems, jemand verantwortlich ist und auch verantwortlich gemacht werden kann. Typische Mechanismen zur Realisierung dieses funktionalen Bausteins sind Protokollierung sowie Identifizierung und Authentisierung von Benutzern. Levels für ANA müssen die Granularität, mit der Aktionen Verantwortlichen zugerechnet werden können, und die Flexibilität, mit der diese Granularität bestimmt werden kann, berücksichtigen. Sie können sich an mehrere Levels des CTC-PEC-Security-Service *Audit* anlehnen.

Nicht-Abstreitbarkeit der Urheberschaft (Non-Repudiation of Origin [ANO]): Diese Grundfunktion stellt sicher, daß der Urheber eines Objektes, etwa einer Nachricht oder eines Dokumentes, die Urheberschaft dafür nicht abstreiten kann. Ein typischer Mechanismus zur Realisierung des funktionalen Bausteins ist die digitale Unterschrift. Der Baustein ist an den gleichnamigen Security Service der ISO-ECITS angelehnt, umfaßt aber im Gegensatz zu diesem auch Objekte, die keine versandten Nachrichten sind, etwa Eintragungen in Register. Zusätzlich zu den beiden in den ISO-ECITS bislang verankerten Levels, die sich danach orientieren, ob der Beweis der Urheberschaft nur vom Empfänger[6] oder auch von vereinbarten Dritten für gültig erkannt werden kann, sind weitere nötig, wenn der funktionale Baustein in der vollen Vielfalt seiner Ausprägungen repräsentiert werden soll. Sie haben sich an folgenden sieben Dimensionen zu orientieren[7]:

(1)   Abdeckungsgrad des Beweises (alle oder nur manche Objektteile);

(2)   Durchführung des Beweissicherungsverfahrens (zwangsweise oder auf Wunsch);

(3)   Erkennbarkeit des Beweises (nur für bestimmte Instanzen, etwa den Empfänger oder vereinbarte Dritte, oder auch für beliebige Instanzen);

(4)   Ablieferung des Beweises beim Empfänger (immer oder nur auf Wunsch);

(5)   Zeitpunkt der Verfügbarkeit des Beweises (sofort oder später);

(6)   Gültigkeitsdauer des Beweise (begrenzt oder unbegrenzt);

(7)   Qualität des Beweises (der Garantiegeber ist für den Empfänger erkennbar oder nicht).

Nicht-Abstreitbarkeit des Empfanges (Non-Repudiation of Receipt [ANR]): Dieser funktionale Baustein stellt sicher, daß der Empfänger eines Objektes, etwa einer Nachricht oder Dienstleistung, den Empfang nicht abstreiten kann. Ein typischer Mechanismus zur Realisierung des Bausteins ist die digitale Unterschrift „auf" einer Quittung. Der Baustein ist an den gleichnamigen Security Service der ISO-ECITS angelehnt, umfaßt aber im Gegensatz zu diesem auch Objekte, die keine versandten Nachrichten sind, etwa erbrachte Dienstleistungen. Zusätzlich zu den beiden in den ISO-ECITS bislang verankerten Levels, die sich danach orientieren, ob der Beweis der Urheberschaft nur vom Nachrichtenempfänger oder auch von vereinbarten Dritten für gültig erkannt werden kann, sind weitere nötig, wenn der Baustein in der vollen Vielfalt seiner Ausprägungen repräsen-

---

6.   Empfänger ist im weiteren Sinne zu verstehen, bezieht sich also nicht nur auf Nachrichtenempfänger, sondern beispielsweise auch auf Leser eines Dokumentes.

7.   Vgl. [ISO/IEC 1995d]

tiert werden soll. Sie haben sich an denselben sieben Dimensionen zu orientieren wie die des funktionalen Bausteins *Nicht-Abstreitbarkeit der Urheberschaft*.

Kompensation (Compensation [AC]): Kompensation ist das Prinzip, bei beliebigen Aktionen, speziell der Inanspruchnahme von Ressourcen, für den Ausgleich eines eventuellen Schadensfalles, etwa einer nachträglichen Nichtbezahlung der Rechnung, zu sorgen, ohne jedoch zwangsweise die Identität des Nutzers der Ressource zu verlangen. Zwei funktionale Bausteine (Quittierte Vorauszahlung und Quittierte Kaution) folgen diesem Schutzprinzip:

Quittierte Vorauszahlung (**P**repayment with Receipt [ACP]): Bezahlt ein Nutzer die Nutzung von Ressourcen im voraus, ist der Diensterbringer sicher, daß er nicht später unbezahlte Rechnungen vollstrecken und Gelder eintreiben lassen muß. Die Vorauszahlung sollte quittiert sein, damit auch der Nutzer eventuelle Ansprüche geltend machen kann[8]. Ein typischer Mechanismus zur Realisierung dieses funktionalen Bausteins ist digitales Bargeld [Boly u.a. 1994; Chaum 1985, 1987]. Eine Levelbildung kann sich daran orientieren, wie feingranular und flexibel Beträge angewiesen werden können.

Quittierte Kaution (**D**eposit with Receipt [ACD]): Befürchtet der Diensterbringer einen Schaden, der bei der Nutzung entstehen könnte, oder stehen die Kosten einer Ressourcennutzung nicht im vorhinein fest, kann die Hinterlegung einer Kaution sinnvoll sein. Dann ist der Diensterbringer sicher, nicht nachträglich die Bezahlung von Rechnungen oder den Ausgleich eines Schadens eintreiben (lassen) zu müssen. Wie die Vorauszahlung sollte die Kaution quittiert sein, damit auch der Nutzer eventuelle Ansprüche geltend machen kann. Ein typischer Mechanismus zur Realisierung von Kautionen ist digitales Bargeld. Eine Levelbildung kann sich ähnlich wie bei der Vorauszahlung daran orientieren, wie feingranular und flexibel Beträge angewiesen werden und nach der Nutzung bzw. dem Schadensfall mit Ansprüchen verrechnet werden können.

10.4 Die nicht mehr vertretenen CTCPEC- und ISO-ECITS-Services

17 der 29 Security Services der ISO-ECITS bzw. 10 der 18 Security Services der CTCPEC sind nicht mehr bzw. nicht mehr in ihrer ursprünglichen Form in der neuen Gliederung vertreten. Im folgenden wird begründet, warum sie nicht mehr oder in veränderter Form verwendet wurden.

Discretionary Confidentiality: Dieser Service geht im funktionalen Baustein *Object Confidentiality Mediation* auf (vgl. 10.3.1).

Mandatory Confidentiality: Auch dieser Service geht im funktionalen Baustein *Object Confidentiality Mediation* auf (vgl. 10.3.1).

---

8.   Die Nennung eines funktionalen Bausteins *Vorauszahlung* im Zertifikat wäre andernfalls eine Irreführung des Zertifikatslesers, denn im allgemeinen werden Quittungen für Zahlungen erwartet.

Domain Integrity: Dieser Security Service bildet lediglich das aus den TCSEC bekannte Konzept der „Trusted Computing Base" als sich selbst schützende vertrauenswürdige Einheit (vgl. 3, speziell 3.1.3) ab[9]. Er geht damit in den funktionalen Bausteinen für das Ziel *Fitness for Use* auf, speziell in denen, die zum Schutzprinzip *Preventive Self Protection* gehören.

Discretionary Integrity: Dieser Service geht im funktionalen Baustein *Object Modification Mediation* auf (vgl. 10.3.2).

Mandatory Confidentiality: Auch dieser Service geht im funktionalen Baustein *Object Modification Mediation* auf (vgl. 10.3.2).

Physical Integrity: Dieser Security Service ist nur teilweise auf die direkte Abwehr von Bedrohungen ausgerichtet. Die anderen Aspekte der *Physical Integrity* folgen dem Prinzip der Schadensbegrenzung und fallen insofern mit den funktionalen Bausteinen *Self Assessment* und *Robustness* zusammen. Physikalischer Schutz, um diese Aspekte bereinigt, ist jedoch eigentlich ein Mechanismus, der allen Schutzzielen dient. Insofern sollte er konsequenterweise nicht in der Liste der funktionalen Bausteine vorkommen. Im übrigen ist die Vielfalt physikalischer Bedrohungen (u.a. mechanische Angriffe, Feuer, Wasser, Überhitzung) und nicht informationstechnischer Maßnahmen dagegen (Umhüllungen aus verschiedenen Materialien, Feuermelder und -löscher, Notstromversorgungen) durch *IT*-Sicherheitsevaluationskriterien nicht abzudecken.

Separation of Duties: Die Verteilung der Zuständigkeiten auf mehrere Benutzer verhindert eine Machtzusammenballung bezüglich des Systems. Damit sinkt die Gefahr des Mißbrauchs durch einzelne (allzu mächtige) Instanzen, etwa Administratoren. Je mehr die Zuständigkeiten verteilt sind, desto geringer ist die Abhängigkeit vom Wohlverhalten Einzelner. Der CTCPEC-Security-Service *Separation of Duties*, dessen Levelbildung sich an der Granularität der Verteilbarkeit der Verantwortung orientiert, wurde nicht als funktionaler Baustein übernommen, weil er entgegen der Einordnung in den CTCPEC nicht nur dem Ziel „Integrität" dient, sondern mindestens auch den Zielen „Verfügbarkeit" und „Vertraulichkeit". Er ist insofern eher als Mechanismus einzustufen.

Self Testing: Dieser Service geht im funktionalen Baustein *Self Assessment* auf (vgl. 10.3.2).

Audit: Dieser Security Service der CTCPEC ist durch den funktionalen Baustein *Non-Repudiation of Actions* abgedeckt. Einige Dinge, die darüberhinaus unter *Audit* genannt werden, sind als Mechanismus anzusehen (vgl. 10.3.3).

---

9. Es gibt (gegenwärtig nicht näher zitierbare) Stimmen, daß dieser Service in den CTCPEC nur auftaucht, um zur Pflege der gutnachbarschaftlichen Beziehungen mit den USA ein Konzept der TCSEC zu erhalten (vgl. auch Fußnote 4 auf Seite 112).

Identification and Authentication: Dieser Security Service der CTCPEC ist in Wirklichkeit ein Mechanismus zur Realisierung des funktionalen Bausteins *Non-Repudiation of Actions*, denn er folgt dessen Zielsetzung und Struktur (vgl. 10.3.3).

Trusted Path: Dieser Security Service der CTCPEC ist in Wirklichkeit ein Mechanismus zur Realisierung der funktionalen Bausteine *Object Confidentiality Mediation* (vgl. 10.3.1) und *Object Modification Mediation* (vgl. 10.3.2).

Anonymity: Dieser Security Service wurde während der Arbeit an den ISO-ECITS etabliert, u.a. wegen der Prominenz des Begriffes „Anonymous File Transfer" (vgl. 7.2). Er ist auch durch *Unlinkability* abgedeckt (vgl. 10.3.1), denn er beschreibt lediglich die Unverkettbarkeit zwischen einem Namen und einer (anonym handelnden) Instanz.

Pseudonymity: Auch dieser Security Service wurde während der Arbeit an den ISO-ECITS etabliert, ebenfalls aus anderen als systematischen Gründen (vgl. 7.2). Er sollte aufzeigen, daß die zunächst unvereinbar scheinenden Anforderungen nach Anonymität und Verantwortlichkeit durchaus vereinbar seien. Die dafür nötige und konstruktiv aufwendige Technik wollte man mit einem entsprechenden Merkmal ausstatten können. Systematisch ist er jedoch durch geeignete Kombinationen der funktionalen Bausteine *Unobservability, Unlinkability, Non-Repudiation of Actions* und *Prepayment with Receipt* bzw. *Deposit with Receipt* abgedeckt.

Data Exchange Connection Integrity: Dieser Security Service, der aus dem ISO-Referenzmodell für offene Kommunikationssysteme in die ISO-ECITS übernommen wurde (vgl. 7.2), geht – wie sein Name schon andeutet – im funktionalen Baustein *Object Modification Mediation* auf, denn zwischen gespeicherten und transportierten Objekten ist prinzipiell nicht zu unterscheiden (vgl. 10.3.2).

Data Exchange Connectionless Integrity: Auch dieser Service, der ebenfalls aus dem ISO-Referenzmodell für offene Kommunikationssysteme in die ISO-ECITS übernommen wurde, geht im funktionalen Baustein *Object Modification Mediation* auf (vgl. 10.3.2).

Data Exchange Connection Confidentiality: Auch dieser Service entspricht bezüglich seiner Herkunft den zwei zuletzt aufgeführten. Er geht im funktionalen Baustein *Object Confidentiality Mediation* auf (vgl. 10.3.1).

Data Exchange Connectionless Confidentiality: Auch dieser Service hat die gleiche Herkunft wie seine drei Vorgänger. Er geht im funktionalen Baustein *Object Confidentiality Mediation* auf (vgl. 10.3.1).

Data Authentication: Dieser Security-Service der ISO-ECITS erlaubt es, die Verantwortung für ein Dokument zu übernehmen, dies gegebenenfalls in auch extern nachweisbarer Weise (vgl. 7.2). Seine Funktion ist jedoch von dem funktionalen Baustein *Non-Repudiation of Origin* abgedeckt, wenn dieser sich – wie in 10.3.3 und anders als in den ISO-ECITS – nicht nur auf versandte Nachrichten, sondern allgemein auf Objekte, etwa Dokumente, bezieht.

11 Eine Funktionalitätsklasse für TK-Anlagen als Beispiel

Als Beispiel für die Tauglichkeit der in Kapitel 10 neu entwickelten Gliederung wird in diesem Kapitel die Sicherheitsfunktionalität für digitale Telekommunikationsanlagen (TK-Anlagen) näher untersucht und gegliedert. Typische digitale TK-Anlagen sind ISDN-fähige Nebenstellenanlagen. Ausgangspunkt der Untersuchung ist ein Entwurf einer „ITSEC-Funktionalitätsklasse für die Sicherheit von digitalen TK-Anlagen" ([Mackenbrock 1995], in diesem Kapitel im folgenden kurz ITSEC-Funktionalitätsklasse genannt). Auf diesen Entwurf sowie einige notwendige Erweiterungen wird die in Kapitel 10 entwickelte Gliederung angewandt. Im einzelnen enthält dieses Kapitel dazu die folgenden Unterkapitel:

- Eine kurze Beschreibung des Entwurfes der ITSEC-Funktionalitätsklasse für die Sicherheit von digitalen TK-Anlagen (Kapitel 11.1, eine vollständige Darstellung findet sich in Anhang B);

- Eine Diskussion und nötige Ergänzungen der ITSEC-Funktionalitätsklasse (11.2);

- Eine Abbildung der Funktionalität aus der ITSEC-Funktionalitätsklasse in die neue Gliederung (11.3);

- Eine Einordnung der gesamten Funktionalität in die Gliederung aus Kapitel 10 (11.4).

11.1 Eine kurze Beschreibung der ITSEC-Funktionalitätsklasse

Der Entwurf der „ITSEC-Funktionalitätsklasse für die Sicherheit von digitalen TK-Anlagen" [Mackenbrock 1995] hat zum Ziel, die Sicherheitsanforderungen an die Funktionalität einer TK-Anlage aufzustellen und eine Zuordnung der Anforderungen unter die Generischen Oberbegriffe der ITSEC zu treffen. Neben den acht in den ITSEC definierten Generischen Oberbegriffen werden zwei neue eingeführt: Anonymität und Benutzerinformation. Unter die insgesamt zehn Generischen Oberbegriffe wurden 37 Einzelpunkte eingeordnet, die im folgenden kurz skizziert werden (eine vollständige Darstellung des Entwurfs der Funktionalitätsklasse findet sich in Anhang B):

(1) **Identifizierung und Authentisierung**: Vier Teilpunkte werden unterschieden. Ein Teilpunkt besagt, daß bei jeder Aktion die Steuereinheit die Identität des Endgerätes feststellen können muß. Die drei weiteren Teilpunkte legen weitere Anforderungen für die Ausführung sicherheitsrelevanter Aktionen fest.

(2) **Zugriffskontrolle**: Als obligatorische Maßnahme wird verlangt, daß die Zugriffskontrolle durch einen einzigen Referenz-Validierungsmechanismus realisiert wird, der das „Referenzmonitor-Konzept" erfüllt. Weitere Anforderungen werden nach Zugriffen auf die Steuereinheit (sieben Teilpunkte) und Zugriffen auf Endgeräte (drei Teilpunkte) unterschieden.

(3) **Beweissicherung**: Insgesamt fünf Teilpunkte zur Erstellung und Verwaltung von Protokollen und Historie-Log-Files sind unter diesem generischen Oberbegriff eingeordnet. Die Steuereinheit muß eine Protokollierungskomponente enthalten, die sicherheitsrelevante Ereig-

nisse, z.B. die Zuordnung von Leistungsmerkmalen zu einem bestimmten Teilnehmer oder Gespräche in öffentliche Netze, verschlüsselt protokolliert. Fällt die Protokollierungskomponente aus, soll bis auf wenige Ausnahmen keines der sonst zu protokollierenden Ereignisse möglich sein.

(4) **Protokollauswertung**: Zwei Teilpunkte beschreiben die Werkzeuge zur Überprüfung der Protokolldaten zu Revisionszwecken und einen Mechanismus zur Überwachung von Ereignissen. Zur Überwachung von Ereignissen zählt hier auch die Reaktion, etwa die Alarmierung spezieller Benutzer oder die Initiierung geeigneter Maßnahmen zur Gefahrenabwehr.

(5) **Wiederaufbereitung**: Ein Teilpunkt (der einzige) beschreibt, daß alle Speicherobjekte, die der digitalen TK-Anlage wieder zur Verfügung gestellt werden, vor einer Wiederverwendung durch andere Benutzer so aufbereitet werden müssen, daß keine Rückschlüsse auf ihren früheren Inhalt möglich sind.

(6) **Unverfälschtheit**: Drei Teilpunkte sind dem Schutz der Systemkonfiguration gewidmet. die regelmäßig überprüft werden soll sowie identifizierbar, überprüfbar und gesichert sein soll. Bestimmte Systemdaten sollen nur für den Wartungstechniker zugreifbar und während des normalen Betriebes unmanipulierbar sein.

(7) **Anonymität**: Ein Teilpunkt betrifft die Anzeige, die Dauer der Speicherung sowie das Löschen der Identifizierungsnummer und der Rufnummer im Endgerät sowohl bei eingehenden als auch bei weitergeleiteten Rufen.

(8) **Benutzerinformation**: Zwei Teilpunkte beschreiben, daß die aktuelle Benutzung sicherheitssensibler Dienste und Leistungsmerkmale (etwa Konferenzschaltung, Mikrofonfreischaltung oder Zuschaltung von Mithöreinrichtungen) an allen daran beteiligten Geräten sowie bei den beteiligten Kommunikationspartnern deutlich angezeigt werden muß.

(9) **Zuverlässigkeit der Dienstleistung**: Fünf Teilpunkte enthalten Anforderungen zur Kontinuität und Rechtzeitigkeit der durch das System zu erbringenden Leistung. Sie betreffen den Ausfall der Stromversorgung und den Ausfall einzelner Komponenten der Anlage. Außerdem sollen Blockaden einzelner Teilnehmer unmöglich sein, und das System soll für bestimmte Aktionen eine maximale Reaktionszeit garantieren. Freigeschaltete Zugänge zum öffentlichen Netz sollen nach Gesprächsende sicher wieder geschlossen werden.

(10) **Übertragungssicherung**: Vier Teilpunkte betreffen die elektromagnetische Abstrahlung, die Fernwartung und -administration sowie die Rechte externer Benutzer.

11.2 Diskussion und Ergänzungen der ITSEC-Funktionalitätsklasse

Der Entwurf der ITSEC-Funktionalitätsklasse für die Sicherheit digitaler TK-Anlagen kann als eine der fortschrittlichsten, wenn nicht als die fortschrittlichste bislang veröffentlichte Funktionalitätsklasse auf der Basis der ITSEC gelten. Die Fortschritte lassen sich allerdings am deutlichsten an genau den funktionalen Anforderungen erkennen, die unter die zwei neuen, in den ITSEC fehlenden, Generischen Oberbegriffe eingeordnet wurden:

(1) Mit der Aufnahme der Anforderungen zu Anonymität wurde den Benutzeranforderungen nach Vermeidung von Daten wenigstens in einigen Fällen Rechnung getragen. Dies reicht zwar nicht aus, etwa weil nur die Vermeidung von Daten gegenüber Kommunikationspartnern, nicht jedoch die gegenüber dem Diensterbringer berücksichtigt wird. Es ist jedoch immerhin ein Schritt in die richtige Richtung.

(2) Die Anforderungen zu Benutzerinformation enthalten eine Stärkung der Stellung des Benutzers auch gegenüber dem Diensterbringer und in manchen Fällen sogar eine Hilfe beim Schutz der Privatsphäre: Beispielsweise hilft die deutliche Anzeige der Mikrofonfreischaltung dabei, ein „Aushorchen" der Räume, in denen Endgeräte stehen, zu verhindern. Auch hier bleiben weitere Anforderungen zu wünschen übrig, jedoch werden Schwächen des einseitigen Fokus der ITSEC gelindert.

Den strukturellen Schwächen der ITSEC- Systematik (insbesondere der zu starken Überlappung der Generischen Oberbegriffe „Identifizierung und Authentisierung", „Zugriffskontrolle", „Beweissicherung" und „Protokollauswertung") kann allerdings auch diese ITSEC-Funktionalitätsklasse nicht entgehen. Infolge der Überlappungen ließen sich beispielsweise die Anforderungen, die in dieser Funktionalitätsklasse in Punkt 3.5 unter „Beweissicherung" eingeordnet wurden, genauso gut unter „Zugriffskontrolle" einordnen. Gleiches gilt für die Hälfte der Anforderungen, die in der ITSEC-Funktionalitätsklasse in Punkt 2.8 unter „Zugriffskontrolle" eingeordnet wurden. Sie ließen sich genauso gut unter „Identifizierung und Authentisierung" einordnen (für eine detailliertere Auflistung siehe 11.3 oder Anhang B).

Die folgenden Punkte sind zu ergänzen, um die ITSEC-Funktionalitätsklasse zu vervollständigen [Angaben in eckigen Klammern beziehen sich auf die Gliederung aus Kapitel 10]:

- Unbeobachtbare Kommunikationsverbindungen [CAU – 1.1.1] sind auch in Nebenstellenanlagen von Bedeutung. Dies gilt etwa für Parlamentsabgeordnete, die bei ihren Telefonaten nicht die Parlamentsverwaltung als Mitwisser haben wollen, oder für Arbeitnehmervertretungen, die nicht gezwungen sein wollen, ihre Kommunikation vor den Arbeitgebern, die typischerweise die Betreiber der TK-Anlage sind, offenlegen zu müssen.

- Wie unbeobachtbare Kommunikationsverbindungen sind auch unverkettbare kommunikative Aktionen [CAL – 1.1.2] aus Sicht der Nutzer von Bedeutung. Die Beispiele decken sich mit denen für unbeobachtbare Kommunikation.

- Bei der Behandlung verdeckter Kanäle sollten nicht nur Speicherkanäle, sondern auch Zeitkanäle Berücksichtigung finden [CFH – 1.2.3]. Ein sehr einfaches und von vielen Nutzern einsetzbares Beispiel für die Übermittlung von Informationen mithilfe eines Zeitkanales ist der Wechsel der Rufumleitungen zu verschiedenen internen Adressen.

- Ein Notbetrieb bei Stromausfall ist unter der Generischen Überschrift „Zuverlässigkeit der Dienstleistung" ebenfalls enthalten, nicht jedoch der sparsame Umgang mit Notstrom, der ein maßvoller Umgang mit Ressourcen wäre [FPM – 2.2.1].

- Die Nutzer über die Verwendung sicherheitssensibler Dienste und Merkmale zu informieren, ist sinnvoll; nötig ist auch die Information der Nutzer über sie betreffende Protokollierungen. Diese Funktion kann je nach Auslegung in den Bereich „Selbsteinschätzung [FLS – 2.3.3]" oder den Bereich „Testbarkeit" [FLT – 2.3.4] eingeordnet werden. Im ersten Fall bekämen die Nutzer die Informationen automatisch übermittelt, im zweiten nur auf Wunsch (etwa, wenn sie eine Informationsschwemme verhindern, sich aber trotzdem gelegentlich informieren wollen).

- In der Klasse fehlen Anforderungen zum Wiederanfahren der Anlage nach einem Ausfall [FC – 2.4], etwa zum Rollback der in der Anlage gespeicherten Daten (z. B. Telefonbücher oder aktuelle Konfigurationen der Rufumleitungen) [FCR – 2.4.1] und zur Erholung des Betriebes [FCY – 2.4.2]. Ähnliche Anforderungen sind im vorliegenden Entwurf zwar unter der Generischen Überschrift „Zuverlässigkeit der Dienstleistung" enthalten; sie sind aber lediglich dahingehend formuliert, daß der Betrieb nicht unterbrochen werden dürfe. Die Behandlung eines Ausfalls, der zu Unterbrechungen des Betriebes führt (eine Situation, die trotz aller Vorsichtsmaßnahmen eintreten könnte), ist nicht abgedeckt.

- Sollen über die Anlage verbindliche Dokumente ausgetauscht (oder eventuell auch verbindlich Telefonate geführt) werden, sind weitere Anforderungen aus dem Bereich Nichtabstreitbarkeit [ANO/ANR – 3.1.2 / 3.1.3] nötig, insbesondere wenn Vorgänge gegenüber Dritten (außerhalb der Anlage bzw. der die Anlage betreibenden Organisation) bewiesen werden sollen. Ein weiteres Beispiel hierfür kann die Dokumentation des Versuches sein, jemanden telefonisch zu erreichen.

- Vorauszahlungsmöglichkeiten [ACP – 3.2.1] können wichtig werden, damit Kommunikationsleistungen unbeobachtbar und unverkettbar genutzt werden können, der Betreiber aber trotzdem zu einem finanziellen Ausgleich kommt. Mechanismen dieser Art können eventuell einen Teil der Funktionen von Telefonzellen übernehmen.

- Quittierte Kautionen [ACD – 3.2.2] können wie Vorauszahlungsmöglichkeiten dabei helfen, Kommunikationsleistungen unbeobachtbar zu nutzen, aber dennoch zu bezahlen. Sie können zusätzlich als Voraussetzung für einen unbeobachtbaren Zugang zur Anlage genutzt werden, um die Sorgen des Betreibers zu mildern, der unbeobachtbare Kunde könne sich nach Nutzung der Leistung der Bezahlung entziehen.

11.3 Abbildung der ITSEC-Funktionalitätsklasse in die neue Gliederung

Obwohl die ITSEC-Funktionalitätsklasse Defizite aufweist, ist es interessant, sie in die in Kapitel 10 entwickelte Gliederung abzubilden. In der folgenden Tabelle werden die in der ITSEC-Funktionalitätsklasse enthaltenen Teilpunkte den entsprechenden funktionalen Bausteinen aus der neuen

Gliederung gegenübergestellt. Dabei ist erkennbar, daß diese Gliederung sämtliche in der ITSEC-Funktionalitätsklasse vorhandenen Aspekte zu umfassen vermag. Darüber hinaus war in Kapitel 11.2 bereits erkennbar, daß auch die in der ITSEC-Funktionalitätsklasse fehlenden Aspekte durch die neue Gliederung abgedeckt werden können; sie waren dort bereits mit den entsprechenden Bausteinbezeichnungen gekennzeichnet worden.

ITSEC-Funktionalitätsklasse (Angabe der Teilpunkte und eventuell der Sätze sowie weiterer Teile)	Neue Gliederung (Angabe der funktionalen Bausteine)
1 Identifizierung und Authentisierung	
1.1 Feststellbarkeit der Identität des Endgerätes durch die Steuereinheit bei jeder Interaktion	3.1.1 Non-Repudiation of Actions [ANA]
1.2 Eindeutige Identifikation von Benutzern und Systemadministratoren	3.1.1 Non-Repudiation of Actions [ANA]
1.3 (1 & 3) Verwaltung der Authentisierungsinformation	1.2.1 Object Confidentiality Mediation [CFM] 2.1.1 Object Modification Mediation [FSM]
1.3 (2) Authentisierung vor allen anderen Aktionen	3.1.1 Non-Repudiation of Actions [ANA]
1.4 Geeigneter Authentisierungsmechanismus f. d. Nutzung bestimmter Leistungsmerkmale	3.1.1 Non-Repudiation of Actions [ANA]
2 Zugriffskontrolle	
2.1 *Ein* Referenzvalidierungsmechanismus	1.2.1 Object Confidentiality Mediation [CFM] 2.1.1 Object Modification Mediation [FSM]
2.2 Rollen	1.2.1 Object Confidentiality Mediation [CFM] 2.1.1 Object Modification Mediation [FSM]
2.3 Zugriffsbeschränkungen detailliert	1.2.1 Object Confidentiality Mediation [CFM] 2.1.1 Object Modification Mediation [FSM]
2.4 Dokumentierter Schutz von Objekten	1.2.1 Object Confidentiality Mediation [CFM] 2.1.1 Object Modification Mediation [FSM]
2.5 Prüfung der Berechtigung bei jedem Zugriffsversuch	1.2.1 Object Confidentiality Mediation [CFM] 2.1.1 Object Modification Mediation [FSM]
2.6 Keine bekannten verdeckten Speicherkanäle mit unakzeptabel hoher Bandbreite	1.2.3 Covert Channel Handling [CFH]
2.7 Wartungs- und Administratorzugang auf die Steuereinheit nur von speziellen Anschlüssen innerhalb des eigenen Anlagenverbundes und nur über einen vertrauenswürdigen Pfad	1.2.1 Object Confidentiality Mediation [CFM] 2.1.1 Object Modification Mediation [FSM]

ITSEC-Funktionalitätsklasse (Angabe der Teilpunkte und eventuell der Sätze sowie weiterer Teile)	Neue Gliederung (Angabe der funktionalen Bausteine)
2.8 (1) Authentisierung und Authentifizierung bei Fernwartung und -administration	3.1.1 Non-Repudiation of Actions [ANA]
2.8 (2 & 3) Zwangslogout bei Fernwartung und -administration	1.2.1 Object Confidentiality Mediation [CFM] 2.1.1 Object Modification Mediation [FSM]
2.9 (Teil 1) Nachweis des Austauschs oder Öffnens von Endgeräten	3.1.1 Non-Repudiation of Actions [ANA]
2.9 (Teil 2) Sperrung aller Leistungsmerkmale nach Austausch oder Öffnen von Endgeräten	2.1.2 Containment [FSC]
2.10 Schutz nichtabschließbarer oder sensibler Endgeräte vor unberechtigtem Zugang bzw. vor unberechtigter Benutzung	1.2.1 Object Confidentiality Mediation [CFM] 2.1.1 Object Modification Mediation [FSM]
3 Beweissicherung	
3.1 Protokollierung in der Steuereinheit	3.1.1 Non-Repudiation of Actions [ANA]
3.2 Historie-Log-File	3.1.1 Non-Repudiation of Actions [ANA]
3.3 Keine Aktionen ohne Protokollierung möglich	3.1.1 Non-Repudiation of Actions [ANA]
3.4 Kontroll- und Verifikationsprotokolle	3.1.1 Non-Repudiation of Actions [ANA]
3.5 Beschränkter Zugriff auf Protokollinformationen	1.2.1 Object Confidentiality Mediation [CFM] 2.1.1 Object Modification Mediation [FSM]
4 Protokollauswertung	
4.1 Revisionswerkzeuge	3.1.1 Non-Repudiation of Actions [ANA]
4.2 (1) Überwachung sicherheitsrelevanter oder sonstwie kritischer Ereignisse	2.3.3 Self Assessment [FLS]
4.2 (2) Alarm an spezielle Benutzer	2.3.3 Self Assessment [FLS]
4.2 (3, Teil 1) Unterbindung besonders sicherheitsrelevanter Aktionen	1.2.1 Object Confidentiality Mediation [CFM] 2.1.1 Object Modification Mediation [FSM]
4.2 (3, Teil 2) Unterbindung zu häufiger und dadurch kritisch bedrohlicher Aktionen	2.1.2 Containment [FSC]
5 Wiederaufbereitung	
5.1 Wiederaufbereitung aller Speicherobjekte	1.2.2 Object Reuse [CFR]

ITSEC-Funktionalitätsklasse (Angabe der Teilpunkte und eventuell der Sätze sowie weiterer Teile)	Neue Gliederung (Angabe der funktionalen Bausteine)
6 Unverfälschtheit	
6.1 Verfahren für regelmäßige Überprüfung der Systemkonfiguration	2.3.4 Testability [FLT]
6.2 Identifizierbare, überprüfbare und gesicherte Gesamtkonfiguration	2.1.1 Object Modification Mediation [FSM] (1.2.1 Object Confidentiality Mediation [CFM])
6.3 Klassifizierung von Systemdaten, auf die nur der Wartungstechniker Zugriff hat und die während des normalen Betriebes unmanipulierbar sein müssen	2.1.1 Object Modification Mediation [FSM] (1.2.1 Object Confidentiality Mediation [CFM])
7 Anonymität	
7.1 Ein klares und realisiertes Konzept für die Anzeige, die Dauer der Speicherung und das Löschen der Identifizierungs- und Rufnummer, sowohl für eingehende Rufe als auch Weiterleitung	1.1.2 Unlinkability [CAL]
8 Benutzerinformation	
8.1 Deutliche und fortwährende Anzeige der aktuellen Benutzung sicherheitssensibler Dienste und Leistungsmerkmale	2.3.3 Self Assessment [FLS]
8.1 (1) Identitätsdaten im Display nur den jeweils beteiligten Kommunikationspartnern anzuzeigen	1.2.1 Object Confidentiality Mediation [CFM]
8.2 (2) Nutzung von Aufzeichnungsgeräten oder Mithöreinrichtungen muß beim Kommunikationspartner angezeigt werden	2.3.3 Self Assessment [FLS]
9 Zuverlässigkeit der Dienstleistung	
9.1 Notbetrieb bei Stromausfall	2.3.1 Robustness [FLR]
9.2 Blockierung von Teilnehmern, Endgeräten oder Amtsleitungen sowie Reduzierung der Performance durch andere Teilnehmer nicht möglich	2.2.1 Modest Resource Access
9.3 Geeignetes Verfahren für das Schließen eines Zugangs zum öffentlichen Netz	2.2.1 Modest Resource Access

ITSEC-Funktionalitätsklasse (Angabe der Teilpunkte und eventuell der Sätze sowie weiterer Teile)	Neue Gliederung (Angabe der funktionalen Bausteine)
9.4 (1) Maximale Reaktionszeit für bestimmte festgelegte Aktionen unabhängig von der momentanen Belastung	2.1.2 Containment [FSC]
9.4 (2) Verklemmungsfreiheit; [kann funktional nur teilweise durch Funktionalität zur Beseitigung von Verklemmungen erreicht werden]	2.3.1 Robustness [FLR]
9.5 (1) Kontinuierliche Verfügbarkeit aller fortlaufend benötigten Funktionen auch nach Ausfall bestimmter einzelner Hardwarekomponenten	2.3.1 Robustness [FLR]
9.5 (2) Kontinuierliche Verfügbarkeit aller fortlaufend benötigten Funktionen auch bei Reparatur oder Austausch bestimmter einzelner Hardwarekomponenten	2.3.2 Component Replacement [FLC]
9.5 (3) Nach Integration Wiedererreichen des ursprünglichen Grades an Ausfallsicherheit	2.3.2 Component Replacement [FLC]
9.5 (4) Maximalzeiten für Reintegrationsprozesse	2.3.2 Component Replacement [FLC]
10 Übertragungssicherung	
10.1 Hinreichend kleine elektromagnetische Abstrahlung	1.2.1 Object Confidentiality Mediation [CFM]
10.2 Fernwartung mit Hilfe geeigneter sicherer Verfahren	1.2.1 Object Confidentiality Mediation [CFM] 2.1.1 Object Modification Mediation [FSM]
10.3 (1) Übertragung von Kommandos, die Leistungsmerkmale oder Dienste betreffen, durch das D-Kanal-Protokoll nur nach Prüfung der Autorisierung des Anfordernden	1.2.1 Object Confidentiality Mediation [CFM] 2.1.1 Object Modification Mediation [FSM]
10.3 (2) Keine Kommandos an Endgeräte, die gesperrte Leistungsmerkmale oder Dienste aktivieren können	2.1.2 Containment [FSC]
10.4 D-Kanal-Protokolle externer Benutzer dahingehend überprüft, daß nur die für externe Benutzer zugelassenen Dienste und Leistungsmerkmale verwendet werden können	2.1.2 Containment [FSC]

11.4 Einordnung der gesamten Funktionalität in die neue Gliederung

Im folgenden ist die gesamte Funktionalität der ursprünglichen Funktionalitätsklasse samt den Ergänzungen aus Kapitel 11.2 in die in Kapitel 10 entwickelte Gliederung eingeordnet dargestellt. Die drei in dieser Gliederung festgelegten (Teil-) Ziele von Sicherheit fungieren auch als Überschriften innerhalb dieses Teilkapitels. Ziffern in Klammern verweisen auf die Teilpunkte der ITSEC-Funktionalitätsklasse.

Deutlich ist erkennbar, daß diese Gliederung der Funktionen wesentlich ausgewogener ist als die ursprüngliche Gliederung der ITSEC-Funktionalitätsklasse (vgl. Anhang B). Eine weitere Steigerung der Ausgewogenheit ließe sich erreichen, indem man die in der ITSEC-Funktionalitätsklasse im Verhältnis sehr detaillierten Anforderungen zur Zugriffssicherung weiter zusammenfassen würde. Darauf wurde hier jedoch im Interesse der möglichst genauen und vollständigen Wiedergabe der ITSEC-Funktionalitätsklasse verzichtet.

11.4.1 Anforderungen zum Ziel „Confidentiality"

1.1   Information Avoidance [CA]

1.1.1   Unobservability [CAU]

- Durch die Betreiber unbeobachtbare Kommunikationverbindungen für die Teilnehmer, etwa für Parlamentsabgeordnete in ihren Büros oder Arbeitnehmervertretungen in Betrieben

1.1.2   Unlinkability [CAL]

- Anonymität: Ein klares und realisiertes Konzept für die Anzeige, die Dauer der Speicherung und das Löschen der Identifizierungs- und Rufnummer, sowohl für eingehende Rufe als auch Weiterleitung (7.1)
- Durch die Betreiber unverkettbare Kommunikationsverbindungen für die Teilnehmer, etwa für Parlamentsabgeordnete in ihren Büros oder Arbeitnehmervertretungen in Betrieben

1.2 Information Flow Control [CF]

1.2.1 Object Confidentiality Mediation [CFM]

- Verwaltung der Authentisierungsinformation (1.3) [auch FSM]
- *Ein* Referenzvalidierungsmechanismus (2.1) [auch FSM]
- Rollen (2.2) [auch FSM]
- Zugriffsbeschränkungen detailliert (2.3) [auch FSM]
- Dokumentierter Schutz von Objekten (2.4) [auch FSM]
- Prüfung der Berechtigung bei jedem Zugriffsversuch (2.5) [auch FSM]
- Wartungs- und Administratorzugang auf die Steuereinheit nur von speziellen Anschlüssen innerhalb des eigenen Anlagenverbundes und über einen vertrauenswürdigen Pfad (2.7) [auch FSM]
- Zwangslogout bei Fernwartung und -administration (2.8, Satz 2 und 3) [auch FSM]
- Schutz nichtabschließbarer oder sensibler Endgeräte vor unberechtigtem Zugang bzw. vor unberechtigter Benutzung (2.10) [auch FSM]
- Beschränkter Zugriff auf Protokollinformationen (3.5) [auch FSM]
- Unterbindung besonders sicherheitsrelevanter Aktionen (4.2, Satz 3, Teil 1) [auch FSM]
- Gesicherte Gesamtkonfiguration (Teil von 6.2) [eigentlich FSM, wirkt aber auch hier]
- Klassifizierung von Systemdaten, auf die nur der Wartungstechniker Zugriff hat und die während des normalen Betriebes unmanipulierbar sein müssen (6.3) [eigentlich FSM, wirkt aber auch hier]
- Identitätsdaten im Display nur den jeweils beteiligten Kommunikationspartnern anzuzeigen (8.2, Satz 1)
- Hinreichend kleine elektromagnetische Abstrahlung (10.1)
- Fernwartung mit Hilfe geeigneter sicherer Verfahren (10.2) [auch FSM]
- Übertragung von Kommandos, die Leistungsmerkmale oder Dienste betreffen, durch das D-Kanal-Protokoll nur nach Prüfung der Autorisierung des Anfordernden (10.3, Satz 1) [auch FSM]

1.2.2 Object Reuse [CFR]

- Wiederaufbereitung aller Speicherobjekte (5.1)

1.2.3 Covert Channel Handling [CFH]

- Keine bekannten verdeckten Speicherkanäle mit unakzeptabel hoher Bandbreite (2.6)
- Keine bekannten verdeckten Zeitkanäle mit unakzeptabel hoher Bandbreite

11.4.2 Anforderungen zum Ziel „Fitness for Use"

2.1 Preventive Self Protection [FS]

2.1.1   Object Modification Mediation [FSM]

- Verwaltung der Authentisierungsinformation (1.3) [auch CFM]
- *Ein* Referenzvalidierungsmechanismus (2.1) [auch CFM]
- Rollen (2.2) [auch CFM]
- Zugriffsbeschränkungen detailliert (2.3) [auch CFM]
- Dokumentierter Schutz von Objekten (2.4) [auch CFM]
- Prüfung der Berechtigung bei jedem Zugriffsversuch (2.5) [auch CFM]
- Wartungs- und Administratorzugang auf die Steuereinheit nur von speziellen Anschlüssen innerhalb des eigenen Anlagenverbundes und nur über einen vertrauenswürdigen Pfad (2.7) [auch CFM]
- Zwangslogout bei Fernwartung und -administration (2.8, Satz 2 und 3) [auch CFM]
- Schutz nichtabschließbarer oder sensibler Endgeräte vor unberechtigtem Zugang bzw. vor unberechtigter Benutzung (2.10) [auch CFM]
- Beschränkter Zugriff auf Protokollinformationen (3.5) [auch CFM]
- Unterbindung besonders sicherheitsrelevanter Aktionen (4.2, Satz 3, Teil 1) [auch CFM]
- Identifizierbare, überprüfbare und gesicherte Gesamtkonfiguration (6.2) [teilweise auch für CFM, obwohl das hier vermutlich nicht intendiert war]
- Klassifizierung von Systemdaten, auf die nur der Wartungstechniker Zugriff hat und die während des normalen Betriebes unmanipulierbar sein müssen (6.3) [teilweise auch für CFM, obwohl das hier vermutlich nicht intendiert war]
- Fernwartung mit Hilfe geeigneter sicherer Verfahren (10.2) [auch CFM]
- Übertragung von Kommandos, die Leistungsmerkmale oder Dienste betreffen, durch das D-Kanal-Protokoll nur nach Prüfung der Autorisierung des Anfordernden (10.3, Satz 1) [auch CFM]

2.1.2   Containment [FSC]

- Sperrung aller Leistungsmerkmale nach Austausch oder Öffnen von Endgeräten (2.9, Teil 2)
- Unterbindung zu häufiger und dadurch kritisch bedrohlicher Aktionen (4.2, Satz 3, Teil 2)
- Maximale Reaktionszeit für bestimmte festgelegte Aktionen unabhängig von der momentanen Belastung (9.4, Satz 1)
- Keine Kommandos an Endgeräte, die gesperrte Leistungsmerkmale oder Dienste aktivieren können (10.3, Satz 2)
- D-Kanal-Protokolle externer Benutzer dahingehend überprüft, daß nur die für externe Benutzer zugelassenen Dienste und Leistungsmerkmale verwendet werden können (10.4)

2.2 Preventive Partner Protection [FP]

2.2.1 Modest Resource Access (e.g. on Networks) [FPM]

- Blockierung von Teilnehmern, Endgeräten oder Amtsleitungen sowie Reduzierung der Performance durch andere Teilnehmer nicht möglich (9.2)
- Geeignetes Verfahren für das Schließen eines Zugangs zum öffentlichen Netz (9.3)
- Sparsamer Umgang mit Notstrom

2.2.2 Careful Resource Access (e.g. on magnetic Disks) [FPC]

- Bei diesem Beispiel keine Funktionalität hier eingeordnet

2.3 Damage Limitation [FL]

2.3.1 Robustness [FLR]

- Notbetrieb bei Stromausfall (9.1)
- Verklemmungsfreiheit (9.4, Satz 2); kann funktional nur – und nur teilweise – durch Funktionalität zur Beseitigung von Verklemmungen erreicht werden.
- Kontinuierliche Verfügbarkeit aller fortlaufend benötigten Funktionen auch im Restsystem nach Ausfall bestimmter einzelner Hardwarekomponenten (9.5, Satz 1)

2.3.2 Component Replacement [FLC]

- Kontinuierliche Verfügbarkeit aller fortlaufend benötigten Funktionen auch bei Reparatur oder Austausch bestimmter einzelner Hardwarekomponenten (9.5, Satz 2)
- Nach Integration Wiedererreichen des ursprünglichen Grades an Ausfallsicherheit (9.5, Satz 3)
- Maximalzeiten für Reintegrationsprozesse (9.5, Satz 4)

2.3.3 Self Assessment [FLS]

- Überwachung sicherheitsrelevanter oder sonstwie kritischer Ereignisse (4.2, Satz 1)
- Alarm an spezielle Benutzer (4.2, Satz 2)
- Deutliche und fortwährende Anzeige der aktuellen Benutzung sicherheitssensibler Dienste und Leistungsmerkmale (8.1)
- Nutzung von Aufzeichnungsgeräten oder Mithöreinrichtungen muß beim Kommunikationspartner angezeigt werden (8.2, Satz 2)
- Information der Nutzer über sie betreffende Protokollierungen

2.3.4 Testability [FLT]

- Verfahren für regelmäßige Überprüfung der Systemkonfiguration (6.1)
- Informationsmöglichkeit für Nutzer über sie betreffende Protokollierungen

2.4   Comeback [FC]

2.4.1   Rollback [FCR]

- Rücksetzung der in der Anlage gespeicherten und laufend aktualisierten Konfigurationsdaten (z. B. Telefonbücher oder aktuelle Einstellungen der Rufumleitungen) auf die zu einem definierten Zeitpunkt gültigen Werte

2.4.2   Recovery [FCY]

- Erneute Verfügbarkeit aller fortlaufend benötigten Funktionen auch nach Reparatur oder Austausch bestimmter einzelner Hardwarekomponenten (in Anlehnung an 9.5, Satz 2)
- Nach Integration Wiedererreichen des ursprünglichen Grades an Ausfallsicherheit (in Anlehnung an 9.5, Satz 3)
- Maximalzeiten für Wiederanfahrprozesse (in Anlehnung an 9.5, Satz 4)

3.1   Non-Repudiation (to find responsible Entities) [AN]

3.1.1   Non-Repudiation of Actions (in single Computers) [ANA]

- Bei jeder Interaktion muß die Steuereinheit die Identität des Endgerätes feststellen können (1.1).
- Eindeutige Identifikation von Benutzern und Systemadministratoren (1.2)
- Authentisierung stets vor allen anderen Aktionen (1.3)
- Geeigneter Authentisierungsmechanismus für die Benutzung bestimmter Leistungsmerkmale (1.4)
- Authentisierung und Authentifizierung bei Fernwartung und -administration (2.8, Satz 1)
- Nachweis des Austauschs oder Öffnens von Endgeräten (2.9, Teil 1)
- Protokollierung in der Steuereinheit (3.1)
- Historie-Log-File (3.2)
- Keine Aktionen ohne Protokollierung möglich (3.3)
- Kontrollprotokolle und Verifikationsprotokolle (3.4)
- Revisionswerkzeuge (4.1)

3.1.2   Non-Repudiation of Origin [ANO]

- Dokumente, etwa Telefaxe, mit unbestreitbaren Absenderangaben versendbar

3.1.3   Non-Repudiation of Receipt [ANR]

- Dokumente, etwa Telefaxe, mit Bestätigung des Empfangs versendbar
- Anrufversuche (insbesondere vergebliche) zu definierten Nummern bestätigbar

3.2 Compensation (for eventual Damage) [AC]

3.2.1 Prepayment (with Receipt) [ACP]

- Vorausbezahlung von Telekommunikationsdienstleistungen zur Erleichterung ihrer unbeobachtbaren und unverkettbaren Nutzung

3.2.2 Deposit (with Receipt) [ACD]

- Kautionen zur Erleichterung der unbeobachtbaren und unverkettbaren Nutzung von TK-Anlagen und zur Minderung des Risikos für die Betreiber

Teil E

Organisation der Zertifizierung und der Weiterentwicklung ihrer fachlichen Grundlagen

12 Aufgaben der Organisation

Wie sich in den vorangegangenen Abschnitten[1] dieser Arbeit gezeigt hat, sind die vorliegenden IT-Sicherheitsevaluationskriterien in vielerlei Hinsicht defizitär. Manche schwerwiegende Defizite lassen sich auf der Basis der in Teil D vorgeschlagenen Verbesserungen beseitigen. Dennoch werden auch neue und bessere Kriterien allein aus sich heraus nicht alle Probleme der Zertifizierungs- und Kriterienlandschaft beseitigen können. Dies gilt etwa für die vielfach als unzureichend angesehene Aussagekraft und Verwertbarkeit der Ergebnisse (vgl. 5.1.4 bzw. 9.4), die als zu hoch beklagten Kosten sowie besonders für die als zu gering erachtete Effizienz des Evaluations- und Zertifizierungsprozesses (vgl. 5.1.3 bzw. 9.3). Um diese Probleme einer Lösung zumindest näher zu bringen, sind auch Verbesserungen der Organisation von Zertifizierung, Evaluation und Weiterentwicklung der fachlichen Grundlagen nötig. Vorschläge dafür sind der Inhalt des Teils E.

Zunächst werden im (vorliegenden) Kapitel 12 die Aufgaben der Organisation von Zertifizierung, von Evaluation und von Weiterentwicklung der fachlichen Grundlagen untersucht. Daraus werden Anforderungen an die beteiligten Institutionen abgeleitet. Auf dieser Basis werden in den folgenden Kapiteln 13 bis 17 die Organisationsstrukturen bzw. Verbesserungsvorschläge dazu diskutiert. Kapitel 12 gliedert sich dabei wie folgt:

- In 12.1 werden die einzelnen Teilaufgaben der Organisation so abgegrenzt, daß sie sich einzeln untersuchen lassen;

- 12.2 enthält die Annahmen zu Zielen und Rahmenbedingungen der Organisation;

- Die dann folgenden fünf Kapitel (12.3 - 12.7) sind den in 12.1 abgegrenzten Teilaufgaben und den entsprechenden Anforderungen gewidmet.

Für einige Teilbereiche, etwa die Akkreditierung von Evaluationsstellen, finden sich auch Anforderungen in den Normen der Reihe DIN EN 45001ff, speziell in den Kriterien für Prüflaboratorien [DIN 1990a, 1990b, 1997] und Zertifizierungsstellen [DIN 1998a, 1998b].

12.1 Abgrenzung der Teilaufgaben

Fünf Teilaufgaben der Organisation von Zertifizierung, Evaluation und Weiterentwicklung der fachlichen Grundlagen können unterschieden werden:

(1) Zertifizierung (vgl. 12.3 bzw. 13);

(2) Evaluation (12.4 bzw. 14);

(3) Akkreditierung der Evaluationsstellen (12.5 bzw. 15);

(4) Information und Beratung der Nicht-Insider (12.6 bzw. 16);

---

1. Vgl. besonders die Teile B (speziell Kapitel 5) und C (speziell Kapitel 9)

(5)   Weiterentwicklung von Kriterien und Methoden (12.7 bzw. 17).

Zertifizierung und Evaluation überlappen sich, bzw. die Zertifizierung stellt den Rahmen für die Evaluation dar. Die Gliederung der Unterkapitel 12.3 und 12.4 folgt dem (europäischen[2]) Ansatz, Zertifizierung und Evaluation durch verschiedene Institutionen durchführen zu lassen: Entsprechend sind in 12.3 alle Aufgaben zusammengefaßt, die die Zertifizierungsstelle bei Zertifizierung und Evaluation zu übernehmen hat; 12.4 enthält die Aufgaben der Evaluationsstelle bei der Evaluation.

Obwohl auch die Akkreditierung ganzer IT-Systeme eine wichtige Aufgabe im Interesse der Informations- und IT-Sicherheit sein kann, wird sie in dieser Arbeit nicht als eigene Aktivität behandelt. Grund dafür ist, daß die Systemakkreditierung eine Aufgabe ist, die direkt auf die jeweilige Anwendung und deren organisatorisches Umfeld bezogen durchgeführt werden muß. Zu diesem Zweck sind die bezüglich der Anwendung eher allgemeinen und mehr auf die verwendete Informationstechnik als auf die verwendende Organisation fokussierten IT-Sicherheitsevaluationskriterien nicht ausreichend. Die Erarbeitung entsprechender Kriterien, so es allgemeine Kriterien gibt, würde den Umfang dieser Arbeit bei weitem sprengen. Daß eine Systemakkreditierung nötig werden kann, stellt jedoch Anforderungen an Aufgaben innerhalb des Zertifizierungssystems, speziell an die Dokumentation der Ergebnisse von Zertifizierung und Evaluation. Diese Anforderungen werden in den entsprechenden Unterkapiteln berücksichtigt.

12.2 Annahmen zu Zielen und Rahmenbedingungen der Organisation

Zwei Annahmen zu Zielen und Rahmenbedingungen der Organisation liegen der vorliegenden Untersuchung zugrunde:

(1)   Ziel eines Zertifizierungs- und Evaluationssystems ist es, daß für einen möglichst großen Teil der auf dem Markt angebotenen Produkte möglichst zutreffende und aussagekräftige Evaluationsergebnisse und Zertifikate vorliegen. Zumindest soll es möglich sein, aussagekräftige Evaluationen durchzuführen. Gemäß der Überlegungen in Kapitel 2.5 ist dieses Ziel eine wesentliche Voraussetzung, damit Zertifizierung und Evaluation einen sinnvollen Beitrag zur Steigerung der mehrseitigen Sicherheit von Kommunikationssystemen liefern können.

(2)   Verantwortlich für die Evaluation und Zertifizierung sind von den Sponsoren unabhängige Einrichtungen.

(3)   Zwischen den jeweils beteiligten Institutionen besteht Konkurrenz:

     (1)   Sponsoren stehen in Konkurrenz zueinander;

     (2)   Evaluationsstellen stehen in Konkurrenz zueinander;

---

2.   In den USA werden beide Vorgänge nicht getrennt, sondern von einer einzigen Institution durchgeführt (vgl. die Kapitel 1.5.3 und 14.1 sowie Fußnote 3 auf Seite 139).

(3)   Zertifizierungssysteme stehen in Konkurrenz zueinander.

Die erste dieser drei Teilannahmen gründet sich auf die Erwartung, daß in Marktwirtschaften der Bereich der Informations- und Kommunikationstechnik sowie der dazu angebotenen Dienste marktwirtschaftlich organisiert wird bzw. bleibt. Entsprechend werden zumindest die Sponsoren, die eine zu zertifizierende Technik anbieten, im allgemeinen zueinander in Konkurrenz stehen.

Die zweite Teilannahme basiert auf den Erfahrungen mit dem Monopol einer einzigen (staatlichen) Evaluations- und Zertifizierungsstelle in den USA und den jüngeren Entwicklungen bei der Etablierung von Zertifizierungssystemen[3].

Daß, wie drittens angenommen, mehrere Zertifizierungssysteme in Konkurrenz zueinander stehen, ergibt sich derzeit hauptsächlich dadurch, daß in mehreren Staaten Zertifizierungssysteme existieren. Zumindest einige davon arbeiten nach den gleichen Kriterien, gegenwärtig vor allem den ITSEC und den CC, und bemühen sich zunehmend auch um die gegenseitige Anerkennung von Zertifikaten. Dies hat beispielsweise schon zu der Überlegung geführt, daß die britischen Evaluationsstellen im internationalen Wettbewerb, insbesondere bei der Werbung nordamerikanischer Sponsoren für britische Zertifizierungen, gegenüber den deutschen im Vorteil seien, weil sie Sprachvorteile (vor allem bei amerikanischen Sponsoren) hätten. Ein weiterer Hinweis auf eine zunehmende Konkurrenz von Zertifizierungssystemen ist die Existenz mehrerer Zertifizierungsorganisationen in Deutschland (vgl. 1.5.1).

Die folgende Liste ist – als Vorgriff auf die Tendenz der in den folgenden Unterkapiteln detaillierter ermittelten Anforderungen – eine (nicht nach Aufgabenbereichen sortierte) Übersicht der Anforderungen, die an eine oder mehrere der beteiligten Institutionen gestellt werden:

- Fachkompetenz;
- Vertrauenswürdigkeit für Prüfer, Geprüfte und Zertifikatsleser;
- „Kundenfreundlichkeit" gegenüber Prüfern, Geprüften und Zertifikatslesern;
- Fähigkeit zur Abdeckung der vollen Palette von Sicherheitsprodukten;
- Innovationsfähigkeit;
- Bezahlbarkeit der Verfahren;
- Klare Verteilung der Zuständigkeiten zwischen den Instanzen.

---

3.   Die eine Evaluations- und Zertifizierungsstelle in den USA hatte erhebliche Schwierigkeiten, den Anträgen auf Evaluation und Zertifizierung nachzukommen, wobei bereits ihre Vorgehensweise bei der Zulassung zum Verfahren Gegenstand internationaler Kritik war. Die europäischen Zertifizierungssysteme wie auch das australische sehen die Zulassung einer Mehrzahl privatwirtschaftlich organisierter Evaluationsstellen vor, so daß dieser Trend stabil erscheint.

12.3 Zertifizierung

„Wesentliche Aufgabe ist generell die Sicherstellung der Gleichwertigkeit aller Prüfungen in den verschiedenen Prüfstellen" [D_BSI 1994d]. Diese Auffassung drückt sich auch in der Dreigliederung der Aufgaben der Zertifizierungsstelle im gleichen Dokument (S.9) aus:

(1)   Unterstützung der Antragsteller;

(2)   Unterstützung der Prüfstellen;

(3)   Vereinheitlichung der Vorgehensweise.

Orientiert man sich in der Darstellung der Teilaufgaben etwas mehr am Ablauf einer Zertifizierung (vgl. auch S. 18 und 19 in [D_BSI 1994d]), kommt man zu folgender Dreigliederung der Teilaufgaben:

(1)   Antragsannahme, -vorprüfung und -verwaltung;

(2)   Begleitung der Evaluation, die die Prüfstelle durchführt;

(3)   Ausgabe des Zertifikates und des Zertifizierungsberichtes;

Diese Dreigliederung spiegelt sich auch grob in der Gliederung der ITSEM für Evaluationen [CEC 1993, S. 20]) wieder. Eine weitere wichtige Aufgabe im Interesse einer guten Information der Zertifikatsleser ist die

(4)   Verwaltung von Zertifikaten: Hierzu zählt insbesondere auch die Außerkraftsetzung oder Rücknahme von Zertifikaten, etwa bei nachträglich entdeckten Schwächen.

Diese vier Teilaufgaben werden im folgenden daraufhin untersucht, welche Anforderungen sie an die Zertifizierungsstelle stellen. Die Aufgabe „Vereinheitlichung der Vorgehensweise" wird als Teilbereich der Weiterentwicklung von Kriterien und Methoden in 12.7 behandelt.

12.3.1 Antragsannahme, -vorprüfung und -verwaltung

Formaler Beginn einer Zertifizierung aus Sicht der Zertifizierungsstelle ist der Zertifizierungsantrag. Vorher findet jedoch oft (und dies wird auch empfohlen bzw. fest eingeplant, vgl. [D_BSI 1994d, S.18]) schon eine Beratung des Antragstellers seitens der Zertifizierungsstelle und der Prüfstelle statt. Vier Anforderungen sind bezüglich der Behandlung des Antrags essentiell:

(1)   Unvoreingenommenheit bei der Beurteilung der eingehenden Anträge: Insbesondere gegenüber Erstantragstellern hat die Zertifizierungsstelle in der Regel einen großen Informationsvorsprung über den Ablauf einer Zertifizierung, die Anforderungen, die Erfolgschancen und die Kosten. Sie ist insbesondere bei Detailfragen in der stärkeren Position. Um so wichtiger ist eine Unvoreingenommenheit der Zertifizierungsstelle, sowohl gegenüber dem Antragsteller, etwa einer kleinen, innovativen und noch unbekannten Firma, als auch gegenüber dem Zertifizierungsgegenstand, etwa einem neuen Sicherheitsprodukt, zu dem bislang noch keine vergleichbaren Zertifizierungen stattfanden.

(2) Fähigkeit zur Abdeckung der vollen Palette von Sicherheitsprodukten: Sämtliche für Sicherheit nützlichen Produkte sollten auch zertifizierbar sein, um gegebenenfalls eine Anwendung auch rundherum absichern zu können. Diese Fähigkeit umfaßt nicht nur die Fachkompetenz, sondern zusätzlich die Erlaubnis, diese auch einzusetzen. Insbesondere im staatlichen Bereich ist der zweite Aspekt nicht so selbstverständlich, wie er zunächst erscheinen mag[4].

(3) Verschwiegenheit bezüglich der Anträge: Diese Verschwiegenheit ist besonders gegenüber Konkurrenten der Antragsteller zu wahren, denn der Abfluß von Know-how oder Informationen über den Zertifizierungsgegenstand kann natürlich die Wettbewerbsposition des Antragstellers verschlechtern. Dies gilt insbesondere für Neuentwicklungen, mit denen die entwickelnde Firma als erste auf den Markt kommen möchte. Die Verschwiegenheit muß sich (je nach Wunsch der Antragsteller) auch auf die Tatsache erstrecken, daß überhaupt ein Antrag gestellt wurde. Stellt ein Nutzer eines Zertifizierungsgegenstandes den Antrag, beziehen sich die Verschwiegenheitsanforderungen möglicherweise eher auf die gestellten Sicherheitsanforderungen als auf den Zertifizierungsgegenstand selbst. Selbst in diesem Fall wird jedoch meist auch Rücksicht auf die Sicherheitsanforderungen des Herstellers genommen werden müssen, denn ohne dessen Entwurfsdokumente (z.B. den Quellcode) sind keine tiefgehenden Evaluationen durchzuführen (bereits bei einer Evaluation nach ITSEC-Evaluationslevel E3 muß der Quellcode vorliegen, bereits für E2 ein Konfigurationskontrollsystem).

(4) Verhältnismäßigkeit des Aufwands: Der Aufwand für eine Zertifizierung schlägt sich letztendlich im Produktpreis nieder oder zwingt die Antragsteller zu einer Subvention des zertifizierten Produktes. Werden zertifizierte Produkte erheblich teurer als nicht zertifizierte, kann ihnen dies im Wettbewerb schaden, wenn der Preisunterschied als unverhältnismäßig zum Gewinn an Sicherheit angesehen wird. Damit wäre zumindest das Ziel, ohne Zwangsmaßnahmen große Teile des Marktes zu erreichen, verfehlt. Ein weiterer Grund, auf eine Bezahlbarkeit des Zertifizierungsprozesses zu achten, ist die Innovationshürde, die hohe Einstiegskosten darstellen können. Gerade neue Produkte oder Firmen, bei denen den Aufwendungen noch keine oder kaum Verkaufserlöse gegenüberstehen, können durch eine zu teuere Zertifizierung behindert werden. In Anbetracht des gegenwärtigen Marktstandes bei IT-Sicherheit könnte dies durchaus bedeuten, daß neue und bessere Lösungen vom Markt ferngehalten werden. Dieses Argument gilt verstärkt für den Fall, daß Zertifikate vorgeschrieben sind. Insgesamt hat die Zertifizierungsstelle die Aufgabe, im Rahmen der Qualitätsvorgaben

---

4. Beispielsweise ist es (vgl. 13.2.1) innerhalb des BSI-Zertifizierungssystems im allgemeinen unmöglich, Verschlüsselungsverfahren bzw. -algorithmen zu zertifizieren. In der Regel stehen solchen Zertifizierungen nach Auffassung des BMI, das zu jedem einzelnen BSI-Zertifizierungsbescheid sein Einverständnis geben muß, Sicherheitsbelange der Bundesrepublik Deutschland entgegen. Werden Produkte zertifiziert, in denen Verschlüsselungsverfahren eingesetzt werden, so wird die Bewertung des Verschlüsselungsverfahrens im Zertifizierungsbericht nicht veröffentlicht [D_BSI 1994d, S. 27].

wirtschaftlich zu arbeiten und die wirtschaftlichen Rahmenbedingungen der Antragsteller zu beachten. Da Kosten auch durch Wartezeiten entstehen oder wachsen können, sind hierbei auch die Reaktionszeiten[5] zu berücksichtigen, außerdem die Fähigkeit, darüber Auskunft zu geben, in welchem Status das Verfahren gerade ist bzw. wie lange es noch dauern wird.

12.3.2 Begleitung der Evaluation

Die Begleitung der Evaluation seitens der Zertifizierungsstelle kann zum einen dabei helfen, das Qualitätsniveau der Prüfung zu sichern, zum anderen kann sie für eine Ausgewogenheit der Anforderungen im Vergleich der Prüfungen untereinander sorgen. Zur Kostensenkung würde es auch beitragen, wenn die Zertifizierungsstelle bei Konflikten zwischen Evaluationsstelle und Sponsor schnell und effizient vermitteln würde[6].

Denkbar (und beim Zertifizierungssystem der GGS praktiziert) ist auch, auf eine direkte Begleitung der Prüfung zu verzichten und den Evaluationsstellen an dieser Stelle mehr zu vertrauen. Dabei sind dann die Ergebnisse der Evaluation genauer zu prüfen oder es ist für eine verläßliche Kontrolle der Evaluationsstellen (etwa im Rahmen der Akkreditierung) zu sorgen.

Soll die Zertifizierungsstelle die Evaluationen sinnvoll begleiten, ergeben sich folgende Anforderungen an sie:

(1) Fachliche Kompetenz: Selbst wenn die Vertreter der Zertifizierungsstelle nicht alles Detailwissen der Prüfer haben, müssen sie natürlich, um die Prüfung sinnvoll begleiten zu können, eine gewisse Kompetenz zumindest bezüglich der Prüfmethodik und ihrer Anwendung besitzen.

(2) Verschwiegenheit bezüglich des Evaluationsgegenstandes: Da ja im Zuge einer Prüfung sehr viele Informationen bezüglich des Prüfgegenstandes anfallen, ist Verschwiegenheit, insbesondere gegenüber der Konkurrenz der Sponsoren wichtig. Die Gründe decken sich mit den in 12.3.1 angeführten.

(3) Verschwiegenheit bezüglich des Evaluations-Know-how: Da auch die Evaluationsstellen im Wettbewerb stehen, ist die Zertifizierungsstelle verpflichtet, auch und gerade gegenüber der Konkurrenz der jeweiligen Evaluationsstelle Verschwiegenheit zu wahren. Diese Verschwiegenheitspflicht betrifft natürlich auch eventuelle Vereinigungen von Zertifizierungs- und Evaluationsstellen unter einem organisatorischen Dach (in Deutschland etwa dem des BSI). Die Verschwiegenheitspflicht bezüglich Evaluationsmethoden findet natürlich ihre Grenzen, wenn Evaluationsmethoden öffentlich zu sein haben, sei dies zur Steigerung der Vertrauens-

---

5. „Wir *müssen nicht* zertifizieren.", hat sich in diesem Zusammenhang als geflügeltes Wort einer Zertifizierungsstelle herumgesprochen. Das Zitat ist zwar (leider) nicht schriftlich belegbar, sei hier aber dennoch zur Illustration der Bedeutung der beschriebenen Anforderung angeführt.

6. Zwar wurde die Notwendigkeit einer solchen Vermittlung noch nicht bekannt, vgl. jedoch 12.4.3.

würdigkeit des Ergebnisses oder zur Weiterentwicklung der Evaluationsmethodik, etwa im Rahmen der Normung (vgl. 12.7.4).

(4) Flexibilität beim Zeitmanagement: Die Wartezeiten auf freie Termine und Reaktionen bei der Zertifizierungsstelle sind wesentliche Kostenfaktoren und in Deutschland auch Anlaß für Kritik (vgl. 5.1.3). Ideal wäre (natürlich im Rahmen der Qualitätsanforderungen) eine möglichst weitgehende Abstimmung des Ablaufes mit den Terminplänen der Sponsoren, speziell mit deren Qualitätssicherungsverfahren (vgl. auch 12.4.1).

12.3.3 Ausgabe des Zertifikates und des Zertifizierungsberichtes

Zertifikat und Zertifizierungsbericht sind das, was der Antragsteller gegenüber Dritten als offizielles Ergebnis der Zertifizierung präsentieren kann. Zielgruppe sind dabei zunächst potentielle Anwender bzw. Kunden, die das zertifizierte Produkt einsetzen wollen, weiterhin auch deren Kunden bzw. die Personen, deren Daten in den Systemen gespeichert werden. Auch Vertreter für Betroffene, etwa Datenschutzbeauftragte, können Zielgruppe eines Zertifizierungsberichtes sein.

Der Zertifizierungsbericht sollte auch bei weiteren Evaluationen im Umfeld des zertifizierten Produktes nutzbar sein, etwa wenn das Produkt in ein zu evaluierendes oder zu zertifizierendes System integriert wird oder wenn eine Rezertifizierung ansteht. Insofern kommt es auf die Aussagefähigkeit von Zertifikat und Zertifizierungsbericht an und damit auf die Fähigkeit der Zertifizierungsstelle, diese Dokumente sachgerecht zu erstellen oder erstellen zu lassen. Vier Anforderungen sind an Zertifikat und Bericht zu stellen:

(1) Erkennbarkeit, welche Sicherheitsfunktionalität mit welcher Prüftiefe und welchem Ergebnis evaluiert und zertifiziert wurde: Oft werden aus Aufwandsgründen nur Teile eines Produktes zertifiziert. Dann ist es besonders wichtig, Mißverständnisse bezüglich des Umfangs der Zertifizierung zu vermeiden, denn diese können dazu führen, daß die Anwender eines zertifizierten Produktes sich irrigerweise in Sicherheit wiegen. Insofern sind gegebenenfalls auch Aussagen wichtig, was nicht zertifiziert wurde bzw. welche Schwachstellen das zertifizierte Produkts hat und wie ihnen begegnet werden kann.

(2) Nachvollziehbarkeit oder zumindest Plausibilität der Ergebnisse: Idealerweise würde ein Zertifizierungsbericht alle möglichen Fragen zum zertifizierten Produkt und zur Prüfung beantworten. Da dies in Anbetracht der Komplexität der meisten Produkte und Prüfungen kaum realisierbar ist, sollte der Bericht zumindest das Ergebnis plausibel machen und einen Verweis auf ergänzende Informationen enthalten. Eine Ausblendung bestimmter Ergebnisse aus dem Bericht, etwa wie die im BSI-Verfahren praktizierte Nichtveröffentlichung der Bewertung verwendeter Verschlüsselungsverfahren, ist im Sinne dieser Anforderungen eine Schwäche.

(3) Wiederverwertbarkeit von (Teil-) Aussagen: Zur Zeit- und Kostenersparnis bei späteren Evaluationen oder anderen Bezugnahmen auf die Zertifizierung kommt es auf die Wiederver-

wertbarkeit von Aussagen oder Teilen davon an. Hierbei ist speziell die sorgfältige Gliederung von Teilergebnissen wichtig, etwa falls die Einsatzbedingungen eines zertifizierten Produktes im Rahmen eines zu akkreditierenden Systems günstiger (oder ungünstiger) sind, als bei der Zertifizierung dieses Produktes allgemein angenommen wurde.

(4) Rechtzeitigkeit der Ausgabe: Insbesondere sollten die Dokumente vorliegen, bevor das zertifizierte Produkt bereits von einer neuen Version abgelöst oder gar ganz vom Markt verschwunden ist.

Aus den Anforderungen an Zertifikat und Zertifizierungsbericht ergeben sich drei Anforderungen an die herausgebende Zertifizierungsstelle:

(1) Unparteilichkeit: Die Einordnung der Evaluationsberichte und -ergebnisse, etwa im Vergleich zu den Ergebnissen anderer Evaluationen, hat unparteiisch und fair zu erfolgen, insbesondere bei Auseinandersetzungen zwischen Antragsteller und der Evaluationsstelle (auch wenn dieser Fall in der Praxis wohl selten, wenn überhaupt, eintrat).

(2) Fachkompetenz: Voraussetzung für eine faire Einordnung der Evaluationsergebnisse ist auch die Fähigkeit, diese Ergebnisse inhaltlich nachvollziehen zu können.

(3) Schnelligkeit: Die Verantwortlichkeit für die Rechtzeitigkeit der Ausgabe von Zertifikat und Zertifizierungsbericht nach Fertigstellung des Evaluationsberichtes liegt wesentlich bei der Zertifizierungsstelle. Selbst wenn der Evaluationsbericht Fehler oder Lücken enthält, sollten diese im Interesse des Antragstellers schnell moniert werden. Auch der verfahrensmäßige Ablauf einer eventuellen Rückkopplung mit übergeordneten Stellen (beim BSI etwa dem BMI) sollte zügig erfolgen können.

12.3.4 Verwaltung von Zertifikaten

Die Verwaltung von Zertifikaten besteht aus einer vergleichsweise einfachen und einer wesentlich aufwendigeren Teilaufgabe. Die einfachere Teilaufgabe besteht darin, eine Liste der Zertifikate zu führen und diese sowie gegebenenfalls die Zertifizierungsberichte öffentlich zugänglich zu machen. Eine Schwemme von Zertifikaten, die die Veröffentlichung oder die Verwaltung einer solchen Liste schwierig oder gar unmöglich machen könnte, liegt gegenwärtig eher im Bereich theoretischer Annahmen.

Die weit schwierigere Aufgabe ist die Überwachung der Gültigkeit von Zertifikaten. Eventuell nachträglich auftretende Schwächen eines zertifizierten Produktes müssen identifiziert und ihre Bedeutung muß beurteilt werden. Beurteilt werden muß insbesondere, ob eine Außerkraftsetzung oder Rücknahme eines Zertifikates nötig ist. Bislang liegen keine praktischen Erfahrungen dabei vor. Versuche, den Aufwand für die Zertifizierungsstelle zu reduzieren, indem Zertifikate mit begrenzter Gültigkeitsdauer ausgestellt werden, wurden bislang nicht bekannt. Insofern sind zur Verwaltung von Zertifikaten die gleichen Anforderungen an die Zertifizierungsstelle zu stellen wie zur Ausgabe (vgl. 12.3.3).

12.4 Evaluation

Aus fachlicher Sicht ist die Evaluation der Kern der Zertifizierung. Drei wesentliche Teilaufgaben fallen für die Evaluationsstelle an (die Aufgaben der Zertifizierungsstelle bei der Evaluation sind in 12.3 beschrieben):

(1) Prüfung des Evaluationsgegenstandes (12.4.1);

(2) Verfassung des Evaluationsberichtes (12.4.2);

(3) Beratung des Sponsors während der Evaluation, etwa bei Problemen (12.4.3).

12.4.1 Prüfung des Evaluationsgegenstandes

Die Anforderungen an die Evaluationsstelle bezüglich der Prüfung des Evaluationsgegenstandes ähneln den Anforderungen, die an die Zertifizierungsstelle bezüglich der Antragsannahme, -vorprüfung und -bearbeitung (12.3.1) und bezüglich der Begleitung der Evaluation (12.3.2) gestellt werden. Sie haben jedoch auch einen eigenen Charakter. Sieben Anforderungen ergeben sich:

(1) Unvoreingenommenheit: Gegenüber dem Antragsteller ist die Evaluationsstelle, ähnlich wie die Zertifizierungsstelle, in der stärkeren Position[7]. Entsprechend ist auch bei ihr Unvoreingenommenheit wichtig, sowohl gegenüber dem Antragsteller, etwa einer kleinen innovativen Firma, als auch gegenüber dem Zertifizierungsgegenstand, etwa einem neuen Sicherheitsprodukt, zu dem bislang noch keine vergleichbaren Zertifizierungen stattfanden.

(2) Fachliche Kompetenz bezüglich Prüfmethoden: Diese Kompetenz ist die Grundvoraussetzung für anerkannte Evaluationen und damit eine erfolgreiche Arbeit als Evaluationsstelle.

(3) Fachliche Kompetenz bezüglich des Evaluationsgegenstandes: Voraussetzung für eine fundierte Bewertung ist die fachliche Kompetenz. Dies schließt nicht aus, daß es bei manchen Tests der Systemsicherheit sinnvoll sein kann, Personen ohne jedes Vorwissen über das konkrete System einzusetzen, um Betriebsblindheit zu vermeiden.

(4) Fähigkeit zur Wiederverwendung von Zertifikaten und zur Einbindung in Evaluationsergebnisse: Können Teilergebnisse aus schon durchgeführten Zertifizierungen oder Evaluationen wiederverwendet werden, kann dies dem Sponsor erhebliche Kosten sparen. Von der Evaluationsstelle verlangt dies die Fähigkeit, auch mit anderweitig (möglicherweise auswärts) erzeugtem Material umgehen zu können.

(5) Verschwiegenheit bezüglich des Evaluationsgegenstandes: Verschwiegenheit gilt (wie auch in 12.3.2 für die Zertifizierungsstelle gefordert) vor allem gegenüber der Konkurrenz der Sponsoren.

---

7. Wäre die Evaluationsstelle vom Antragsteller abhängig, etwa, weil sie die Prüfaufträge dringend benötigt, und wird diese Abhängigkeit zum relevanten Faktor, wäre auf jeden Fall die Anforderung (6) „Unabhängigkeit" verletzt.

(6) Unabhängigkeit: Die Evaluationsstelle ist „Versuchungen" unterschiedlichster Art und von verschiedensten Seiten ausgesetzt; beispielsweise möchten die Sponsoren die Evaluation möglichst schnell, erfolgreich und kostengünstig überstehen und das während der Evaluation erworbene Know-how kann für Außenstehende interessant sein. Unabhängigkeit ist eine der Voraussetzungen dafür, keiner der „Versuchungen", sei es im Hinblick auf eine Senkung des Evaluationsniveaus oder die Weitergabe vertraulicher Informationen, nachzugeben. Wesentlicher Bestandteil dieser Unabhängigkeit ist wirtschaftliche Unabhängigkeit.

(7) Flexibilität beim Zeitmanagement: Die Dauer der Evaluation und die Reaktionszeiten auf von den Sponsoren abgelieferte Dokumente sind wesentliche Kostenfaktoren. Ideal wäre (natürlich im Rahmen der Qualitätsanforderungen) eine möglichst weitgehende Abstimmung des Ablaufes mit den Terminplänen der Sponsoren, speziell mit deren Qualitätssicherungsverfahren (vgl. auch 12.3.2).

12.4.2 Verfassung des Evaluationsberichtes

Der Evaluationsbericht ist im allgemeinen das fachlich ausführlichste Ergebnis der Evaluation und meist auch das fachlich ausführlichste Ergebnis des Zertifizierungsverfahrens. Zumindest dient der Evaluationsbericht als Grundlage für den Zertifizierungsbericht (vgl. 12.3.3). Entsprechend sind die Anforderungen auch denen an den Zertifizierungsbericht ähnlich. Allerdings kommt es beim Evaluationsbericht im Zweifelsfall mehr auf eine besonders gute und ausführliche (ggfs. auch vertraulich bleibende) Dokumentation der Evaluationsergebnisse an, als darauf, daß möglichst alle Ergebnisse auch für „Halbgebildete" halbwegs verständlich sind. Natürlich kommt es dem Evaluationsbericht zugute, wenn schon seine Autoren auf Verständlichkeit achten und auch die des späteren Zertifizierungsberichtes bedenken. Folgende Anforderungen bestehen im einzelnen:

(1) Aussagekräftige Darstellung der Evaluation und der Ergebnisse: Diese Darstellung sollte möglichst wenige Fragen offen lassen.

(2) Wiederverwertbarkeit von Teil-(Aussagen): Wie beim Zertifizierungsbericht kann auch beim Evaluationsbericht die Wiederverwertbarkeit von Teilaussagen zur Kostenersparnis beitragen, etwa bei späteren Evaluationen oder bei anderen Bezugnahmen auf die durchgeführte Evaluation (vgl. 12.3.3, Punkt 3).

(3) Rechtzeitigkeit: Die Verfassung des Berichtes sollte die Evaluation nicht unnötig verzögern.

Die an die Evaluationsstelle im Zusammenhang mit der Verfassung des Evaluationsberichtes zu stellenden Anforderungen sind vor allem einige in 12.4.1 bereits erwähnte:

(1) Unvoreingenommenheit;

(2) Fachliche Kompetenz;

(3) Unabhängigkeit;

(4) Flexibilität beim Zeitmanagement.

12.4.3 Beratung des Sponsors während der Evaluation

Treten während der Evaluation Schwierigkeiten auf, seien es technische Probleme des Systems, die gestellten Anforderungen zu erfüllen, oder Differenzen zwischen dem Sponsor und der Zertifizierungsstelle[8], ist die Evaluationsstelle besonders gefordert. Auf der einen Seite muß sie das Niveau der Prüfung wahren und damit möglicherweise noch mehr Kompetenz besitzen, als bei einer harmonisch verlaufenden Prüfung – nicht zuletzt ist ja die Zertifizierungsstelle auch gleichzeitig ihre Aufsichtsstelle; auf der anderen Seite steht die Evaluationsstelle in einem gewissen Vertrauensverhältnis zum Sponsor.

Insgesamt ergeben sich in diesem Fall die schon im Zusammenhang mit der Durchführung der Evaluation (vgl. 12.4.1) aufgeführten Anforderungen, allerdings in noch verschärfter Form.

12.5 Akkreditierung der Evaluationsstellen

Drei wesentliche Teilaufgaben gehören zur Akkreditierung der Evaluationsstellen:

(1)   Annahme und Verwaltung von Akkreditierungsanträgen (12.5.1);

(2)   Prüfung der Eignung potentieller Evaluationsstellen (12.5.2);

(3)   Fortlaufende Kontrolle der Qualität der Evaluationsstellen (12.5.3).

In mancherlei Hinsicht befindet sich die Akkreditierungsstelle gegenüber der Antragstellerin (einer potentiellen Evaluationsstelle) in der gleichen Position wie sie bzw. eine Evaluationsstelle gegenüber einem Sponsor einer Zertifizierung: die Akkreditierungsstelle prüft die Antragstellerin, erfährt viele ihrer Interna und entscheidet schließlich über den Antrag und damit auch über die wirtschaftliche Zukunft der Antragstellerin bzw. eines ihrer Unternehmensteile. Entsprechend lassen sich viele Anforderungen an die Zertifizierungs- und die Evaluationsstelle (vgl. 12.3 und 12.4) auf diese Situation übertragen.

Eine der zentralen und übergreifenden Anforderungen an die Akkreditierungsstelle ist die Klarheit ihres Verhältnisses zur Zertifizierungsstelle. International eingebürgert hat sich eine Trennung der Funktionen. Sind beide einer Behörde zugeordnet, sind sie zumindest, wie in Deutschland im BSI, innerhalb dieser Behörde organisatorisch zu trennen. Inwieweit die vorgenommene Trennung ausreicht, wird in Kapitel 15 genauer betrachtet.

12.5.1 Annahme und Verwaltung von Akkreditierungsanträgen

Vor der eigentlichen Prüfung der Eignung zur Evaluationsstelle steht im allgemeinen eine Antragstellung und z.B. bei der BSI-Akkreditierung in Deutschland auch der Abschluß eines Begutachtungsvertrages [D_BSI 1995a, S.8]. In ihm ist u.a. ein „einvernehmlich festzulegender

---

8.   Verschiedentlich wird mündlich berichtet, daß Evaluationsstellen erfolgreich bei Konflikten zwischen Zertifizierungsstelle und Antragsteller vermitteln konnten.

Meilensteinplan für das abzuwickelnde Verfahren" enthalten. Drei Anforderungen sind in diesem Zusammenhang an die Akkreditierungsstelle zu stellen:

(1)   Unvoreingenommenheit bei der Beurteilung der Akkreditierungsanträge: Gegenüber den Antragstellerinnen ist die Akkreditierungsstelle i.A. in der stärkeren Position, da sie letztendlich entscheidet. Außerdem hat sie in der Regel, insbesondere gegenüber Erstantragstellerinnen, einen großen Informationsvorsprung, etwa über den Ablauf einer Akkreditierung, die Anforderungen, die Erfolgschancen und die Kosten. Um so wichtiger ist ihre Unvoreingenommenheit auch gegenüber noch unbekannten Antragstellerinnen.

(2)   Verschwiegenheit bezüglich der Anträge: Diese Verschwiegenheit ist, wenn sie von der Antragstellerin gewünscht wird, besonders gegenüber deren Konkurrenten zu wahren, denn schon die Tatsache der Antragstellung gibt ja Informationen über die Geschäftspolitik preis, über deren Bekanntgabe die Antragstellerin selbst bestimmen sollte.

(3)   Verhältnismäßigkeit des Aufwands: Die Kosten einer Akkreditierung, insbesondere einer Erstakkreditierung sollten nicht so hoch sein, daß sie quasi als Marktausschluß wirken und den Wettbewerb der Evaluationsstellen verhindern. Ein weiterer Grund, auf eine Bezahlbarkeit der Akkreditierung zu achten, ist die Innovationshürde, die hohe Einstiegskosten darstellen können. Auch neue Firmen mit innovativen Bewertungsmethoden sollten, sofern diese Methoden einer Qualitätsprüfung standhalten, in den Markt eintreten können. Insgesamt hat die Zertifizierungsstelle die Aufgabe, im Rahmen der Qualitätsvorgaben wirtschaftlich zu arbeiten und die wirtschaftlichen Rahmenbedingungen der Antragstellerinnen zu beachten. Da Kosten auch durch Wartezeiten entstehen oder wachsen können, sind in diesem Zusammenhang auch die Reaktionszeiten zu berücksichtigen, außerdem die Fähigkeit, darüber Auskunft zu geben, in welchem Status das Verfahren gerade ist bzw. wie lange es noch dauern wird. Außerdem ist in diesem Zusammenhang die kompetente Beurteilung und Einordnung der bei anderen Akkreditierungen erbrachten Leistungen wichtig.

12.5.2 Prüfung der potentiellen Evaluationsstellen

Die Prüfung der potentiellen Evaluationsstellen ist der fachliche Kern der Akkreditierung. In [D_BSI 1995a] ist sie in zwei Phasen unterteilt:

(1)   Basis-Akkreditierung nach DIN EN 45001, der gegenwärtig einschlägigen Norm für Prüflabors: als allgemeiner Nachweis der Kompetenz;

(2)   Lizenzierung: zum Nachweis der Fachkompetenz für ein bestimmtes Prüfgebiet.

Die Anforderungen an die Akkreditierungsstelle unterscheiden sich jedoch bei beiden Phasen nicht grundsätzlich, so daß sie gemeinsam aufgelistet werden:

(1) Unvoreingenommenheit: Aus den schon in 12.5.1 beschriebenen Gründen darf sich die Akkreditierungsstelle nicht von Vorurteilen leiten lassen. Zusätzlich sollte sie sich auch gegenüber weiteren fachlichen Aktivitäten der potentiellen Evaluationsstelle, etwa bei der Kriterien- und Methodenpflege im Rahmen der Normung, fair zeigen.

(2) Fachliche Kompetenz bezüglich der Prüfmethoden und Prüfgebiete: Diese Kompetenz ist die Grundvoraussetzung für anerkannte Evaluationen und damit eine erfolgreiche Arbeit einer Evaluationsstelle. Entsprechend ist sie natürlich bei einer Akkreditierungsstelle erst recht vorauszusetzen.

(3) Fähigkeit zur Wiederverwendung von (Teil-) Ergebnissen anderer Akkreditierungen: Oftmals hat eine Evaluationsstelle bereits bei anderen Organisationen erfolgreich Akkreditierungen hinter sich gebracht, so daß erhebliche Kosten eingespart werden können, indem anderweitig bereits erstellte Dokumente oder absolvierte Prüfungen in angemessenem Maß berücksichtigt werden. Von der Akkreditierungsstelle verlangt dies die Fähigkeit, auch mit anderweitig (möglicherweise auswärts oder nach anderen Methoden) erzeugtem Material umgehen zu können.

(4) Verschwiegenheit bezüglich Interna der Antragstellerin: Diese Verschwiegenheit gilt wie auch in 12.5.1 gefordert vor allem gegenüber der Konkurrenz der Sponsoren. Sie ist bei der Prüfung der potentiellen Evaluationsstelle allerdings noch wichtiger als bei der Antragsverwaltung, denn bei der Prüfung werden bis hin zu Betriebsbesichtigungen umfangreiche Informationen über die Antragstellerin erhoben.

(5) Unabhängigkeit: Die Akkreditierungsstelle kann leicht „Versuchungen" unterschiedlichster Art seitens der potentiellen Evaluationsstellen, denen an einem erfolgreichen Abschluß des Verfahrens gelegen ist, ausgesetzt sein. Auch die während eines Akkreditierungsverfahrens erhaltenen Informationen können für Konkurrentinnen der Antragstellerinnen interessant sein. Unabhängigkeit ist eine der Voraussetzungen dafür, keiner der „Versuchungen", sei es im Hinblick auf eine Senkung des Evaluationsniveaus oder die Weitergabe vertraulicher Informationen nachzugeben. Wesentlicher Bestandteil der Unabhängigkeit der Akkreditierungsstelle ist ihre wirtschaftliche Unabhängigkeit.

(6) Unparteilichkeit: Unparteilichkeit ist besonders wichtig, um an alle Antragstellerinnen die gleichen Anforderungen zu stellen; schließlich wird hier stets Spielraum für Ermessensentscheidungen bleiben, etwa bei der Beurteilung der wirtschaftlichen Unabhängigkeit der jeweiligen Antragstellerin im Verhältnis zu Herstellern zertifizierbarer Produkte. Wie für die Unabhängigkeit der Akkreditierungsstelle ist auch für deren Unparteilichkeit wirtschaftliche Unabhängigkeit wichtig.

(7) Flexibilität beim Zeitmanagement: Die Dauer der Akkreditierung und die Reaktionszeiten auf von den Antragstellern erbrachte Leistungen sind wesentliche Kostenfaktoren. Entsprechend sollten Akkreditierungsverfahren zügig durchgeführt werden.

12.5.3 Fortlaufende Kontrolle der Qualität der Evaluationsstellen

Die Anforderungen bezüglich der fortlaufenden Kontrolle der Qualität der akkreditierten Evaluationsstellen entsprechen denen bezüglich der Prüfung der potentiellen Evaluationsstellen. Zusätzlich sollte die Akkreditierungsstelle noch die Aberkennungen von Akkreditierungen veröffentlichen können.

12.6 Information und Beratung der Nicht-Insider

Ein Ziel der Einrichtung von Zertifizierungssystemen und der Vergabe von Zertifikaten ist die Schaffung einer ausreichenden Markttransparenz, um auch Nicht-Insidern sachgerechte Entscheidungen zu erleichtern. Entsprechend ist es wichtig, diesen Nicht-Insidern, speziell potentiellen Anwendern, die Möglichkeit zu schaffen, sich zu informieren. Wichtig sind dabei:

(1)   Informationen zu Zertifikaten und Zertifizierungsberichten (vgl. 12.6.1);

(2)   Informationen über die Zertifizierungssysteme (vgl. 12.6.2).

12.6.1 Informationen zu Zertifikaten und Zertifizierungsberichten

Zertifikate und Zertifizierungsberichte sind die eigentlichen Ergebnisse der Arbeit der Zertifizierungssysteme. Diese Ergebnisse sollten entsprechend den Nicht-Insidern zugänglich sein, dabei insbesondere die folgenden Informationen:

(1)   Vergebene Zertifikate: Hierzu gehören sinnvollerweise auch Informationen über ausländische Zertifikate;

(2)   Verfügbarkeit von Zertifizierungsberichten;

(3)   Detailliertere Informationen zu Zertifikaten, etwa zur Gültigkeit und Einschlägigkeit.

Insbesondere die Informationen zur Einschlägigkeit der Zertifikate sind wichtig, denn gegenwärtig klafft zwischen den veröffentlichten Zertifizierungsergebnissen und dem, was man als Kenntnis der Nicht-Insider voraussetzen kann, noch eine erhebliche Lücke. Ein Grund dafür ist, daß manche Zertifizierungen nur im Hinblick auf einen sehr speziellen Anwenderkreis durchgeführt wurden. Ein anderer Grund jedoch ist, daß die Ergebnisse der allgemeinen Zertifizierung einer meist recht komplexen Technik nur mit sehr großem Aufwand laienverständlich darzustellen sind, insbesondere, wenn der Anwendungskontext nicht bekannt ist. Aus diesem Grund sind Beratungen der potentiellen Technikanwender sinnvoll, bei denen Sicherheitsaspekte der Produkte zusammen mit anderen Aspekten der jeweiligen Anwendung behandelt werden.

Auch für potentielle Sponsoren können die aufgezählten Informationen wichtig sein, etwa um das Marktumfeld für ein eigenes Produkt und das dafür eventuell anzustrebende Prädikat einzuschätzen. Beispielsweise kann es von Bedeutung sein, welche Evaluationslevels eventuelle Konkurrenzprodukte erreicht haben und welche Funktionalität dabei evaluiert wurde.

Gegenwärtig können sich Anwender bei den Zertifizierungsstellen über Zertifikate (vorwiegend jedoch nur deren eigene) informieren und von den Sponsoren der jeweiligen Zertifizierungen die zugehörigen Zertifizierungsberichte bekommen. Künftig wäre insbesondere eine vergleichende Information über Zertifikate und ihre jeweilige Bedeutung eine Aufgabe für Verbraucher- und Anwenderberatungen. Folgende Eigenschaften sollte eine Informationsstelle haben:

(1) Fachliche Kompetenz: Zwar kann von einer Informationsstelle nicht erwartet werden, daß sie bezüglich aller Evaluationen die gleiche Kompetenz wie die jeweils beteiligte Evaluationsstelle hat; dennoch sollte eine Informationsstelle imstande sein, die Zertifikate zumindest grob einzuordnen.

(2) Unparteilichkeit gegenüber Zertifizierungs- und Evaluationsstellen: Zwar mag es Gründe dafür geben, bestimmte Zertifikate und Evaluationsresultate höher zu schätzen als andere. Etwa können sachliche Gründe dafür vorliegen, daß trotz aller Versuche, gleiche Anforderungen zu stellen, bekannt wird, daß bestimmte Evaluationsstellen intensiver prüfen als andere. Eine Höherschätzung bestimmter Zertifikate oder Evaluationsresultate sollte jedoch ihre Ursache nicht in besonders guten Beziehungen zu den entsprechenden Zertifizierungs- oder Evaluationsstellen haben. Zumindest sollten diese besonders guten Beziehungen, etwa organisatorische Verbindungen, für die Beratenen dann transparent sein.

(3) Offenheit gegenüber neuen Anforderungen an Sicherheit: Daß neue Sicherheitsanforderungen zum ersten Mal von seiten der (potentiellen) Anwender formuliert werden, ist nicht untypisch. Eine Informationsstelle sollte in einem solchen Fall, der dann vermutlich noch durch kein Zertifikat abgedeckt ist, so gut wie möglich helfen: sei es durch die Nennung zertifizierter Produkte, die den Anforderungen wenigstens nahekommen, sei es durch Hilfen bei der Formulierung eines neuen Sicherheitszieles, das als Herausforderung für eine neue Evaluation dienen könnte. Keinesfalls sollte der Sinn einer neuen oder ungewöhnlich erscheinenden Sicherheitsanforderung leichthin und ohne sorgfältige Prüfung abgestritten werden.

12.6.2 Informationen über die Zertifizierungssysteme

Die Einschätzung des Wertes eines Zertifikates kann auch von Informationen über das Zertifizierungssystem, dem das Zertifikat entstammt, abhängen[9]. Entsprechend sind für Anwender und potentielle Sponsoren neben Informationen über Zertifikate auch Informationen über die jeweiligen Zertifizierungssysteme wertvoll, etwa

(1) Zuständigkeiten innerhalb des Systems, z.B. ob Herstellerlabors ihre eigenen Produkte selbst evaluieren dürfen;

(2) Ablauf der jeweiligen Verfahren;

---

9. Wäre etwa eine Zertifizierungsstelle bereit, für Schäden zu haften, die aus einer Fehleinschätzung der Sicherheit eines zertifizierten Produktes resultieren, könnte dies das Vertrauen in das Zertifikat erhöhen.

(3)   Kosten der Verfahren;

(4)   Haftungsfragen.

Vor allem für potentielle Sponsoren einer Evaluation oder Zertifizierung kann eine Beratung bezüglich geeigneter Zertifizierungs- und Evaluationsstellen sinnvoll sein, etwa um die Stellen mit der größten Expertise bezüglich des Evaluationsgegenstandes zu ermitteln und so die Wahrscheinlichkeit einer zügigen Evaluation und Zertifizierung zu erhöhen.

Verbindliche Informationen über ein Zertifizierungssystem erhält man derzeit – manchmal nur mit Glück oder Hartnäckigkeit – von der jeweiligen Zertifizierungsstelle. Da mit einer steigenden Zahl von Zertifizierungssystemen der Erwerb und die Bewertung der entsprechenden Informationen zusehends komplexer werden, sind sie einzelnen Anwendern kaum mehr zuzumuten, also eine Aufgabe für eine Informations- und Beratungsstelle. Die dabei zu erwartenden Eigenschaften entsprechen den in 12.6.1 erwähnten und sind hier nur noch einmal stichwortartig aufgezählt:

(1)   Fachliche Kompetenz;

(2)   Unparteilichkeit gegenüber Zertifizierungs- und Evaluationsstellen;

(3)   Offenheit gegenüber neuen Anforderungen an Sicherheit.

12.7 Weiterentwicklung von Kriterien und Methoden

Vier Teilaufgaben können bei der Entwicklung von Kriterien und Methoden unterschieden werden:

(1)   Die spezifische Ausarbeitung der Kriterien für spezielle Anwendungen (vgl. 12.7.1);

(2)   Die Verwaltung der spezifischen Ausarbeitungen (vgl. 12.7.2);

(3)   Die Überarbeitung der Kriterien (vgl. 12.7.3);

(4)   Die Entwicklung und Weiterentwicklung von Evaluationsmethoden (vgl. 12.7.4).

12.7.1 Spezifische Ausarbeitung der Kriterien für spezielle Anwendungen

Fast alle Kriterienkataloge sehen spezifische Ausarbeitungen für spezielle Anwendungen vor. Beispielsweise sind in den ITSEC Funktionalitätsklassen vorgesehen, in denen die Funktionalität für bestimmte Anwendungen gebündelt wird (vgl. 4.2.3). In den Common Criteria ist auch die spezielle Bündelung von Qualitätssicherungsmaßnahmen (abweichend von den vorgegebenen „Assurance Levels") zugelassen (vgl. 8.2). Einige spezifische Ausarbeitungen sind auch als Beispiele in den Kriterienkatalogen enthalten. Eine vollständige Sammlung der Beispiele ist jedoch nicht vorgesehen, denn sie würde wegen der Vielfalt spezifischer Anwendungen den Rahmen der ohnehin schon umfangreichen Kriterien sprengen.

Nichtsdestotrotz sind die spezifischen Ausarbeitungen wichtig, denn sie wirken als Bindeglieder zwischen den eher abstrakt gehaltenen Kriterien und den konkreteren Anwendungen. Diese

Bedeutung haben verschiedene Gruppen erkannt und aus ihrer Sicht spezifische Ausarbeitungen verfaßt, insbesondere Funktionalitätsklassen zu den ITSEC (vgl. 4.2.3):

- Eine Erweiterung der ITSEC-Funktionalitätsklasse F-C2 (bzw. der TCSEC-Klasse C2) für kommerzielle Einsatzbereiche ist die „Commercially Oriented Functionality Class" [ECMA 1993a; ECMA 1993c; Herrigel, French, Tabuchi 1995] der Herstellervereinigung „European Computer Manufacturers Association" (ECMA);

- Eine ITSEC-Funktionalitätsklasse für die Sicherheit von digitalen TK-Anlagen (speziell ISDN-Nebenstellenanlagen) [Mackenbrock 1995] wird im Bundesamt für Sicherheit in der Informationstechnik entwickelt (vgl. auch Kapitel 11);

- ITSEC-Funktionalitätsklassen zu digitalen Signaturen [TeleTrust 1996] entwickelt gegenwärtig der TeleTrust e.V. als Vereinigung von Anbietern und Anwendern mit dem Ziel der Verbreitung der vertrauenswürdigen Telekooperation;

- Eine Funktionalitätsklasse zur Bündelung der Arbeitnehmeranforderungen an betriebliche Rechnersysteme, speziell integrierte betriebswirtschaftliche Systeme [Konrad-Klein 1995] wurde bei der Technologieberatungsstelle des Deutschen Gewerkschaftsbundes Nordrhein-Westfalen angedacht.

Auch die in dieser Arbeit (vgl. Kapitel 11) vorgestellten Erweiterungen der Funktionalitätsklasse zu digitalen TK-Anlagen sind in diesem Rahmen zu nennen: Sie entstanden, um die praktische Bedeutung innovativer Sicherheitskonzepte zu illustrieren[10].

Drei Anforderungen an neue Funktionalitätsklassen und ihre Urheber lassen sich formulieren:

(1) Diversität: Eine große Spannbreite verschiedener spezifischer Ausarbeitungen dient dem Ziel einer Abdeckung auch unterschiedlicher Sicherheitsanforderungen verschiedener Nutzergruppen. Entsprechend ist auch eine Diversität der Autoren der spezifischen Ausarbeitungen wünschenswert.

(2) Fachliche Kompetenz: Fachliche Kompetenz umfaßt hier zum einen die Kenntnis der jeweiligen Anwendungen und ihrer Sicherheitsanforderungen, zum anderen die Kenntnis der bereits existierenden spezifischen Ausarbeitungen. Ersteres dient der Qualität der Ausarbeitung, letzteres kann dabei helfen, auf bereits existierende Ausarbeitungen in dokumentierter Weise aufzusetzen und so eine gewisse Ordnung in der Vielfalt der Ausarbeitung zu wahren.

---

10. Zunächst mag man versucht sein, auch die technische Spezifikation der Kassenärztlichen Bundesvereinigung für Chipkartenleser in Arztpraxen [KBV 1993], die Grundlage für eine sehr große Zahl von Zertifizierungen in Deutschland war, als Beispiel aufzuführen. Ein Blick in das Dokument zeigt jedoch, daß die Beschreibung der Funktionalität sich nicht (oder zumindest in keiner erkennbaren Weise) an den ITSEC (die Grundlage für die Zertifizierung waren) orientiert und auch bei großzügiger Auslegung des Begriffes nicht als ITSEC-Funktionalitätsklasse gelten kann.

(3)   Offenheit gegenüber neuen Anforderungen an Sicherheit: Die spezifischen Ausarbeitungen sind nicht nur die Spezialisierungen der zugrundeliegenden Kriterien; sie sind gleichzeitig ihre aktuellen Interpretationen bezüglich neuer Sicherheitsanforderungen und können auch als Dokumentation der neuen Anforderungen eine wichtige Eingabe für die regelmäßigen Überarbeitungen der Kriterien (vgl. 12.7.3) sein. Insofern ist Offenheit (sowohl bei den Ausarbeitungen als auch bei deren Autoren) nicht nur für die jeweilige Ausarbeitung, sondern auch für die Erneuerungsfähigkeit des gesamten Kriteriensystems hilfreich.

12.7.2 Verwaltung der spezifischen Ausarbeitungen

Eine (weltweite) Übersicht der spezifischen Ausarbeitungen der Kriterien (vgl. 12.7.1) könnte die Recherche erleichtern, ob für eine bestimmte Anforderung tatsächlich eine neue Ausarbeitung nötig ist oder auf eine schon existierende zurückgegriffen werden kann. Weiterhin kann es sinnvoll sein, eine Instanz entscheiden zu lassen, ob eine spezielle Ausarbeitung tatsächlich mit den zugrundeliegenden Kriterien kompatibel ist.

In der Normung wurde und wird bereits eine eigene Verwaltung der spezifischen Ausarbeitungen der Kriterien angedacht: Ähnlich der Registrierung von Verschlüsselungsalgorithmen sollen Schutzprofile (bzw. zunächst Funktionalitätsklassen) registriert und Registrierungsprozeduren dafür entwickelt werden [ISO/IEC 1996a, 1996b]. Zwei Anforderungen sind an eine Verwaltungsinstanz zu stellen:

(1)   Unparteilichkeit: Bei der Entscheidung, ob eine bestimmte spezifische Ausarbeitung mit den jeweiligen Kriterien kompatibel ist, wird im allgemeinen ein Ermessensspielraum bleiben, den die Instanz nicht in parteilicher Weise ausnutzen sollte.

(2)   Zuverlässigkeit: Ein Register hat aktuell und vollständig zu sein. Auskünfte über seinen Inhalt müssen korrekt sein, wenn sie den jeweiligen Nutzern helfen sollen. Entsprechend zuverlässig muß die Registrierungsinstanz sein.

12.7.3 Überarbeitung der Kriterien

Die bisherige Erfahrung mit IT-Sicherheitsevaluationskriterien hat gezeigt, daß spätestens nach einigen Jahren einige der jeweils zugrundegelegten Annahmen überholt sind und eine Überarbeitung nötig wird. Bislang ergaben sich diese Überarbeitungen teilweise dadurch, daß jeweils verschiedene Nationen nacheinander Kriterien entwickelten: Die deutschen ZSISC sind in gewisser Weise eine Weiterentwicklung der TCSEC; deutlich enger ist das Verhältnis zwischen den ITSEC und den zwei Jahre älteren ZSISC; die CTCPEC basieren ihrerseits in mancher Hinsicht auf den ITSEC.

Mindestens für die Zeit nach der angestrebten Harmonisierung (und auch für die Zeit der Harmonisierung) ist jedoch eine Institutionalisierung dieser Überarbeitung nötig, wie sie etwa im Rahmen der ISO/IEC-Normung existiert[11]. Sechs Anforderungen sind an eine Instanz zu stellen, die mit der Überarbeitung der Kriterien betraut ist:

(1) Fachliche Kompetenz: Hierzu gehört sowohl fachliche Kompetenz bezüglich der Kriterien an sich als auch bezüglich der Sicherheitsanforderungen, speziell derer, die nach der vorherigen Überarbeitung der Kriterien wichtig werden.

(2) Offenheit gegenüber neuen Sicherheitsanforderungen und -funktionalitäten: Die Überarbeitung der Kriterien soll gerade die neueren Entwicklungen aufnehmen; insbesondere sollen Sicherheitsanforderungen und -funktionalitäten, die seit der letzten Fassung wichtig wurden, aufgenommen werden. Die überarbeitende Instanz muß entsprechend aufgeschlossen für die neueren Entwicklungen sein.

(3) Repräsentation der verschiedenen Anforderungen an Sicherheit: Um universell verwendbare Kriterien zu bekommen bzw. die Universalität der Kriterien zu erhalten, müssen die verschiedenen Anforderungen an Sicherheit repräsentiert sein und vertreten werden.

(4) Unparteilichkeit: Verfahren der Überarbeitung dürfen nicht bestimmte Gruppen bzw. deren Anforderungen bevorzugen.

(5) Nachvollziehbarkeit der Fortschritte für Außenstehende: Wenn die Kriterien die angestrebte Bedeutung erreichen, müssen sie auch in nachvollziehbarer Weise entstehen. Insbesondere die (Fach-) Öffentlichkeit ist dabei so rechtzeitig zu informieren, daß noch Einfluß auf das Projekt möglich ist.

(6) Kontinuität: Die Überarbeitung der Kriterien sollte in regelmäßigen oder zumindest absehbaren Zyklen erfolgen, damit den Nutzern der Kriterien Zeit bleibt, sich auf Änderungen einzustellen.

12.7.4 (Weiter-) Entwicklung und Harmonisierung von Evaluationsmethoden

Die Entwicklung und Weiterentwicklung von Evaluationsmethoden soll die Qualität der Evaluationen steigern. Speziell sollen die Aussagekraft der Teilaktivitäten einer Evaluation, etwa einer Suche nach Sicherheitslücken, steigen und der Aufwand sinken. Die Harmonisierung sowie die harmonisierte Entwicklung und Weiterentwicklung der Methoden sollen den Vergleich der Evaluationsresultate erleichtern. Gegenwärtig werden Evaluationsmethoden zumeist von den nationalen IT-Sicherheitsbehörden oder von den Evaluationsstellen entwickelt und weiterentwickelt. In der Normung (speziell in ISO/IEC JTC1/SC27/WG3) wird untersucht, ob Projekte zur Weiterentwicklung und Harmonisierung von Evaluationsmethoden Erfolg versprechen (vgl. 17.4.2).

---

11. Ohnehin werden die bei ISO/IEC entstehenden Normen nach ihrer Fertigstellung regelmäßig auf die Notwendigkeit einer Überarbeitung hin überprüft.

Die Anforderungen an die mit der Entwicklung, Weiterentwicklung und Harmonisierung von Evaluationsmethoden betrauten Instanzen entsprechen denen, die in 12.7.3 bezüglich der Überarbeitung der Kriterien gestellt werden, und sind hier nur stichwortartig aufgeführt:

(1) Fachliche Kompetenz;

(2) Offenheit gegenüber neuen Sicherheitsanforderungen und -funktionalitäten;

(3) Repräsentation der verschiedenen Anforderungen an Sicherheit;

(4) Unparteilichkeit;

(5) Nachvollziehbarkeit der Fortschritte für Außenstehende;

(6) Kontinuität.

13 Zertifizierung

Während der Zertifizierung entstehen u.a. das Zertifikat und der Zertifizierungsbericht. Sie sind die Ergebnisse des gesamten Zertifizierungs- und Evaluationsprozesses, die am meisten nach außen wirken. Vielen Antragstellern ist insbesondere das Zertifikat wichtig (vgl. 1.6.1). Aus diesen Gründen hat die Zertifizierungsstelle eine herausgehobene Stellung und trägt eine besondere Verantwortung, die sich in einer geeigneten Organisationsform wiederspiegeln muß.

In diesem Kapitel werden die zwei in Deutschland bestehenden Formen der Organisation einer Zertifizierungsstelle sowie weitere Modelle vorgestellt (13.1). Die bestehenden Formen und zwei alternative Varianten werden dann in 13.2 anhand der Anforderungen, die während des Ablaufes einer Zertifizierung auftreten (vgl. 12.3), verglichen. In 13.3 werden kurz Fragen der Kosten, der Kostenverteilung und der Haftung diskutiert. Dabei wird weiterhin davon ausgegangen, daß die Zertifizierungsstelle unabhängig von anderen Instanzen, insbesondere von den Antragstellern (etwa Herstellern) zu sein hat.

13.1 Organisationsformen für Zertifizierungsstellen

Neben den zwei in Deutschland bestehenden Organisationsformen, die in 13.1.1 vorgestellt und kurz verglichen werden, sind weitere denkbar und gemäß den Ergebnissen der Analyse in 13.1.1 auch prinzipiell sinnvoll: Möglichkeiten dafür sind Kombinationen aus den bestehenden Organisationen (13.1.2), neue Organisationsformen (13.1.3) oder die Einbettung in eine Rahmenorganisation (13.1.4). Verschiedene Varianten dieser Möglichkeiten werden diskutiert.

13.1.1 Bestehende Organisationsformen und ihre Grenzen

Bezüglich der Zertifizierung der Sicherheit von IT-Systemen existieren in Deutschland bisher zwei Organisationsformen:

- Staatliche Stellen zertifizieren: Diese Organisationsform ist seit den 80er Jahren weltweit überwiegend verbreitet (vgl. 1.5). In Deutschland ist die staatliche Stelle eine dem Innenministerium nachgeordnete Behörde, das Bundesamt für Sicherheit in der Informationstechnik (BSI). Auch im Vereinigten Königreich steht die Zertifizierungsstelle dem Innenministerium nahe; zusätzlich hat noch das Handels- und Industrieministerium Einfluß. In Frankreich und Italien ist die Zertifizierungsstelle als interministerielle Stelle dem Büro des Premierministers bzw. des Präsidenten des Ministerrates zugeordnet. Die Zertifizierungsstelle in Australien ist dem Verteidigungsministerium zugeordnet. Gleiches gilt für die vergleichbaren Stellen in den USA und Kanada.

- Nichtstaatliche Stellen zertifizieren: Bislang existieren solche Stellen erst in Ansätzen. Zum einen gibt es die Gütegemeinschaft Software (GGS), die sich als eingetragener Verein seit 1984 der Qualitätssicherung von Software widmet und entsprechende Zertifikate vergibt. Seit 1994 sind auch Zertifizierungen mit den ITSEC als Prüfgrundlage möglich (vgl. 1.5.1). Zum anderen hat das BSI Ende 1997 mit drei Unternehmen Verträge geschlossen, nach denen es deren Sicherheitszertifikate anerkennt. Weitere Unternehmen können folgen [D_BSI 1997c].

Gemessen an den Anforderungen aus Kapitel 12 und speziell 12.3 ist keine der beiden Organisationsformen der anderen prinzipiell vorzuziehen:

- Fachkompetenz und die Fähigkeit zur Abdeckung der vollen Palette von Sicherheitsprodukten können bei beiden Organisationsformen existieren oder fehlen.

- Unvoreingenommenheit und Neutralität scheinen auf den ersten Blick eher bei einer staatlichen Einrichtung gegeben zu sein, da solche Einrichtungen im allgemeinen nicht mit eigenen Produkten in Konkurrenz zu dem jeweiligen Zertifizierungsgegenstand stehen. Dennoch gibt es Erfahrungen, daß staatliche Zertifizierungsstellen aus Gründen der jeweiligen politischen Linie weniger unvoreingenommen sind, als man es erwarten könnte. So haben in Deutschland Zertifizierungen durch das BSI nicht zu erfolgen, wenn ihnen Sicherheitsbelange der Bundesrepublik Deutschland entgegenstehen. Dies ist beispielsweise regelmäßig bei Verschlüsselungsverfahren der Fall (vgl. 12.3.1 und 13.2.1). Auch in den USA ist schon Sponsoren die Zulassung zur Zertifizierung verweigert bzw. verunmöglicht worden: Dort waren – allerdings primär aus handelspolitischen Gründen – ausländische Sponsoren betroffen. Ähnliche Vorfälle sind auch bei nichtstaatlichen Stellen nicht auszuschließen; sie müssen jedoch nicht notwendigerweise häufiger vorkommen, insbesondere wenn die nichtstaatlichen Organisationen nicht von Marktteilnehmern dominiert werden.

- Vertrauenswürdigkeit für Geprüfte (etwa Verschwiegenheit) und Zertifikatsleser hängt eng mit den bisher diskutierten Eigenschaften zusammen und ist infolgedessen ebenfalls nicht die ausschließliche Eigenschaft einer Organisationsform.

- Bezahlbarkeit des Verfahrens, Flexibilität beim Zeitmanagement und Innovationsfähigkeit sind weniger eine Frage, ob eine Stelle staatlich oder nichtstaatlich ist, sondern eher dadurch beeinflußt, ob ein Monopol besteht oder ein Wettbewerb die Stellung der „Kunden" stärkt.

13.1.2 Kombinationen der bestehenden Organisationsformen

Keine der bisher bestehenden Organisationsformen allein ist Garant für ein qualitativ hochwertiges Zertifizierungssystem. Eher könnte eine Vielfalt konkurrierender Institutionen mit verschiedenen Organisationsformen die bislang bestehenden Probleme lindern: Würden beispielsweise die politisch gerade nicht opportunen Zertifizierungen durch private Institutionen durchgeführt, könnte sich die Zahl der relevanten Zertifikate (etwa im Bereich Verschlüsselung) vergrößern[1]. Auch das verschiedentlich (wegen Abhängigkeiten von den Monopolinhaberinnen nur hinter vorgehaltener Hand) als selbstherrlich beklagte Verhalten staatlicher Zertifizierungsstellen wäre in einer Wettbewerbssituation vermutlich weniger ausgeprägt.

13.1.3 Neue Organisationsmodelle

Auch eine große Zahl konkurrierender Institutionen garantiert noch nicht, daß eine oder mehrere dieser Organisationen sich eine wirkliche Vertrauensposition erarbeiten können. Dazu bedarf es auch geeigneter Organisationsformen. Insofern ist es sinnvoll, die bestehenden Formen zu modifizieren und weitere, etwa teilstaatliche, Organisationsmodelle anzudenken:

- Staatliche Zertifizierungsstellen könnten an Glaubwürdigkeit gewinnen, wenn sie nicht wie das BSI hauptsächlich der Exekutive zugeordnet sind, sondern einer intensiveren parlamentarischen Kontrolle unterlägen, beispielsweise durch einen eigenen Ausschuß oder Unterausschuß des Bundestages. Diese Erweiterung kann zwar den Einfluß politischer Strömungen verstärken, jedoch auch zu einer größeren Öffentlichkeit und damit zu einer breiter angelegten Kontrolle der Zertifizierungspolitik führen.

- Auch durch Beteiligung weiterer Teile der Exekutive könnten Verbesserungen erreicht werden. Beispielsweise könnte eine stärkere Stellung des Wirtschaftsministeriums die wirtschaftshemmende Blockierung von Zertifizierungen lindern oder der Einfluß des Bundesdatenschutzbeauftragten zu einer stärkeren Berücksichtigung der Interessen der gespeicherten Bürger führen[2]. Auch die im deutschen Signaturgesetz [D_BReg 1997a] vorgesehene Beteiligung der Regulierungsbehörde für Telekommunikation und Post kann gerechtfertigt sein, da in vielen Fällen ein enger Zusammenhang zwischen zertifizierter Informationstechnik und deren Einsatz für sichere Kommunikation besteht.

- Anstalten des öffentlichen Rechtes haben sich im Medienbereich einen Ruf erworben, der es bedenkenswert macht, ihnen die Zertifizierung zu überlassen. In ihren Aufsichtsgremien sollten Vertreter der verschiedenen Zertifikatsnutzer wie auch Vertreter der Evaluateure vertreten sein. Da eine Finanzierung allein auf der Basis von Gebühren für Zertifikate nach den bisherigen Erfahrungen nicht genügen würde, ist eine Grundfinanzierung anzustreben, die jedoch die Unabhängigkeit der Institution nicht beeinträchtigen darf. Dies dürfte am ehesten mit einer staatlichen Finanzierung zu erreichen sein. Dabei müßte eine Anstalt öffentlichen Rechtes nicht teurer sein als eine Behörde mit vergleichbaren Aufgaben. Die Vertretung der Nutzer könnte ähnlich geregelt werden, wie sie in 13.1.4 für die DEKITZ diskutiert wird.

---

1. Ein Verbot von Zertifikaten für Produkte, die die Allgemeinheit gefährden könnten, wird durch diese Konstruktion nicht unmöglich (ob ein Verbot von Zertifikaten überhaupt Sinn machen kann, sei hier dahingestellt). Einschlägig ist hier wieder das Beispiel Verschlüsselung. Verschlüsselungsverfahren sind trotz verschiedentlicher Versuche, dies zu ändern, in Deutschland weder verboten noch ist ihr Einsatz beschränkt. Staatliche Zertifizierung findet jedoch nicht bzw. nicht öffentlich statt.

2. In diesem Zusammenhang ist natürlich auch die Stellung des Bundesdatenschutzbeauftragten zu berücksichtigen: In einer dem Parlament näheren und vom Innenministerium unabhängigeren Position (wie sie beispielsweise der Berliner Datenschutzbeauftragte hat) könnte der Bundesdatenschutzbeauftragte dieser Aufgabe möglicherweise leichter nachkommen als in seiner gegenwärtigen Position.

- Die Stiftung Warentest (oder eine ähnlich gestellte Organisation) könnte als Zertifizierungsinstanz dienen. Ihr Ruf und ihre Unabhängigkeit sprechen für diese Variante. Sie versteht auch bereits Datenschutz als Qualitätsmerkmal bei der Bewertung von Kommunikationsendgeräten, etwa schnurlosen Telefonen, Anrufbeantwortern oder „Set-Top-Boxen", ebenso wie bei der Bewertung von Dienstleistungen [Sieber 1996]. Allerdings entscheidet die Stiftung Warentest selbst darüber, was sie prüft, und finanziert diese Prüfungen auch selbst. Auf Antrag oder im Auftrag zu zertifizieren, würde sich etwas von ihrer ursprünglichen Aufgabe unterscheiden. Außerdem ist ihre Arbeit derzeit mehr auf Vergleichs- als auf Einzeltests ausgerichtet. Trotzdem gibt es keinen Anlaß zur Annahme, daß Zertifikate der Stiftung Warentest (auch auf der Basis von Evaluationen dort akkreditierter Evaluationsstellen) weniger vertrauenswürdig sein sollten, als die Zertifikate der jetzt zuständigen Institutionen. Internationale Kooperationen, etwa für größere Vorhaben, praktiziert die Stiftung Warentest bereits.

13.1.4 Einbettung in eine Rahmenorganisation

Eine weitere Möglichkeit, die Qualität eines Zertifizierungssystems zu sichern und plausibel zu machen, ist die Einbettung in eine Rahmenorganisation. Bereits etabliert ist die „Deutsche Akkreditierungsstelle für Informations- und Telekommunikationstechnik" (DEKITZ[3]). Entstanden ist sie 1988 als Teil einer europäischen Initiative zur allgemeinen Vereinheitlichung von Prüfung und Zertifizierung (vgl. auch 1.5.1). Die Zuständigkeit von DEKITZ ist nicht auf IT-Sicherheit begrenzt; angesiedelt ist DEKITZ beim DIN. Im Rahmen von DEKITZ agiert auch die GGS.

Repräsentiert sind derzeit die drei Bereiche „Anwender / Behörden", „Normer, Prüf- und Zertifizierungsstellen" und „Hersteller" mit jeweils sechs Vertretern. Gegenwärtig sind im Bereich der Anwender lediglich Großanwender wie der Verband der Chemischen Industrie vertreten. Vertreter der privaten und „eigentlichen persönlichen" Nutzer sowie der von Datenspeicherungen Betroffenen wären eine nötige und sinnvolle Bereicherung, etwa bei der Zertifizierung von Telekommunikationsendgeräten, für die die DEKITZ entsprechend einer Vereinbarung mit dem ehemaligen Bundesministerium für Post und Telekommunikation zuständig ist.

Prinzipiell ist in den DEKITZ-Gremien Raum für Nutzervertreter. Zu klären ist, welche Organisationen eine ausreichende Repräsentation darstellen und wie die entstehenden Kosten getragen werden können. Eine geeignete Nutzervertretung könnte die Stiftung Warentest darstellen, denn sie ist mit der Prüfung von Waren und Dienstleistungen aus Verbrauchersicht vertraut und aufgrund ihrer Organisationsform herstellerneutral. Die Zusammenarbeit mit der Normung praktiziert sie auch bereits, etwa im Normausschuß Gebrauchstauglichkeit des DIN. Eine andere Variante der Benutzervertretung wären die einschlägigen Benutzervereinigungen, etwa der „Verband der Postbenutzer" oder die „Interessengemeinschaft Telekom-Geschädigter". Eine Vertretung durch diese

---

3.   Ehemals: Deutsche Koordinierungsstelle für IT-Normenkonformitätsprüfung und -zertifizierung

Organisationen entspräche dem Normungsgrundsatz, die „interessierten Kreise" zusammenzubringen. Auch einige der in 13.1.3 genannten Organisationen könnten als Vertreter geeignet sein: So haben etwa die Datenschutzbeauftragten aufgrund ihrer Aufgabenstellung sehr oft, wenn nicht überwiegend, Nutzerinteressen zu vertreten.

Das Problem der Finanzierung könnte dahingehend gelöst werden, daß der Stiftung Warentest als anerkannt neutraler Instanz staatliche Finanzmittel zur Verfügung gestellt würden (ggfs. über eine Aufstockung des Stiftungskapitals) und die Interessenvereinigungen ihre Teilnahme grundsätzlich selbst finanzieren müßten. Dieses Modell mag auch für die Organisation der Nutzervertretung bei anderen Organisationsformen, etwa öffentlich-rechtlichen Einrichtungen sinnvoll sein.

13.2 Die Organisationsformen im Lichte der Anforderungen

Dieses Kapitel dient der Bewertung der Organisationsmodelle angesichts der Anforderungen an die Zertifizierungsstelle, die im Laufe einer Zertifizierung auftreten (vgl. 12.3). Betrachtet werden die beiden bestehenden Organisationsformen (kurz „BSI-Variante" und „GGS-Variante" genannt) sowie zwei der alternativen Varianten aus den Kapiteln 13.1.3 und 13.1.4:

- die Zertifizierung durch die Stiftung Warentest oder eine ähnlich gestellte Organisation mit ähnlichen Aufgaben im Bereich der Verbraucherinformation, im folgenden kurz „Warentest-Variante";

- die intensivere Beteiligung der Nutzer bzw. ihrer Vertreter an einer Rahmenorganisation für Zertifizierungsstellen, etwa der DEKITZ als Rahmen für die GGS, im folgenden kurz „DEKITZ-plus-Variante".

Varianten der Parallelexistenz bestehender oder künftiger Zertifizierungsstellen („Parallel-varianten") werden angesprochen, wenn dieser Aspekt zu veränderten Einschätzungen führt.

Der Ablauf einer Zertifizierung aus Sicht der Zertifizierungsstelle und die entsprechenden Anforderungen an deren Organisation lassen sich grob wie in Kapitel 12.3 gliedern:

(1) Antragsannahme, -vorprüfung und -verwaltung;

(2) Begleitung der Evaluation;

(3) Ausgabe des Zertifikates und des Zertifizierungsberichtes;

(4) Verwaltung von Zertifikaten (auch Außerkraftsetzung und Rücknahme von Zertifikaten).

Insbesondere bei den ersten drei Schritten ähneln sich die bereits bestehenden Organisationsformen, und auch die in 13.1 beschriebenen Alternativen zur Aufbauorganisation führen hierbei nicht zu großen Abweichungen (die Unterschiede liegen in der Art, wie die Teilschritte durchgeführt werden). Entsprechend ist die Gliederung aus 12.3 auch die dieses Kapitels.

13.2.1 Antragsannahme, -vorprüfung und -verwaltung

Vier Anforderungen an die Zertifizierungsstelle sind bezüglich Antragsannahme, -vorprüfung und -verwaltung essentiell (vgl. 12.3.1):

(1)   Unvoreingenommenheit bei der Beurteilung der Anträge;

(2)   Fähigkeit zur Abdeckung der vollen Palette von Sicherheitsprodukten;

(3)   Verschwiegenheit bezüglich der Anträge;

(4)   Verhältnismäßigkeit des Aufwands.

Unvoreingenommenheit bei der Beurteilung der Anträge kann zum einen durch eine möglichst breite und öffentliche Kontrolle der Zertifizierungsstelle oder -stellen gewährleistet werden, wenn ein Antragsteller, der von vornherein abgelehnt wird, seinen Fall auch öffentlich oder fachöffentlich machen kann und die entstehende Diskussion Einfluß auf die Zertifizierungsstelle hat. Für diese Art der Kontrolle sind die Warentest- und die DEKITZ-plus-Variante am besten geeignet. Auch für die GGS stellt DEKITZ eine gewisse Kontrollinstanz dar, wenn auch die Kontrolle einzelner Zertifizierungen nicht die primäre Aufgabe von DEKITZ ist. Bei der BSI-Variante ist der Beschwerdeweg bis hin zum Verwaltungsgerichtsverfahren möglicherweise ausgefeilter, allerdings möglicherweise auch langwieriger, was in diesem Fall vor allem dem Antragsteller schaden dürfte, denn er wartet ja auf sein Zertifikat. Bei der Warentest-Variante ist zu berücksichtigen, daß die Stiftung Warentest als bisher einziges existierendes Beispiel üblicherweise aus eigener Initiative und nicht aufgrund der Antragstellung eines Sponsors tätig wird.

Eine andere Konstruktion im Sinne der Unvoreingenommenheit sind die „Parallelvarianten". Nötig ist dann jedoch ein gewisser Wettbewerb der Zertifizierungssysteme, der auch Öffentlichkeit voraussetzt.

Die **Fähigkeit zur Abdeckung der vollen Palette von Sicherheitsprodukten** kann aus technisch-fachlicher Sicht jede der bestehenden bzw. vorgeschlagenen Instanzen haben[4]. Keine der Varianten muß hierbei per se besser als eine andere sein. Bezüglich der Erlaubnis, alle Gebiete abdecken zu können, ergibt sich eine erhebliche Schwäche der BSI-Variante: Zumindest gegenwärtig ist es praktisch unmöglich, Verschlüsselungsverfahren beim BSI zertifizieren zu lassen. In der Regel stehen solchen Zertifizierungen nach Auffassung des BMI, das zu jedem einzelnen BSI-Zertifizierungsbescheid sein Einverständnis geben muß, Sicherheitsbelange der Bundesrepublik Deutschland entgegen (vgl. 12.3.1 und 13.1.1). Als einer der Gründe dafür wird genannt, daß infolge solcher Zertifizierungen bekannt werden würde, auf welchem Stand das Know-How des

---

4.   Unabhängig davon können schon länger etablierte Zertifizierungsstellen, wie etwas das BSI, gegenwärtig und zunächst einen gewissen Vorsprung in manchen Bereichen haben: zum einen aufgrund der angesammelten Erfahrung und zum anderen aufgrund der Größe, die sie mit der Zeit angenommen haben. Dieser Vorsprung läßt sich jedoch möglicherweise auch durch die Anwerbung erfahrenen Personals egalisieren.

BSI, das ja auch Verschlüsselungsverfahren entwickelt, sei. Werden Produkte zertifiziert, in denen Verschlüsselungsverfahren eingesetzt werden, so wird die Bewertung des Verschlüsselungsverfahrens im Zertifizierungsbericht nicht veröffentlicht [D_BSI 1994d, S. 27].

Varianten mit parallel existierenden Zertifizierungsstellen haben, wenn es um die Abdeckung eines möglichst breiten Spektrums von Produkten geht, natürlich Vorteile, denn es kann zu einer Aufgabenteilung kommen, die es einzelnen Stellen leichter macht, nur bestimmte Segmente abzudecken. Zu klären bleibt, welche Stellen ggfs. verpflichtet sind, die Segmente abzudecken, für die sich zunächst keine Stelle findet.

Die Gewährleistung der **Verschwiegenheit bezüglich der Anträge** ist der Gewährleistung der Unvoreingenommenheit vergleichbar. Allerdings gibt es dennoch einige Unterschiede. Der Status des BSI als einer staatliche Behörde, die nicht im wirtschaftlichen Wettbewerb steht, und auch der Beamtenstatus vieler Mitarbeiter machen Verschwiegenheitsbrüche einerseits für die Organisation unattraktiver und andererseits für Mitarbeiter besonders gefährlich. Insofern hat die BSI-Variante hier Vorteile. Diese relativieren sich allerdings angesichts dessen, daß Vertraulichkeitsbrüche nur sehr schwer nachzuweisen sind. Weiterhin halten auch Vertreter privater Organisationen oft viel auf die Verschwiegenheitsmoral ihrer Unternehmen und sehen gleichfalls drastische Sanktionen gegen unzuverlässige Mitarbeiter vor. Schließlich besteht an dieser Stelle ein direktes Interesse einer privaten Zertifizierungsstelle, den Sponsor nicht zu verlieren, insbesondere im Fall des Wettbewerbs. Die GGS als eingetragener Verein steht zwischen den Polen „private oder amtliche Zertifizierungsstelle". Entsprechendes gilt für die diesbezüglich nicht unterschiedliche Variante der Einbettung in einen „DEKITZ-plus"-Rahmen.

Bei der „Warentest"-Variante kann es ein erhebliches Problem bereits im Ansatz geben – oder auch gerade nicht. Da herkömmliche „Warentest"-Prüfungen nicht auf Antrag sondern gezielt unabhängig vom Hersteller vorgenommen werden, besteht dort keinerlei Verschwiegenheitspflicht für vertrauliche Informationen. Dieser Ansatz der unabhängigen Prüfung ist allerdings nicht einfach mit den gegenwärtigen Evaluationskriterien vereinbar, da diese im allgemeinen eine Mitwirkung der Hersteller bedingen[5]. Denkbar ist jedoch, daß bei aus Infrastruktursicht besonders wichtigen Produkten, etwa zur Sicherheit digitaler Signaturen oder vertraulicher Kommunikation die Schutzbedürfnisse eines Herstellers gegenüber denen der Nutzer zurücktreten müssen. Umgekehrt könnten in anderen Fällen auch die Verfahren der Stiftung Wahrentest oder einer vergleichbaren Organisation bezüglich der Mitwirkung der Hersteller den Evaluationskriterien angenähert werden. Wichtig ist, insbesondere bei einer Parallelexistenz verschiedener Zertifizierungsstellen, ein großes Maß an Transparenz darüber, auf welcher Informationsgrundlage das Zertifikat entstand.

---

5. Ein Grund für diese Vorgehensweise ist, daß wegen der Komplexität der Softwaresysteme ein reines Testen des Produktes ohne Kenntnis der Entwurfsgrundlagen kaum aussagekräftige Prüfungen ermöglicht.

Die **Bezahlbarkeit des Verfahrens** hat zwei Komponenten, zum einen die Kosten, die die Zertifizierungsstelle in Rechnung stellt, zum anderen der Aufwand beim Sponsor selbst. Bei der zweiten Komponente spielt insbesondere die Dauer der Zertifizierung eine Rolle. Bezüglich der ersten Komponente hat die BSI-Variante den Vorteil, daß von seiten des BSI nicht zu kostendeckenden Preisen abgerechnet wird. Es steht allerdings ein Kabinettsbeschluß im Raum, die Abrechnung auf Vollkostenerstattung umzustellen[6] ([Pohl 1996], vgl. auch 13.3.1). Bezüglich der zweiten Komponente, insbesondere der Dauer von Zertifizierungen bzw. der Wartezeit darauf, wird immer wieder, insbesondere von seiten der Evaluationsstellen Unzufriedenheit laut. Nicht zuletzt macht die GGS geltend, daß sie den Anforderungen im Bereich der Wirtschaft entspräche (vgl. Kapitel 1.5.1). Die Einbettung in einen „DEKITZ-plus"-Rahmen erhöht natürlich die Kosten, denn eben dieser Rahmen muß auch finanziert werden. Die „Warentest"-Aufwendungen können prinzipiell ebenso staatlich finanziert werden wie die des BSI, bezüglich der Dauer der Verfahren sind alle Varianten denkbar. Wettbewerb der Zertifizierungsstellen kann natürlich zu erheblich kundenfreundlicherem Verhalten führen.

13.2.2 Begleitung der Evaluation

Bezüglich der Begleitung der Evaluation ergaben sich in 12.3.2 vier Anforderungen an die Zertifizierungsstelle:

(1)   Fachliche Kompetenz;

(2)   Verschwiegenheit bezüglich des Evaluationsgegenstandes;

(3)   Verschwiegenheit bezüglich des Evaluations-Know-how;

(4)   Flexibilität beim Zeitmanagement.

Die Einschätzung zur **fachlichen Kompetenz** entspricht der in 13.2.1 beschriebenen Einschätzung zur Fähigkeit der Zertifizierungsstellen, die volle Palette von Sicherheitsprodukten abzudekken. Analog ist es bei der Anforderung **Verschwiegenheit bezüglich des Evaluationsgegenstandes** und der in 13.2.1 diskutierten Verschwiegenheit bezüglich der Anträge. Generell sind hierbei die Anforderungen an die Zertifizierungsstelle natürlich geringer, wenn sie den Evaluationsprozeß weniger intensiv begleitet und sich (etwa bei der Inspektion von Quellcode) auf die Aussagen der Evaluationsstelle stützt.

Ähnliches gilt auch für die **Verschwiegenheit bezüglich des Evaluations-Know-how**. Allerdings relativieren sich die in 13.2.1 diskutierten Schwierigkeiten der „Warentest"-Variante in diesem Fall, denn die Vorgehensweise bei der Evaluation würde ohnehin weitgehend öffentlich sein.

Die **Flexibilität beim Zeitmanagement** ist ein Teilaspekt der Bezahlbarkeit des Verfahrens (13.2.1). Wie dort unterscheiden sich die Varianten nicht notwendigerweise, wenn man von ver-

---

6.   Erwartet werden Stundensätze von ca. DM 200,– statt ca. DM 100,– bislang.

schiedenen Klagen über die Vorgehensweise des BSI absieht. In jedem Fall ist eine hinreichende Personalausstattung nötig und ein gewisser Wettbewerb unter Zertifizierungsstellen vermutlich sinnvoll.

13.2.3 Ausgabe des Zertifikates und des Zertifizierungsberichtes

In die Anforderungen zur Ausgabe des Zertifikates und des Zertifizierungsberichtes (vgl. 12.3.3) sind auch die Anforderungen an Zertifikat und Bericht eingeflossen. Drei Anforderungen ergaben sich:

(1)   Unparteilichkeit;

(2)   Fachkompetenz;

(3)   Schnelligkeit.

Für die Anforderung **Unparteilichkeit** gelten die bereits in 13.2.1 zur Unvoreingenommenheit diskutierten Aspekte, die vor allem eine möglichst breite und öffentliche Kontrolle nahelegen. Ein zusätzlicher Aspekt ist noch die unparteiische Beurteilung von Argumenten, falls Antragsteller und Evaluationsstelle in Konflikt geraten sollten. In diesem Fall haben möglicherweise die Varianten Vorteile, bei denen die Zertifizierungsstelle nicht überwiegend von entweder Herstellern oder Prüflabors gestützt wird. Dies ist jedoch bei allen diskutierten Varianten der Fall, so daß sich keine Unterschiede ergeben.

Auch die Anforderung **Fachkompetenz** ist bereits in 13.2.1 und 13.2.2 diskutiert worden. Ein zusätzlicher Aspekt aus Verbrauchersicht ist noch die Fähigkeit der Zertifizierungsstelle, Ergebnisse im Zertifizierungsbericht und dem Zertifikat auch für Nicht-Experten verständlich darzustellen. Hier hat die Stiftung Warentest einen erheblichen Erfahrungsvorsprung, der der „Warentest"-Variante zugute kommen könnte, unabhängig davon, ob die Stiftung oder eine vergleichbare Institution als Zertifizierungsstelle agiert.

Da die Anforderung **Schnelligkeit** nicht auf Kosten der Qualität der Zertifizierung gehen soll, entspricht sie im wesentlichen der in 13.2.2 diskutierten Anforderung „Flexibilität beim Zeitmanagement". Entsprechend gelten die dort getroffenen Einschätzungen auch hier. Unabhängig von der Organisationsform können die Ausgabe des Zertifikates und des Zertifizierungsberichtes auch beschleunigt werden, indem man den Zertifizierungsbericht von der Evaluationsstelle schreiben und von der Zertifizierungsstelle abzeichnen läßt.

13.2.4 Verwaltung von Zertifikaten

Insgesamt sind bezüglich der Verwaltung von Zertifikaten die gleichen Anforderungen an die Zertifizierungsstelle zu stellen wie bezüglich der Ausgabe (vgl. 12.3.4). Entsprechendes gilt dann natürlich auch für die Eignung der verschiedenen Varianten für die Zertifizierungsstelle (13.2.3).

13.3 Kosten, Kostenverteilung und Haftung

Die Kosten einer Zertifizierung sowie die Verteilung dieser Kosten können die Attraktivität eines Zertifizierungssystems insbesondere für die Antragsteller erheblich beeinflussen, weswegen sie in 13.3.1 diskutiert werden. Ob und in welchem Maße seitens der Zertifizierungsstelle eine Haftung für Schwächen des Produktes übernommen wird, kann sich auf das Ansehen der Zertifikate auswirken (siehe 13.3.2).

13.3.1 Kosten und Kostenverteilung

Zwei Kostenfaktoren können in Bezug auf die Zertifizierungsstelle unterschieden werden:

(1) Kosten für den Regelbetrieb, d.h. die Zertifizierung auf Antrag der jeweiligen Sponsoren: Diese Kosten fallen gegenwärtig z.B. auf staatlicher Seite an, weil das BSI keine kostendeckenden Entgelte für seine Leistungen als Zertifizierungsstelle erhebt bzw. erhob [Pohl 1996];

(2) Kosten für Initiativen seitens der Zertifizierungsstelle, etwa die Zertifizierung von Produkten, für die sich sonst kein Kostenträger findet: Grund hierfür könnte sein, daß eine Vielzahl kleiner (etwa privater) Abnehmer für ein Produkt (etwa ein Telekommunikationsendgerät) existiert, von diesen kleinen Abnehmern jedoch keiner allein die Kosten oder die Nachfragemacht aufbringt, eine Zertifizierung zu erzwingen. Ein anderes Beispiel ist die Zertifizierung innovativer Produkte oder Infrastrukturverbesserungen, deren Marktverbreitung im Interesse des Gemeinwohls zu fördern ist.

Die Zertifizierung durch die Behörde BSI ist in starkem Maße staatlich gefördert. Diese Förderung ist nicht unumstritten. Berichtet wird, daß der Bundesrechnungshof beim Bundestag den Vorschlag einer völligen Privatisierung der Evaluation und Zertifizierung vorgetragen hat[7].

Ob der Regelbetrieb einer Zertifizierungsstelle ohne direkte staatliche Förderung möglich ist, könnten die Erfahrungen der GGS und der neuen privaten Zertifizierungsstellen zeigen. Wesentlicher Bestandteil der GGS-Variante ist allerdings eine Kostenreduzierung durch Reduzierung des Aufwandes auf seiten der Zertifizierungsstelle. Initiativen seitens der Zertifizierungsstelle sind in diesem Fall eher nicht zu erwarten.

Insgesamt sprechen einige Einschätzungen dafür, daß ohne eine staatliche Förderung auf absehbare Zeit keine erfolgreiche Zertifizierung möglich sein wird. Zwei seien hier als Beispiele herausgegriffen:

(1) Die Diskussion, ob seitens des BSI künftig kostendeckende Entgelte für Zertifizierungsleistungen verlangt werden sollen [D_BMF 1996], hat zu erheblicher Skepsis in Fachkreisen geführt, ob das Modell der BSI-Zertifizierung unter diesen Umständen noch von nichtstaatlichen Einrichtungen, speziell Herstellern, genutzt würde. Als „einzige noch überlebende" Aus-

---

7. Kritisch dazu [Pohl 1995]

nahme wurde lediglich der Fall gesehen, in dem ein (staatlicher) Auftraggeber eine Zertifizierung ausdrücklich verlangen und direkt dafür bezahlen würde. In diesem Zusammenhang werden auch seitens der deutschen Evaluationsstellen Klagen geführt, daß die hohe Zahl mancher ausländischer, beispielsweise britischer, Zertifizierungen auf der Grundlage staatlicher Förderung mit bis zu 85% Kostenübernahme zustande käme [Pohl 1996]. Typisch sei die Auftragsvergabe an zertifizierungswillige Hersteller, die so die Kosten für eine spezielle Systemzertifizierung und eine allgemeine Produktzertifizierung in die Auftragssumme einrechnen könnten[8].

(2)   Daß mit weniger Aufwand entstehende Zertifikate vertrauenswürdig sind, wird vielfach bezweifelt [GI 1995, Pohl 1995].

(3)   Aus volkswirtschaftlicher Sicht wird staatliches Eingreifen dadurch gerechtfertigt, daß Sicherheit positive Externalitäten auslöst, die ihrerseits die Quelle von Allokationsineffizienzen sind [Blind 1996; Francke, Blind 1996]. So wird beispielsweise in [Blind 1996, S. 226 ff.] die „staatliche Subventionierung der Gewinnung und Verbreitung von Informationen über die Informationssicherheit von Kommunikationsnetzen und -diensten" befürwortet und auch angeregt, Eigeninitiativen der Zertifizierungsstelle zu ermöglichen.

Staatliche Förderung muß jedoch nicht zwangsläufig die Durchführung der Aufgaben durch eine staatliche Stelle bedeuten (vgl. 13.1), zumal IT-Sicherheitszertifizierung nicht unbedingt eine hoheitliche Aufgabe ist.

Weiterhin ist zu berücksichtigen, daß eine staatliche Förderung nicht unbegrenzt sein kann und die Zertifizierungskapazität staatlich geförderter Stellen insofern begrenzt ist. Dies zeigen auch die Erfahrungen in den USA. Darüberhinaus ist eine internationale Abstimmung der Zertifizierungsinstanzen nötig, wenn ein „Zertifizierungstourismus" zur jeweils billigsten Zertifizierungsstelle vermieden werden soll.

13.3.2 Haftungsfragen

Die Haftung der Zertifizierungsstelle für die zertifizierten Eigenschaften eines Produktes könnte das Vertrauen, das Produktnutzer und -käufer in die Zertifikate haben, erheblich erhöhen. Ob sie darüberhinaus jedoch einen praktischen Nutzen hat, hängt insbesondere davon ab, ob die zertifizierten Produkte in der zertifizierten Form eingesetzt und nicht vor dem Betrieb oder durch den Betrieb erheblich verändert werden. Polar gegenüber stehen sich im Bereich der Kommunikationstechnik zwei Fälle:

(1)   Das zertifizierte Produkt wird wie gekauft eingesetzt, etwa als Telekommunikationsendgerät für Privatleute, vielleicht auch mit Signaturfunktion für elektronische Bestellungen: In diesem

---

8.   Da die Diskussion sehr jung ist, hat sie sich noch nicht schriftlich niedergeschlagen.

Fall gibt es reelle Chancen, daß ein eventuell eingetretener Schaden auf Schwächen im Gerät und gegebenenfalls auch in der Zertifizierung zurückgeführt werden kann.

(2) Das zertifizierte Produkt wird als Teil eines Gesamtsystems eingesetzt, etwa als Teil des gesamten Systems eines Telekommunikationsanbieters: Schon die gegenwärtig vorliegende Erfahrung hat gezeigt, daß bei einer Kombination zertifizierter Produkte nicht einfach aus den Eigenschaften der Teile auf die Eigenschaften des Gesamtsystems geschlossen werden kann (vgl. 5.1.4). Es ist stattdessen eine neue Analyse der Sicherheitseigenschaften des zusammengesetzten Systems nötig. Entsprechend schwierig dürfte es sein, einen Schaden auf einzelne zertifizierte Komponenten und Fehler in deren Zertifizierung zurückzuführen. Ein Ausweg wäre die Zertifizierung des Gesamtsystems eines Betreibers. Auch diese Variante macht eine Haftung der zertifizierenden Stelle für die zertifizierten Eigenschaften eines Produktes jedoch nicht sinnvoller:

(1) Sowohl System als auch Zertifikat wären dann so individuell, daß es sich kaum noch (wie in der Einleitung zu Kapitel 12 als Voraussetzung angenommen) um auf dem Markt angebotene Produkte handelt. Insofern wäre der Informations- und Vertrauensgewinn der Öffentlichkeit bezüglich des Zertifikates eher gering.

(2) Der Betreiber des Kommunikationssystems wird auf die Vorkehrungen zur Regulierung eventueller Schadensersatzansprüche·ohnehin nicht verzichten können. Dies gilt insbesondere, wenn, wie etwa in [Blind 1996, S. 240 ff] angeregt, beim Betrieb von Kommunikationssystemen das Prinzip der Gefährdungshaftung anstelle des Prinzips der Verschuldenshaftung zum Tragen kommt. Insofern entsteht auch für den Betreiber des Kommunikationssystems kein Vorteil aus der Haftung der Zertifizierungsstelle für die Gesamtzertifizierung. Außerdem wären nur wenige Instanzen imstande, als Zertifizierungsstellen eine seriöse Haftung für die bei Systemen dieser Größenordnung möglichen Schäden zu übernehmen.

Zusätzlich ist zu berücksichtigen, daß in Deutschland Gewährleistungspflichten bezüglich erworbener Produkte vom Kunden beim Händler geltend gemacht werden, Produkthaftungsansprüche hingegen gegenüber dem Hersteller bestehen. Die Haftung einer Zertifizierungsstelle müßte in dieses System erst eingeordnet werden: Es müßte insbesondere festgelegt werden, wem gegenüber die Zertifizierungsstelle haften würde, etwa gegenüber dem Kunden, dem Händler oder dem Sponsor der Evaluation.

Insgesamt ist es für Nutzer möglicherweise sinnvoller, mehrere Zertifikate verschiedener Zertifizierungsstellen zu vergleichen, als sich auf eines ganz besonders, etwa bis hin zur Haftung, zu verlassen. Dieser Grund spricht für eine Parallelexistenz verschiedener Zertifizierungsstellen. Trotzdem kann eine Haftung der Zertifizierungsstelle, zumindest für grobes Verschulden, sinnvoll sein und zumindest zur Qualitätssicherung dort beitragen. Am einfachsten überschaubar wäre wohl eine Haftung gegenüber dem Sponsor der Zertifizierung.

14 Evaluation

Die Evaluation ist der Teil des gesamten Zertifizierungs- und Evaluationsprozesses, in dem die eigentliche technische Prüfung stattfindet. Vor allem aus Kostengründen wird die Evaluation im allgemeinen nicht von der Zertifizierungsstelle selbst, sondern von einer Evaluationsstelle durchgeführt. Auch wenn die Zertifizierungsstelle die Evaluation begleitet und vor der Ausgabe des Zertifikates Nachfragen stellen kann, ist sie durchaus auf die Ergebnisse der Evaluationsstelle und deren Qualität angewiesen. Entsprechend ergeben sich Anforderungen an die Evaluationsstelle, vor allem fachliche Kompetenz, Unvoreingenommenheit und Unabhängigkeit (vgl. 12.4).

Organisationsformen für Evaluationsstellen werden in 14.1 vorgestellt. Sie unterscheiden sich vorwiegend dadurch, wie eng das Verhältnis zwischen Evaluations- und Zertifizierungsstelle jeweils ist. In 14.2 werden die zwei hauptsächlichen Organisationsmodelle anhand des Ablaufs einer Evaluation kurz den Anforderungen (vgl. 12.4) gegenübergestellt und Optimierungsvorschläge entwickelt. 14.3 enthält Anmerkungen zu Kosten und Haftung.

Insgesamt ähneln die Anforderungen an Evaluationsstellen in einigen Bereichen denen an Zertifizierungsstellen, so daß vielfach auf Ergebnisse aus Kapitel 13 zurückgegriffen werden kann.

14.1 Organisationsformen für Evaluationsstellen

Drei Organisationsformen für Evaluationsstellen existieren bislang (vgl. den regionalen Überblick in 1.5):

(1) Zertifizierungs- und Evaluationsstelle sind in verschiedenen Organisationen angesiedelt: Beim BSI bzw. der DEKITZ akkreditierte private Unternehmen fungieren als Evaluationsstelle. Beispiele hierfür sind Software- und Systemhäuser sowie TÜVs;

(2) Zertifizierungs- und Evaluationsstelle sind zwar organisatorisch getrennt, jedoch innerhalb derselben Behörde angesiedelt. Das BSI selbst bzw. ein Referat dort fungiert als Evaluationsstelle. Dieses Referat ist in einer anderen Abteilung als die Zertifizierungsstelle angesiedelt.

(3) Zertifizierungs- und Evaluationsstelle sind ein und dieselbe: Das National Computer Security Center (NCSC) in den USA ist entsprechend organisiert[1]. Akkreditierte Evaluationsstellen existieren nicht.

Variante 1 ist die in Deutschland gegenwärtig hauptsächlich genutzte. Die Evaluationsstelle im BSI (Variante 2) ist im Entstehen. Variante 3 kam in Europa nicht zum Tragen, möglicherweise da die Durchführung und Geschwindigkeit der Evaluationen in den USA sehr stark von der Personalsituation im NCSC abhängt und Klagen über die Verschleppung von Evaluationen laut wurden[2]. Im

---

1. Streng genommen wird bei NCSC auch nicht zwischen Evaluation und Zertifizierung unterschieden.

Zuge dieses Kapitels, in dem wie in Kapitel 12 von einer eigenständigen Evaluationsstelle ausgegangen wird, ist Variante 3 ebenfalls nicht relevant.

Als Alternative sind noch halbstaatliche Modelle denkbar, ähnlich wie sie in 13.1.3 für die Zertifizierung beschrieben sind. Von diesen bietet sich insbesondere an, die Stiftung Warentest oder eine vergleichbare Organisation mit den Evaluationen zu betrauen. Bezüglich der oben getroffenen Varianteneinteilung entspräche dies dann entweder der Variante 2 oder der Variante 3.

14.2 Die Organisationsformen im Lichte der Anforderungen

Dieses Kapitel dient der Bewertung der Organisationsmodelle angesichts der Anforderungen an die Evaluationsstelle, die im Laufe einer Evaluation auftreten (vgl. 12.4). Betrachtet werden die beiden in 14.1 vorgestellten Organisationsformen (kurz „Private Evaluationsstelle" und „BSI-Evaluationsstelle" genannt).

Der Ablauf einer Evaluation aus Sicht der Evaluationsstelle und die entsprechenden Anforderungen an deren Organisation lassen sich grob wie in Kapitel 12.4 gliedern:

(1)   Prüfung des Evaluationsgegenstandes (vgl. 12.4.1);

(2)   Verfassung des Evaluationsberichtes (vgl. 12.4.2);

(3)   Beratung des Sponsors während der Evaluation, etwa bei Problemen (vgl. 12.4.3).

Diese Gliederung wird entsprechend auch für dieses Kapitel verwandt, wobei die hauptsächlichen Unterschiede zwischen den zwei Varianten sich in Kapitel 14.2.3 ergeben.

14.2.1 Prüfung des Evaluationsgegenstandes

Fünf Anforderungen an die Evaluationsstelle sind bezüglich der Prüfung des Evaluationsgegenstandes essentiell (vgl. 12.4.1):

(1)   Unvoreingenommenheit;

(2)   Fachliche Kompetenz bezüglich Prüfmethoden;

(3)   Fachliche Kompetenz bezüglich des Evaluationsgegenstandes;

(4)   Fähigkeit zur Wiederverwendung von Zertifikaten und zur Einbindung von Zertifikaten in Evaluationsergebnisse;

(5)   Verschwiegenheit bezüglich des Evaluationsgegenstandes.

Vergleicht man die beiden Varianten „BSI-Evaluationsstelle" und „Private Evaluationsstelle" bezüglich dieser fünf Anforderungen, ergeben sich nicht notwendigerweise Unterschiede, denn prinzipi-

---

2.   Es gibt Grund zur Annahme, daß politische Präferenzen die Prioritäten für die Evaluationen bestimmten; so weisen Vertreter europäischer Hersteller gelegentlich auf die sehr geringe Zahl evaluierter europäischer Produkte hin und betonen, daß diese Situation nicht an ihnen läge.

ell ist hierbei keine Variante der anderen überlegen. Möglicherweise könnte eine behördliche Stelle eine bessere Verschwiegenheit bezüglich des Evaluationsgegenstandes gewährleisten, da sie nicht in wirtschaftliche Abhängigkeit geraten kann. Es sind aber auch andere als wirtschaftliche Abhängigkeiten denkbar, die die Verschwiegenheit einer behördlichen Stelle beeinträchtigen könnten. Außerdem stehen die privaten Evaluationsstellen im Wettbewerb, so daß ihnen besonders an ihrem Ruf bei den Sponsoren gelegen sein muß (vgl. auch die analoge Diskussion bezüglich der Zertifizierungsstellen in 13.2.1 bzw. 13.2.2).

Die fachliche Kompetenz der Evaluationsstellen bezüglich des Evaluationsgegenstandes läßt sich möglicherweise dadurch steigern, daß Evaluationsstellen wie im Vereinigten Königreich für bestimmte Anwendungs- oder Technikbereiche akkreditiert werden (vgl. 1.5.2). Dies kann zur Kostenersparnis beitragen (vgl. 14.3), allerdings auch das Evaluationsniveau zwischen den verschiedenen Bereichen verzerren. Außerdem setzt es eine besondere Kompetenz und Vertrauenswürdigkeit der Akkreditierungsstelle voraus (vgl. auch die Diskussion in 15, speziell 15.2.2).

14.2.2 Verfassung des Evaluationsberichtes

Bezüglich der Verfassung des Evaluationsberichtes ergaben sich in 12.4.2 vier Anforderungen an die Evaluationsstelle:

(1) Unvoreingenommenheit;

(2) Fachliche Kompetenz;

(3) Unabhängigkeit;

(4) Flexibilität beim Zeitmanagement.

Wie bereits im letzten Abschnitt ergeben sich auch bezüglich dieser Anforderungen kaum Unterschiede zwischen den Varianten „BSI-Evaluationsstelle" und „Private Evaluationsstelle". Möglicherweise haben die privaten Evaluationsstellen Vorteile bezüglich der Anforderung „Flexibilität beim Zeitmanagement", wenn man die entsprechenden Klagen über das BSI als Zertifizierungsstelle (vgl. 13.2.2) auf seine Rolle als Evaluationsstelle überträgt. Wie bei Zertifizierungsstellen kann auch bei Evaluationsstellen ein gewisser Wettbewerb sinnvoll sein.

14.2.3 Beratung des Sponsors während der Evaluation

Die Beratung des Sponsors während der Evaluation stellt im Prinzip die gleichen Anforderungen an die Evaluationsstelle (vgl. 12.4.3) wie die Prüfung des Evaluationsgegenstandes (vgl. 14.2.1):

(1) Unvoreingenommenheit;

(2) Fachliche Kompetenz bezüglich Prüfmethoden;

(3) Fachliche Kompetenz bezüglich des Evaluationsgegenstandes;

(4) Fähigkeit zur Wiederverwendung von Zertifikaten und zur Einbindung von Zertifikaten in Evaluationsergebnisse;

(5)   Verschwiegenheit bezüglich des Evaluationsgegenstandes.

Insbesondere die Anforderungen (1) bis (3) stellen sich in verschärfter Form, wenn es zu Konflikten zwischen dem Sponsor und der Zertifizierungsstelle kommt: Einerseits muß die Evaluationsstelle das Niveau der Evaluation wahren (davon hängt auch ihre Akkreditierung ab) und andererseits steht sie in einem gewissen Vertrauensverhältnis zum Sponsor. Hier kommt es auf ein besonders großes Maß an Kompetenz und Unvoreingenommenheit an. Sponsoren werden möglicherweise Evaluationsstellen bevorzugen, die nicht der gleichen Organisation wie die Zertifizierungsstelle angehören.

In einer solchen Situation kann eine Aufteilung der Aufgaben der Evaluationsstelle auf zwei oder gar drei Instanzen (ähnlich der Situation bei einem Gericht) sinnvoll sein. Beispielsweise könnte eine Evaluationsstelle eher als Anwalt und Berater des Sponsors fungieren und eine zweite die eigentliche Evaluation durchführen, also eine eher kritische Rolle spielen. Eine dritte Evaluationsstelle könnte (bei Bedarf) die Zertifizierungsstelle unterstützen.

Prinzipiell sind sowohl die „BSI-Evaluationsstelle" als auch eine oder mehrere „Private Evaluationsstellen" als Berater des Sponsors und auch für die anderen beschriebenen Rollen geeignet. Allerdings kann aus Sicht des Sponsors eine private Evaluationsstelle attraktiver für die Rolle „seines" Anwalts sein, umgekehrt läßt sich die Zertifizierungsstelle möglicherweise eher von einer ihr organisatorisch näher stehenden Evaluationsstelle unterstützen.

Ein kritischer Aspekt bei der Aufteilung der Rolle der Evaluationsstelle kann die Finanzierung sein, denn eine größere Zahl von Evaluationsstellen verursacht möglicherweise auch höhere Kosten, die der Sponsor und letztendlich seine Kunden zu tragen haben.

14.3 Kosten, Kostenverteilung und Haftung

Viele Aspekte der Kosten, Kostenverteilung und Haftung bei Evaluationen decken sich mit denen bei der Zertifizierung (vgl. 13.3).

14.3.1 Kosten und Kostenverteilung

Die Kosten für die Arbeit der Evaluationsstelle werden in Deutschland von der Instanz übernommen, die den Antrag auf Zertifizierung gestellt hat (Sponsor). Klagen über zu hohe Kosten für die Arbeit der Evaluationsstellen sind bislang nicht laut geworden. Dies liegt möglicherweise daran, daß vergleichsweise viele Evaluationsstellen akkreditiert sind (vgl. 1.5, speziell 1.5.1). Hingegen existieren Befürchtungen seitens der privaten Evaluationsstellen, daß ihnen mit einer BSI-Evaluationsstelle eine starke und möglicherweise subventionierte Konkurrenz erwächst, die außerdem noch in der gleichen Behörde wie die Zertifizierungs- und Akkreditierungsstelle angesiedelt ist.

Auf der anderen Seite ist durchaus denkbar, daß sinnvolle Zertifizierungen aus Kostengründen unterbleiben, was einen staatlich subventionierenden Eingriff rechtfertigt (vgl. die Diskussion zur staatlichen Subventionierung von Zertifizierungsstellen in 13.3.1). Eine staatliche Unterstützung muß jedoch nicht notwendigerweise in Form einer behördlichen Evaluationsstelle erfolgen. Ebenso sinnvoll kann eine teilweise oder ganze Übernahme der Kosten sein, die bei einer privaten Evaluationsstelle anfallen.

14.3.2 Haftungsfragen

Die Haftung einer Evaluationsstelle für die evaluierten bzw. zertifizierten Eigenschaften eines Produktes wird weniger als die Haftung einer Zertifizierungsstelle (13.3.2) das öffentliche Vertrauen in die Zertifikate erhöhen, denn die eigentlich nach außen tretende Instanz ist die Zertifizierungsstelle, nicht die Evaluationsstelle. Insofern wäre die Haftung einer Evaluationsstelle eher eine Absicherung für die Zertifizierungsstelle oder den Antragsteller. Sie macht allerdings für die Zertifizierungsstelle (wie die Haftung einer Zertifizierungsstelle selbst) bestenfalls dann Sinn, wenn Schäden wirklich auf das zertifizierte Produkt und dann auch auf Schwächen der Zertifizierung und Evaluation zurückgeführt werden können.

Die Haftung einer Evaluationsstelle dafür, daß ein Zertifikat wegen einer fehlerhaften Einschätzung verweigert wurde, dürfte wenig sinnvoll sein, denn sie wird im allgemeinen eher dazu führen, daß die Prüfmoral sinkt. Besser dürfte sein, dem Antragsteller die Möglichkeit zu geben, ein Gegengutachten einzuholen.

15 Akkreditierung der Evaluationsstellen

Die Akkreditierung von Evaluationsstellen dient hauptsächlich der Sicherstellung der Qualifikation, Objektivität und Neutralität der Evaluationsstellen sowie der Vergleichbarkeit der Evaluationsverfahren und -ergebnisse. Sie kann als übergreifende Evaluation der Evaluateure angesehen werden und stellt ähnliche prinzipiell ähnliche Anforderungen an die Akkreditierungsstelle (vgl. 12.5) wie die Produktzertifizierung und -evaluation an die Zertifizierungs- und Evaluationsstellen[1]. Da es jedoch in mancherlei Hinsicht um eine Oberaufsicht geht, sind diese Anforderungen entsprechend bedeutender.

Organisationsformen für Akkreditierungsstellen werden in 15.1 vorgestellt. Sie unterscheiden sich vorwiegend dadurch, wie eng das Verhältnis zwischen Akkreditierungs- und Zertifizierungsstelle jeweils ist. In 15.2 werden die drei Organisationsmodelle anhand des Ablaufs einer Akkreditierung kurz den Anforderungen aus 12.5 gegenübergestellt und Optimierungsvorschläge entwickelt. 15.3 enthält Anmerkungen zu Kosten und Haftung.

Insgesamt ähneln die Anforderungen an Evaluationsstellen in einigen Bereichen denen an Zertifizierungsstellen, so daß vielfach auf Ergebnisse aus Kapitel 13 zurückgegriffen werden kann.

15.1 Organisationsformen für Akkreditierungsstellen

Zwei Organisationsformen für Akkreditierungsstellen existieren bislang (vgl. 1.5):

(1)   Akkreditierungs-, Zertifizierungs- und Evaluationsstelle sind zwar organisatorisch bis zu einem gewissen Grad getrennt, jedoch Teil derselben Behörde: So ist die Akkreditierungsstelle des BSI zwar in einem anderen Referat (II 4) als die Zertifizierungsstelle (II 2 bzw. II 3), jedoch in der selben Abteilung (II) angesiedelt [vgl. D_BSI 1995c]. Die Evaluationsstelle ist in einer anderen Abteilung (V) im Referat (V 1) untergebracht.

(2)   Die Akkreditierungsstelle ist im Umfeld der Zertifizierungsstelle angesiedelt: So akkreditiert DEKITZ als Rahmenorganisation der GGS die Evaluationsstellen, auf die sich die GGS stützt.

Eine dritte Variante ergibt sich, wenn man den in 13.1.3 beschriebenen Vorschlag weiterverfolgt, die Stiftung Warentest oder eine ähnliche Einrichtung zur Zertifizierungsstelle zu machen. Auch für diesen Fall bietet es sich an, DEKITZ als Akkreditierungsstelle vorzusehen. Ein Grund ist die Erfah-

---

1.   Streng genommen kann bei der Akkreditierung von Prüfstellen zwischen der eigentlichen Akkreditierung (als formaler Akt der Produktzertifizierung vergleichbar) und der vorhergehenden Evaluation der Prüfstelle unterschieden werden. Aus Gründen der Lesbarkeit des Textes wird diese Unterscheidung jedoch nicht in der Kapitelstruktur dieser Arbeit berücksichtigt.

rung von DEKITZ in diesem Bereich, denn als Akkreditierungsstelle für andere Institutionen, die ihrerseits Zertifizierungsstellen sind, zu fungieren, ist eine der Hauptaufgaben von DEKITZ.

15.2 Die Organisationsformen im Lichte der Anforderungen

Dieses Kapitel dient der Bewertung der drei in 15.1 vorgestellten Organisationsformen angesichts der Anforderungen an eine Akkreditierungsstelle, die sich im Laufe einer Akkreditierung ergeben (vgl. 12.5). Die beiden Varianten, in denen DEKITZ als Akkreditierungsstelle fungiert, können dabei zusammengefaßt werden, denn die Eigenschaften von DEKITZ sind in beiden Fällen gleich zu sehen, unabhängig davon, ob für das GGS- oder ein „Stiftung Warentest"-Zertifizierungssystem akkreditiert wird. Der Variante „DEKITZ-Akkreditierungsstelle" wird die Variante „BSI-Akkreditierungsstelle" gegenübergestellt.

Der Ablauf einer Akkreditierung aus Sicht der Akkreditierungsstelle und die entsprechenden Anforderungen an deren Organisation lassen sich grob wie in Kapitel 12.5 gliedern:

(1)   Annahme und Verwaltung von Akkreditierungsanträgen (12.5.1);

(2)   Prüfung der Eignung potentiellen Evaluationsstellen (12.5.2);

(3)   Fortlaufende Kontrolle der Qualität der Evaluationsstellen (12.5.3).

Diese Gliederung liegt infolgedessen auch diesem Kapitel zugrunde.

15.2.1 Annahme und Verwaltung von Akkreditierungsanträgen

Drei Anforderungen an die Akkreditierungsstelle bestehen bezüglich der Annahme und Verwaltung von Akkreditierungsanträgen (vgl. 12.5.1):

(1)   Unvoreingenommenheit bei der Beurteilung der Akkreditierungsanträge;

(2)   Verschwiegenheit bezüglich der Anträge;

(3)   Bezahlbarkeit des Verfahrens.

Prinzipiell ist bezüglich dieser drei Anforderungen keine der Varianten „BSI-Akkreditierungsstelle" und „DEKITZ-Akkreditierungsstelle" der anderen überlegen. Unterschiede ergeben sich am ehesten bei der Bezahlbarkeit des Verfahrens. Sie hat ähnlich wie die Bezahlbarkeit des Produktevaluationsverfahrens (vgl. 13.2.1) zwei Komponenten, zum einen die Kosten, die die Zertifizierungsstelle selbst bzw. ein beauftragter Gutachter in Rechnung stellt, zum anderen der Aufwand beim Antragsteller selbst. Bei der zweiten Komponente spielt insbesondere die Dauer der Akkreditierung eine Rolle.

Bezüglich der Kosten, die die Akkreditierungsstelle selbst bzw. ein beauftragter Gutachter in Rechnung stellt, kann die BSI-Variante den Vorteil haben, daß von seiten des BSI nicht zu kostendeckenden Preisen abgerechnet werden muß. Allerdings sind auch die Gebühren der DEKITZ nicht außerordentlich hoch. Außerdem wird erwartet, daß auch das BSI künftig kostendeckend abrechnen muß [D_BMF 1996, Pohl 1996].

Bezüglich des Aufwandes bei der Antragstellerin selbst, insbesondere der Dauer von Akkreditierungen, könnten sich Verzögerungen nachteilig auswirken, wie sie bei Produktzertifizierungen durch die BSI-Zertifizierungsstelle verschiedentlich beklagt wurden. Es liegen allerdings gegenwärtig keine Erkenntnisse vor, daß diese Erfahrungen zu übertragen sind, zumal zumindest bei den Erstakkreditierungen zuzeiten der Etablierung des ITSEC-Zertifizierungssystems ein gewisses Interesse vorzuherrschen schien, eine möglichst große Zahl von Evaluationsstellen zu akkreditieren. Dieses Interesse scheint sich allerdings abzuschwächen, so daß die weiteren Entwicklungen hier besonders sorgfältig zu beobachten sind.

15.2.2 Prüfung der potentiellen Evaluationsstellen

Bezüglich der Prüfung der potentiellen Evaluationsstellen ergaben sich in 12.5.2 sieben Anforderungen an die Zertifizierungsstelle:

(1)   Unvoreingenommenheit;

(2)   Fachliche Kompetenz bezüglich der Prüfmethoden und Prüfgebiete;

(3)   Fähigkeit zur Wiederverwendung von (Teil-) Ergebnissen anderer Akkreditierungen;

(4)   Verschwiegenheit bezüglich Interna der Antragstellerin;

(5)   Unabhängigkeit;

(6)   Unparteilichkeit;

(7)   Flexibilität beim Zeitmanagement.

Die Einschätzung zur **Unvoreingenommenheit** entspricht der in 15.2.1. Die **Flexibilität beim Zeitmanagement** ist ein Teilaspekt der Bezahlbarkeit des Verfahrens (siehe ebenfalls 15.2.1). Wie dort unterscheiden sich die Varianten nicht notwendigerweise, wenn man die Klagen über die BSI-Zertifizierungsstelle nicht überträgt.

Fachliche Kompetenz bezüglich der Prüfmethoden und Prüfgebiete kann eine Akkreditierungsstelle unter Umständen einfacher besitzen, wenn sie selbst auch Zertifizierungsstelle ist. Insofern muß hier bei der DEKITZ-Variante durch die geeignete Auswahl von Gutachtern ein Ausgleich geschaffen werden. Dieser Punkt kann an Bedeutung gewinnen, wenn wie im Vereinigten Königreich Evaluationsstellen für bestimmte Anwendungs- oder Technikbereiche akkreditiert werden (vgl. 15.2.1). Wichtiger wird dann auch die Anforderung **Verschwiegenheit bezüglich Interna der Antragstellerin**[2].

Einen Vorteil hat die DEKITZ-Variante allerdings möglicherweise bei der **Fähigkeit zur Wiederverwendung von (Teil-) Ergebnissen anderer Akkreditierungen**, denn DEKITZ hat ja Erfahrung mit vielen Akkreditierungen aus unterschiedliche Bereichen.

Unabhängigkeit ist bei beiden Varianten bei zu einem gewissen Gerade gegeben. Die Behörde BSI dürfte im allgemeinen wirtschaftlich unabhängig sein, unterliegt jedoch eher direkten politischen Einflüssen als die vereinsähnliche Struktur der DEKITZ, bei der viele verschiedene Gruppierungen mitsprechen (vgl. 1.5.1 und 13.1.4). Außerdem ist bei der BSI-Akkreditierungsstelle noch die vergleichsweise Nähe zur BSI-Zertifizierungsstelle zu beachten.

Unparteilichkeit ist eine der Stärken der DEKITZ-Variante, da DEKITZ nicht Zertifizierungs- und insbesondere nicht Evaluationsstelle ist. Die BSI-Akkreditierungsstelle hingegen ist auch für die BSI-Evaluationsstelle zuständig, was natürlich besondere Anforderungen daran stellt, alle Antragsteller gleich zu behandeln.

15.2.3 Fortlaufende Kontrolle der Qualität der Evaluationsstellen

Die Anforderungen bezüglich der fortlaufenden Kontrolle der Qualität der akkreditierten Evaluationsstellen entsprechen prinzipiell weitgehend denen bezüglich der Prüfung der potentiellen Evaluationsstellen (vgl. 12.5.3 und 15.2.2). Zusätzlich sollte die Akkreditierungsstelle noch die **Aberkennungen von Akkreditierungen veröffentlichen** können, aber diesbezüglich unterscheiden sich die beiden Varianten nicht.

Etwas genauer zu betrachten sind jedoch die Aspekte **Unvoreingenommenheit**, **Unparteilichkeit** und **Unparteilichkeit**, wenn nicht bloß neue Evaluationsstellen zur Akkreditierung anstehen, sondern auch bereits bestehende Evaluationsstellen ihre Akkreditierung verlängern lassen müssen. Diese Evaluationsstellen sind zum einen der Zertifizierungsstelle während des Evaluations- und Zertifizierungsprozesses begegnet, möglicherweise auch in Konfliktsituationen (vgl. 12.4 und 15.2). Diese Konfliktsituationen können leicht zusätzlich belastet werden, wenn die Zertifizierungs- und Akkreditierungsstelle sich sehr nahe stehen, wie etwa bei der BSI-Variante. Ähnliches gilt, wenn ansonsten, etwa bei der Weiterentwicklung der Kriterien (vgl. 17), die Prüfstellen der Zertifizierungsstelle oder einer ihr nahestehenden Vertretung begegnen und Konflikte auftreten. Auch dieser Aspekt stellt sich bei der BSI-Variante besonders, weil ja das BSI als Behörde sehr intensiv mit der Kriterienentwicklung befaßt ist und Konflikte dabei (etwa in der Normung) an der Tagesordnung sind (vgl. 5.1.5 und 9.5).

15.3 Kosten, Kostenverteilung und Haftung

Kosten, Kostenverteilung und Haftung sind analog zu der für Zertifizierungsstellen zu betrachten (vgl. 13.3).

---

2. Schon jetzt gibt es Klagen aus dem Kreis der Evaluationsstellen, daß das BSI bei der Lizenzierung (vgl. 12.5.2) eine erhebliche und überzogene Neugier bezüglich anderer Evaluationsaktivitäten der Antragstellerinnen entwickelt. Um vertrauliche Firmen- und Klienteninformationen zu schützen, erwägen die Betroffenen deswegen bereits die organisatorische Abtrennung verwandter Aufgabenbereiche, obwohl sie dann auf vielfältige Synergieeffekte verzichten müßten.

Bezüglich der Kosten ist allerdings denkbar, daß auch auf eine besondere staatliche Förderung verzichtet werden kann, weil die Kosten für eine Antragstellerin auf Akkreditierung im Verhältnis zu den sonstigen Betriebskosten der Antragstellerin deutlich kleiner sind als die eines Antragstellers auf Zertifizierung im Verhältnis zu seinen Entwicklungskosten. Außerdem existiert bei der Akkreditierung von Evaluationsstellen anders als bei der Produktzertifizierung kein Analogon zur großen Zahl kleiner Kunden (Verbraucher), die sich eine Produktzertifizierung nicht leisten könnten, auch wenn sie ihnen hülfe.

Bezüglich der Haftung ist zu bemerken, daß der Weg von einem Schaden in einem zertifizierten Produkt oder wegen einer mißratenen Evaluation bis zu einer ggfs. fehlerhaften Akkreditierung so weit und die Kausalkette entsprechend so lang sind, daß eine Haftung vermutlich wenig ausrichten würde.

16 Information und Beratung der Nicht-Insider

Information der Nicht-Insider ist eines der Hauptziele der Zertifizierung, denn sie soll schließlich zu einer Steigerung der Markttransparenz beitragen, so daß auch diese Nicht-Insider sachgerechte Entscheidungen treffen können. In Kapitel 12.6 wurden zwei Typen von Informationen unterschieden:

(1) Informationen zu Zertifikaten und Zertifizierungsberichten (vgl. 12.6.1): Diese Informationen sind vor allem für Anwender und Nutzer von Interesse, unter Umständen jedoch auch für potentielle Sponsoren einer Zertifizierung, etwa um eine Marktübersicht zu gewinnen;

(2) Informationen über die Zertifizierungssysteme (vgl. 12.6.2): Diese Informationen sind vor allem für potentielle Sponsoren einer Zertifizierung von Interesse, in gewissem Umfang – etwa zur Einschätzung der Glaubwürdigkeit eines Zertifikates – auch für Anwender und Nutzer.

Organisationsformen für Informations- und Beratungsstellen werden in 16.1 beschrieben und in 16.2 den in 12.6 gesammelten Anforderungen gegenübergestellt. 16.3 enthält Anmerkungen zu Kosten und Haftung.

16.1 Organisationsformen für Informations- und Beratungsstellen

Die wenigen bestehenden Organisationsformen für Informations- und Beratungsstellen werden in 16.1.1 vorgestellt, Vorschläge für neue in 16.1.2.

16.1.1 Bestehende Organisationsformen

Die Landschaft der gegenwärtig bestehenden Organisationen, die über Zertifikate, Zertifizierungsberichte und Zertifizierungssysteme informieren, ist einerseits sehr übersichtlich, andererseits sehr unübersichtlich. Hauptsächlich informieren die Zertifizierungsstellen selbst über die erteilten Zertifikate. Verschiedentlich verteilen sie auch Zertifizierungsberichte, obwohl diese eigentlich bei den Sponsoren der jeweiligen Zertifizierung zu beziehen sind. Insofern ist die Landschaft sehr übersichtlich. Darüberhinaus sind Interessierte gegenwärtig auf die unübersichtliche Landschaft der allgemein üblichen Beratungs- und Informationsstellen angewiesen, etwa die mehr oder weniger fachkundige Presse, Unternehmensberatungen oder „Selbsthilfe"-Einrichtungen und -Aktivitäten.

Eine gewisse Sonderstellung nehmen das BSI und seine Beratungsabteilung (Abteilung VI) ein, die vor allem Behörden, aber in gewissem Umfang auch andere Stellen und Personen über IT-Sicherheit informieren, etwa durch Presseerklärungen, Broschüren und Messestände. Keine der genannten Stellen betreibt jedoch eine systematische und übergreifende Information über Zertifikate, Zertifizierungsberichte oder Zertifizierungssysteme. Insbesondere für Laien sind Information und Beratung kaum zu finden. Dies wird auch in [Langenheder, Pordesch 1996] für das gesamte Feld der Vertrauen schaffenden Instanzen im Bereich Kommunikationstechnik bemängelt.

16.1.2 Neue Organisationsformen

Insbesondere die Informationen zu Zertifikaten und Zertifizierungsberichten bedürfen, um auch für Nicht-Experten (also typische „Verbraucher" oder Kleinanwender) nutzbar zu sein, einer Einordnung im Rahmen einer anwendungsorientierten Beratung (vgl. 14.4.1). Eine potentielle Kandidatin dafür wäre aufgrund ihrer Erfahrung mit den Bedürfnissen von Verbrauchern die Stiftung Warentest oder eine vergleichbare Organisation. Dagegen spricht jedoch, daß die Stiftung Warentest nicht in erster Linie die individuelle Beratung von Verbrauchern oder Anwendern zum Ziel hat, sondern eher die fachkundige Prüfung und die schriftliche Dokumentation der Prüfergebnissen für das weniger fachkundige Publikum. Aus diesem Grund ist diese Organisationsform auch in 13.1.3 als Modell für eine Zertifizierungsstelle vorgesehen worden.

Die zur individuellen Beratung von Anwendern und insbesondere Verbrauchern nötige Infrastruktur stellen eher die Verbraucherzentralen bzw. Verbraucherberatungen dar, vielfach wie etwa die Verbraucherzentrale Baden-Württemberg eingetragene Vereine. Diese Stellen empfehlen sich entsprechend als Informations- und Beratungsstellen zu Zertifikaten und Zertifizierungsberichten. Sie können auch allgemein interessante Informationen zu Zertifizierungssystemen und deren Glaubwürdigkeit liefern, denn mit Problemen der Waren- und Dienstleistungsdeklarierung sind sie auch aus anderen Bereichen gut vertraut. Zusätzlich sind sie von den existierenden oder weiteren Zertifizierungsstellen unabhängig – auch von der „Warentest-Variante" einer Zertifizierungsstelle.

Detailliertere Informationen zu Zertifizierungssystemen sind vor allem für potentielle Sponsoren einer Zertifizierung, also vor allem Hersteller und Vertreiber oder eventuell große Anwender von Informationstechnik interessant (vgl. 12.6.2). Entsprechend bietet es sich an, diese Informationen bei den Ansprechpartnern dieser Gruppen vorzuhalten, also etwa bei Branchenverbänden oder Industrie- und Handels- sowie Handwerkskammern.

16.2 Die Organisationsformen im Lichte der Anforderungen

Die Bewertung der Organisationsformen angesichts der Anforderungen an die Informations- und Beratungsstellen fällt sehr kurz aus, da die Zahl der Varianten gering ist. Der in 12.6 eingeführten Zweiteilung der Information und Beratung in die Themenbereiche

(1)   Zertifikate und Zertifizierungsberichte (vgl. 12.6.1) und

(2)   Zertifizierungssysteme (vgl. 12.6.2)

folgt auch der Zweiteilung dieses Unterkapitels. Gegenübergestellt werden jeweils die Zertifizierungsstellen (vgl. 16.1.1) den in 16.1.2 vorgeschlagenen anderen Organisationsformen, also einerseits (in 16.2.1) Verbraucherberatungen und andererseits (in 16.2.2) Branchenverbänden bzw. Industrie- und Handels- oder Handwerkskammern.

16.2.1 Informationen zu Zertifikaten und Zertifizierungsberichten

Drei Anforderungen an die Informations- und Beratungsstellen ergaben sich bezüglich der Informationen zu Zertifikaten und Zertifizierungsberichten (vgl. 12.6.1):

(1) Fachliche Kompetenz, etwa zur groben Einordnung der Zertifikate;

(2) Unparteilichkeit gegenüber Zertifizierungs- und Evaluationsstellen;

(3) Offenheit gegenüber neuen Anforderungen an Sicherheit.

Es gibt durchaus Grund anzunehmen, daß die Zertifizierungsstellen selbst imstande sind, die erste wie die dritte Anforderung einigermaßen zu erfüllen, obwohl nicht klar ist, wie weit sie sich für die Einordnung ihrer Zertifikate interessieren. Schwierigkeiten dürfte es hingegegen insbesondere bei der Erfüllung der zweiten Anforderung geben, denn die Zertifizierungsstellen sind ja selbst Partei. Ein ähnlicher Schatten fällt auch auf Beratungsstellen, die unter einem Dach mit Zertifizierungsstellen angesiedelt sind. Unparteilichkeit kann eher von den Verbraucherberatungen bzw. den Industrie- und Handels- oder Handwerkskammern erwartet werden.

16.2.2 Informationen über die Zertifizierungssysteme

Die drei Anforderungen an die Informations- und Beratungsstellen bezüglich der Informationen über die Zertifizierungssysteme (vgl. 12.6.2) entsprechen denen bezüglich der Informationen zu Zertifikaten und Zertifizierungsberichten:

(1) Fachliche Kompetenz, vor allem zur Einschätzung der Zertifizierungssysteme;

(2) Unparteilichkeit gegenüber Zertifizierungs- und Evaluationsstellen;

(3) Offenheit gegenüber neuen Anforderungen an Sicherheit.

Auch die Einschätzung der Fähigkeit der Zertifizierungsstellen, die Anforderungen zu erfüllen, deckt sich mit der im letzten Kapitel. Fachliche Kompetenz und Offenheit können möglicherweise erwartet werden, Unparteilichkeit kann jedoch nicht vorausgesetzt werden, da die Zertifizierungsstellen selbst Partei sind. Auch an dieser Stelle sind die in 16.1.2 diskutierten Beratungen durch Branchenverbände oder Industrie- und Handels- sowie Handwerkskammern in einer besseren Position.

16.3 Kosten, Kostenverteilung und Haftung

Die Kosten der Information und Beratung der Nicht-Insider sowie die Verteilung dieser Kosten werden in 16.3.1 diskutiert, der Sinn einer Haftung der Informations- und Beratungsstellen in 16.3.2.

16.3.1 Kosten und Kostenverteilung

Die Kosten für die Information und Beratung von Verbrauchern und Anwendern zu Zertifikaten und Zertifizierungsberichten können erheblich sein und die Mittel dieser Gruppen übersteigen.

Eine stattliche Förderung der Information und Beratung kann deshalb nötig sein. Sie ist aus den gleichen Gründen sinnvoll, die in 13.3.1 für Förderung der Erstellung der Zertifikate angeführt wurden, denn gerade die möglichst breite Information über die Zertifikate und Berichte bringt deren Wert erst zur Geltung.

Nicht so eindeutig ist die Situation bei der eingehenden Information und Beratung zu Zertifizierungssystemen, wie sie für potentielle Sponsoren von Zertifizierungen nützlich ist. Unsicher ist beispielsweise, ob es gesamtwirtschaftlich gesehen immer sinnvoll ist, wenn ein Hersteller aufgrund einer Beratung zu Zertifizierungssystemen möglichst schnell zu dem Zertifikat kommt, das am besten in seine Marketingstrategie paßt. Insofern ist eine staatliche Förderung dieser Beratungsinfrastruktur nicht so naheliegend, wie sich dies bei der Beratung zu Zertifikaten ergeben hat. Eine Möglichkeit ist die teilweise Förderung der Infrastruktur; eine andere Möglichkeit ist die Förderung der Beratung bei bestimmten Technikprojekten, deren Zertifizierung als wohlfahrtssteigernd angesehen wird, im Rahmen einer Förderung dieser jeweiligen Projekte.

16.3.2 Haftungsfragen

Die Haftung einer Stelle zur Information und Beratung von Anwendern und Nutzern zu Zertifikaten und Zertifizierungsberichten würde ein recht formales (Vertrags-) Verhältnis zwischen Beratern und Beratenen voraussetzen. Dieses formelle Verhältnis entspricht nicht dem Charakter einer – möglichst unbürokratischen und kostenfreien – Verbraucherberatung.

Ähnliches gilt für die Haftung einer Stelle zur Information und Beratung zu Zertifizierungssystemen. Hier ist insbesondere die präzise Bestimmung eines Schadens, für den die Beratungsstelle sinnvoll haften könnte, kaum möglich. Schaden entstünde eigentlich dann, wenn ein Sponsor weniger Erfolg bei einer Zertifizierung hat als nach der Beratung geplant: es kann aber keine Beratungsstelle seriös den Erfolg einer Zertifizierung fest zusagen, ohne sie selbst durchgeführt zu haben. Gerade eine Zertifizierungsstelle würde in erhebliche Konflikte gestürzt, wenn sie den Erfolg des Zertifizierungsprozesses im voraus versprechen müßte.

17 Weiterentwicklung von Kriterien und Methoden

Bislang ist weder das Thema „Sicherheit in der Informations- und Kommunikationstechnik" vollständig verstanden, noch ist abschließend klar, mit welchen Maßnahmen welchen Problemen begegnet werden kann. Die Weiterentwicklung der Technik, ihrer Anwendungen und der damit verknüpften Sicherheitsanforderungen[1] sorgt dafür, daß die Weiterentwicklung von Kriterien und Methoden wohl noch einige Zeit in Anspruch nehmen wird, wenn es sich nicht gar wegen des anhaltenden technischen Fortschritts um eine Daueraufgabe handelt. Vier Teilbereiche dieser Aufgabe waren in Kapitel 12.7 identifiziert worden:

(1) Die spezifische Ausarbeitung der Kriterien für spezielle Anwendungen (vgl. 12.7.1 bzw. 17.1);

(2) Die Verwaltung der spezifischen Ausarbeitungen (vgl. 12.7.2 bzw. 17.2);

(3) Die Überarbeitung der Kriterien (vgl. 12.7.3 bzw. 17.3);

(4) Die Entwicklung und Weiterentwicklung von Evaluationsmethoden (vgl. 12.7.4 bzw. 17.4).

Da teilweise verschiedene Instanzen die Teilaufgaben übernehmen, weicht die Gliederung dieses Kapitels von der der letzten vier Kapitel ab: Zu jeder Teilaufgabe werden einzeln die Instanzen, die die Teilaufgabe erledigen bzw. erledigen könnten, vorgestellt und diese dann an den jeweils in Kapitel 12.7 ermittelten Anforderungen gemessen.

17.1 Spezifische Ausarbeitung der Kriterien für spezielle Anwendungen

Da die Evaluationskriterien IT-Sicherheit im allgemeinen abdecken und oftmals eher abstrakt gehalten sind, sind für einzelne Anwendungen spezielle Ausarbeitungen nötig (vgl. 12.7.1).

17.1.1 Organisationsformen

Verschiedene Organisationen haben spezifische Ausarbeitungen der Kriterien für Anwendungen, die sie jeweils interessieren, verfaßt bzw. Initiativen in diese Richtung gestartet:

- Die „European Association for Standardizing Information and Communication Systems" (ECMA[2]) als Herstellervereinigung;

- Der TeleTrust e.V. als Vereinigung von Anbietern und Anwendern mit dem Ziel der Verbreitung der vertrauenswürdigen Telekooperation;

---

1. Beispiele für kaum vorhergesehene Technikentwicklungen sind die massenweise Verbreitung kleiner, leistungsfähiger und vergleichsweise preisgünstiger Rechner an Arbeitsplätzen und Privathaushalten und die Vernetzung dieser Rechner. Damit verknüpfte Anwendungen mit hohen und neuen Sicherheitsanforderungen sind die Abwicklung von Bank- und Handelsgeschäften (Home-Banking, Electronic Commerce) über die neuen Netze.

2. Ehemals: European Computer Manufacturers Association

- Das Bundesamt für Sicherheit in der Informationstechnik als Behörde;

- Die Technologieberatungsstelle des Deutschen Gewerkschaftsbundes Nordrhein-Westfalen als gewerkschaftsnahe Einrichtung.

Weitere potentielle Autoren sind Großanwender und deren Vereinigungen, etwa (aus dem Bankenbereich) der Zentralausschuß des deutschen Kreditwesens, sowie Verbraucherschutzorganisationen, etwa Verbraucherzentralen, und Zertifizierungsstellen in ihren in 13.1 beschriebenen Varianten.

17.1.2 Die Organisationsformen im Lichte der Anforderungen

Drei Anforderungen an die Urheber spezifischer Ausarbeitungen der Kriterien ergaben sich in 12.7.1:

(1)   Diversität;

(2)   Fachliche Kompetenz;

(3)   Offenheit gegenüber neuen Anforderungen an Sicherheit.

Keiner der Organisationsformen aus 17.1.1 können die Eigenschaften (2) und (3) per se abgesprochen werden. Diversität jedoch ist nur mit einer möglichst großen Zahl potentieller Autorenorganisationen erreichbar. Konsequenterweise sollte ein möglichst breites Spektrum von Organisationen motiviert werden, da es ja um die Abdeckung möglichst vieler Anforderungsvarianten geht.

17.1.3 Kosten und Kostenverteilung

Bislang haben die Urheber spezifischer Ausarbeitungen der Kriterien ihre Kosten selbst getragen und teilweise (wie ECMA) auch erheblich in die kostenlose Verbreitung ihrer Dokumente investiert. Grundsätzlich sollten die Urheber tatsächlich ihre Kosten selbst tragen. Allerdings kann die Anforderung, ein möglichst breites Spektrum von Organisationen zu motivieren, in besonderen Fällen eine staatliche Förderung sinnvoll machen. Gleiches gilt für eine staatliche Förderung der Erstellung gemeinwohlförderlicher Funktionalitätsklassen (vgl. auch 13.3.1).

17.2 Verwaltung der spezifischen Ausarbeitungen

Ohne recherchierbare Sammlungen der spezifischen Ausarbeitungen kann leicht die Übersicht über sie verloren gehen, und damit verlieren die spezifischen Ausarbeitungen bereits einen Teil ihres Wertes. Außerdem kann es sinnvoll sein, eine Instanz beurteilen zu lassen, ob eine spezielle Ausarbeitung tatsächlich mit den zugrundeliegenden Kriterien kompatibel ist (vgl. 12.7.2).

17.2.1 Organisationsformen

In der Normung wurde und wird bereits eine eigene Verwaltung der spezifischen Ausarbeitungen der Kriterien angedacht. Geplant ist eine Vorgehensweise ähnlich der Registrierung von Verschlüsselungsalgorithmen. Im ersten – mangels Unterstützung einer ausreichenden Zahl nationalen

Normorganisationen fehlgeschlagenen – Anlauf sollten Funktionalitätsklassen[3] registriert und Registrierungsprozeduren dafür entwickelt werden [ISO/IEC 1992a, 1993]. Mittlerweile hat eine Mehrheit der nationalen Normorganisationen einem neuen Projekt zur Registrierung von Schutzprofilen (Kombinationen aus Funktionalitäts- und Qualitätssicherungselementen) zugestimmt [ISO/IEC 1996a, 1996b].

Angedacht ist die Variante eines „Restricted Registry", bei dem die zu registrierenden Ausarbeitungen vorher geprüft werden. Als Registrierungsinstanz sind nationale Normorganisationen bzw. deren Vertretungen bei ISO/IEC JTC1/SC27/WG3 geplant. Die französische Normorganisation AFNOR hat bereits Interesse signalisiert. Streitfälle könnte ISO/IEC JTC1/SC27 entscheiden. Alternativ wäre ein „offenes" Register denkbar, in das die Ausarbeitungen ohne weitere Prüfung aufgenommen werden.

Eine andere Organisationsform wäre die Registrierung bei den jeweiligen Zertifizierungsstellen. Diese Varianten könnten auch schon vor der Etablierung einer internationalen Norm praktiziert werden. Allerdings hat sich – möglicherweise aufgrund der noch sehr geringen Zahl spezifischer Ausarbeitungen – noch keine Zertifizierungsstelle explizit als Registrierungsstelle betätigt.

17.2.2 Die Organisationsformen im Lichte der Anforderungen

Zwei Anforderungen an die Instanzen zur Verwaltung spezifischer Ausarbeitungen der Kriterien ergaben sich in 12.7.2:

(1) Unparteilichkeit;

(2) Zuverlässigkeit.

Beide Anforderungen lassen sich vermutlich leichter erfüllen, wenn die Verwaltungsinstanz von einem internationalen Normungsgremium wie ISO/IEC JTC1/SC27 kontrolliert wird, als wenn die Verwaltungsinstanz als Zertifizierungsstelle selbst und allein die Möglichkeit einer abschließenden Entscheidung hat. Trotzdem können sowohl für eine Übergangszeit als auch zur Abdeckung regionaler Besonderheiten Registraturen bei Zertifizierungsstellen sinnvoll sein. Entsprechend können zur Vermeidung von Willkür auch die Organisations- und Organisationseinbettungsmodelle für die Zertifizierungsstelle (vgl.13, speziell 13.1) greifen. Insofern ist eine (überschaubare) Mehrzahl von Registrierungsstellen durchaus zu begrüßen.

Mindestens solange die Zahl der spezifischen Ausarbeitungen noch sehr überschaubar ist, sollten neben den jeweiligen durch Kontrolle beschränkten Registern noch offene existieren, auch um Informationen über Ausarbeitungen, die noch geprüft werden, schnell zur Verfügung stellen zu können.

---

3. Zu dieser Zeit waren die in der Normung entwickelten Evaluationskriterien noch stark an die ITSEC [CEC 1991b] und vor allem an deren Terminologie angelehnt (vgl. Kapitel 7).

17.2.3 Kosten und Kostenverteilung

In finanzieller Hinsicht hat keine der Varianten besondere Vorteile vor der anderen. Allerdings dürfte der Betrieb eines Registers ohnehin kaum besonderen Aufwand verursachen, der im Rahmen der Aktivitäten einer Zertifizierungsstelle oder im Rahmen der Arbeit einer nationalen Normungsorganisation besonders auffallen dürfte. Denkbar ist dann, Kosten auf die Einreicher oder die Anfrager zu verteilen.

17.3 Überarbeitung der Kriterien

Die bisherige Erfahrung hat gezeigt, daß spätestens nach einigen Jahren mindestens einige der den jeweiligen IT-Sicherheitsevaluationskriterien zugrundegelegten Annahmen überholt sind und eine Überarbeitung nötig wird (vgl.Teil B und Kapitel 12.7.3).

17.3.1 Organisationsformen

Die meisten Überarbeitungen von IT-Sicherheitsevaluationskriterien sind bislang von den nationalen IT-Sicherheitsbehörden vorgenommen worden, zumeist im Zuge einer internationalen Harmonisierung mit anderen Kriterien. Beispiele sind die Weiterentwicklung der deutschen ZSISC zu den ITSEC oder die Arbeiten zur Ablösung der US-amerikanischen TCSEC als Reaktion auf die europäischen Aktivitäten. Zuweilen war auch die EU-Kommission als supranationale Organisation beteiligt, speziell bei der Entwicklung der ITSEC und in der ersten Phase der Entwicklung der CC.

Die CC liefern auch das jüngste und umfangreichste Beispiel für die Einrichtung eines supranationalen Gremiums zur Entwicklung von IT-Sicherheitsevaluationskriterien: Das „Common Criteria Editorial Board" (CCEB) hat die CC bis Ende Januar 1996 zur Version 1.0 entwickelt. Das „Common Criteria Implementation Board" (CCIB) koordiniert seitdem die Einsatzversuche und die Weiterentwicklung der CC. Auch diese Gremien sind jedoch immer mit Vertretern der nationalen IT-Sicherheitsbehörden besetzt (bzw. gelegentlich mit Beratern, die im Auftrag der jeweiligen Behörde die Arbeit tun). Vertreten im CCIB sind gegenwärtig die folgenden Behörden:

(1)   Das „National Institute of Standards and Technologe" (NIST) der USA;

(2)   Die „National Security Agency" (NSA) der USA;

(3)   Das „Communications Security Establishment" (CSE) Kanadas;

(4)   Das „UK IT Security and Certification Scheme" des Vereinigten Königreichs;

(5)   Das „Bundesamt für Sicherheit in der Informationstechnik" (BSI) Deutschlands;

(6)   Der „Service Central de la Sécurité des Systèmes d'Information" (SCSSI) Frankreichs;

(7)   Die „Netherlands National Communications Security Agency" (NLNCSA) der Niederlande.

Einfluß von anderer Seite, etwa der Wissenschaft oder Wirtschaft kommt wenn, dann nur indirekt, etwa über assoziierte Arbeitskreise, zum Tragen. Ein wesentlicher Einflußkanal ist die internationale Normung, da das CCEB/CCIB möglichst konform mit der internationalen Norm sein und diese umgekehrt auch beeinflussen will.

In der „Working Group" 3 (WG3) des „Subcommittee" 27 (SC27) des „Joint Technical Committee" 1 (JTC1) der „International Organization for Standardization" (ISO) und der International Electrotechnical Commission (IEC) werden seit 1990 Evaluationskriterien für IT-Sicherheit (ECITS) genormt. Die internationale Normungsgruppe besteht aus Delegierten der nationalen Normungsorganisationen, z.B. für Deutschland des Deutschen Institutes für Normung (DIN). DIN-Sitzungen sind prinzipiell fachöffentlich und entsprechend nimmt ein weites Spektrum von Vertretern der Wirtschaft (Hersteller, Dienstleister, Prüfer und Berater), der Wissenschaft und einschlägiger Behörden (etwa BAPT und BSI) teil.

17.3.2 Die Organisationsformen im Lichte der Anforderungen

Sechs Anforderungen an eine Instanz, die mit der Überarbeitung der Kriterien betraut ist, ergaben sich in Kapitel 12.7.3:

(1) Fachliche Kompetenz;

(2) Offenheit gegenüber neuen Sicherheitsanforderungen und -funktionalitäten;

(3) Repräsentation der verschiedenen Anforderungen an Sicherheit;

(4) Unparteilichkeit;

(5) Nachvollziehbarkeit der Fortschritte für Außenstehende;

(6) Kontinuität.

Vergleicht man die eher offene Normorganisation mit den verschiedenen Gremien, an denen ausschließlich Behörden beteiligt sind, ergibt sich, daß die Normorganisation bei den Anforderungen (2), (3) und (5) schon aufgrund ihrer Struktur offensichtlich besser abschneidet. Ob fachliche Kompetenz eher in einer geschlossenen oder einer offenen Gruppe existiert bzw. heranwächst, kann nicht abschließend entschieden werden, so daß hierbei keine der beiden Organisationsformen prinzipielle Vorteile hat. Die Anforderung (4) ist durch die Normorganisation eher erfüllbar, denn die staatlichen Einrichtungen haben zum Teil direkten Interessen der Staatsorganisation zu folgen[4]. In der Normorganisation sind die verschiedenen Gruppen mit ihren möglicherweise widerstreitenden Interessen zumindest prinzipiell vertreten.

Auch die Anforderung der Kontinuität (6) ist in der Normung besser erfüllbar: Normarbeit ist auf Dauer angelegt; außerdem ist stets vorgesehen, Normen nach einigen Jahren daraufhin zu prüfen,

---

4. Deutlich wurde dieses Problem im Bereich IT-Sicherheit bislang vor allem beim Thema „Verschlüsselung": Die behördliche Zertifizierungsstelle kann Verschlüsselungsalgorithmen und -verfahren nicht zertifizieren (vgl. 13.1.1 und 13.2.1), weil staatliche Interessen entgegenstehen, und in den behördlich formulierten Kriterien ist die Bewertung der Stärke dieser Algorithmen und Verfahren gleichfalls ausgespart.

ob eine Überarbeitung nötig ist. Regeln und Institutionen dazu sind vorhanden. Demgegenüber ist die Kontinuität der behördlichen Gremien stets fraglich: Die behördlichen Stellen, die die Arbeit finanzieren, binden sich nicht auf Dauer und müssen sich für ihre Entscheidungen bestenfalls auf politischem Wege verantworten, wo das Thema aufgrund seiner Spezialisierung leicht untergehen kann. Auch in der Normung ist zwar die Fortsetzung einer Arbeit nicht für die Ewigkeit garantiert, jedoch entscheiden hier die Beteiligten selbst, ob sich eine Weiterarbeit lohnt.

17.3.3 Kosten und Kostenverteilung

Gegenwärtig tragen die Beteiligten an der Normung ihre Kosten selbst: direkt die Kosten für die Reisen und die Arbeitszeit und indirekt über Beiträge zumindest teilweise die Kosten der Normungsorganisationen. Einen weiteren Teil der Kosten erwirtschaften die Normungsorganisationen über den Verkauf gedruckter Normdokumente.

Die behördlichen Initiativen werden aus Geldern der beteiligten Staaten finanziert; auch die EU-Kommission hat (bei der Erarbeitung der ITSEC und in der ersten Phase der CC) Kosten übernommen. Prinzipiell ist eine staatliche Subventionierung aus Gründen der Gemeinwohlförderung auch bei der Überarbeitung der Kriterien angebracht (vgl. dazu die ausführliche Argumentation in 13.3.1). Allerdings ist zu fragen, ob die staatliche Förderung sich wie gehabt auf behördliche Aktivitäten wie das CCEB/CCIB konzentrieren sollte.

Die Parallelarbeit und teilweise Rivalität zwischen der geschlossenen Behördengruppe und der offenen Normung wirkt nicht besonders effizient (vgl. auch 9.5). Da die Normung, wie sich in 17.3.2 ergab, die Anforderungen an eine Instanz zur Entwicklung der Kriterien jeweils mindestens genausogut und meist besser erfüllt, kann es sinnvoll sein, die staatlichen Mittel dort einzubringen.

Sinnvoll wäre dann eine Förderung der Gruppen, die zwar prinzipiell teilnehmen können, sich dies aber nicht oder nur eingeschränkt finanziell leisten können. Bei der Kriterienentwicklung und -weiterentwicklung sind dies vor allem Vertreter privater Anwender und Verbraucher sowie der Forschung. Dies kann auch helfen, schneller zu anwendbaren Kriterien zu kommen.

17.4 Entwicklung und Harmonisierung von Evaluationsmethoden

Die Entwicklung und Weiterentwicklung von Evaluationsmethoden soll die Qualität der Evaluationen steigern; dies gilt insbesondere für die Aussagekraft der Ergebnisse und die Effizienz des Evaluationsprozesses. Die Harmonisierung sowie harmonisierte Entwicklung und Weiterentwicklung sollen den Vergleich der Evaluationsresultate erleichtern (vgl. 12.7.4).

17.4.1 Organisationsformen

Gegenwärtig werden Evaluationsmethoden zumeist von den nationalen IT-Sicherheitsbehörden (auch im Zuge der Harmonisierung) oder von den Evaluationsstellen (im Zuge ihrer Arbeit) entwickelt und weiterentwickelt. Die nationalen IT-Sicherheitsbehörden sind jene, die auch die Evaluationskriterien im CCEB/CCIB entwickeln und weiterentwickeln (vgl. 17.3.1). Insbesondere das CCIB hat je eine Initiative zu „Common Evaluation Methods" und zu „Alternative Assurance Approaches" gestartet [CCIB 1996]. Ergebnisse von Aktivitäten der Evaluationsstellen zur Weiterentwicklung ihres Methodenkanons werden gegenwärtig noch nicht systematisch veröffentlicht. Dies könnte sich jedoch ändern, wenn die entsprechenden Aktivitäten in der Normung beginnen.

In der Normung (speziell in ISO/IEC JTC1/SC27/WG3, vgl. 7 und 17.3.1) wird gerade untersucht, ob Projekte zur Weiterentwicklung und Harmonisierung von Evaluationsmethoden Erfolg versprechen. Dazu wird gegenwärtig geprüft, ob ein Rahmenwerk Aussicht auf Harmonisierung hat, und ein entsprechendes Normprojekt bearbeitet [ISO/IEC 1996c]. Unabhängig von dem Erfolg dieses Projektes besteht jedoch die in ISO/IEC JTC1/SC27/WG3 mehrfach geäußerte Absicht, Evaluationsmethoden zu normen, sobald die Norm für die Evaluationskriterien eine ausreichend stabile Grundlage bietet.

17.4.2 Die Organisationsformen im Lichte der Anforderungen

Die Anforderungen an die bei der Entwicklung, Weiterentwicklung und Harmonisierung von Evaluationsmethoden beteiligten Instanzen entsprechen den Anforderungen, die bezüglich der Überarbeitung der Kriterien gestellt werden (vgl. 12.7.4 und 17.3.2):

(1) Fachliche Kompetenz;

(2) Offenheit gegenüber neuen Sicherheitsanforderungen und -funktionalitäten;

(3) Repräsentation der verschiedenen Anforderungen an Sicherheit;

(4) Unparteilichkeit;

(5) Nachvollziehbarkeit der Fortschritte für Außenstehende;

(6) Kontinuität.

Der Vergleich der eher offenen Normorganisation mit den verschiedenen Gremien, an denen ausschließlich Behörden beteiligt sind (etwa dem CCIB) fällt wie in 17.3.2 zugunsten der Normorganisation aus. Dies ist nicht verwunderlich, da die Anforderungen an die beteiligten Instanzen die gleichen sind, und auch die gleichen Organisationsformen vergleichen werden.

Da in verschiedenen Bereichen verschiedene Evaluationsmethoden hilfreich oder optimal sein können, spricht viel für die dezentrale Entwicklung von Methoden durch möglichst viele Stellen. Die Einordnung der Methoden bzw. die Auswahl ist eine typische Aufgabe für die Normung.

17.4.3 Kosten und Kostenverteilung

Die Kostenarten und Kostenverteilung für die Entwicklung, Weiterentwicklung und Harmonisierung von Evaluationsmethoden entsprechen denen für die Überarbeitung der Kriterien (vgl. 17.3.3). Die Beteiligten an der Normung tragen ihre Kosten selbst: Direkt übernehmen sie die

Kosten für die Reisen und ihre Arbeitszeit; indirekt tragen sie über ihre Beiträge – zumindest teilweise – die Kosten der Normungsorganisationen.

Die behördlichen Initiativen werden aus Geldern der beteiligten Staaten finanziert; auch die EU-Kommission hat (bei der Erarbeitung des ITSEM) Kosten übernommen. Prinzipiell ist auch bei der Entwicklung, Weiterentwicklung und Harmonisierung von Evaluationsmethoden eine staatliche Subventionierung aus Gründen der Gemeinwohlförderung angebracht (vgl. dazu die ausführliche Argumentation in 13.3.1). Allerdings ist auch hier zu fragen, ob die staatliche Förderung sich – wie gehabt – auf behördliche Aktivitäten wie das CCEB/CCIB konzentrieren sollte.

Die Parallelarbeit und teilweise Rivalität zwischen der geschlossen Behördengruppe und der offenen Normung, die schon bei der Kriterienentwicklung und -überarbeitung nicht besonders effizient wirkt (vgl. 9.5 und 17.3.3), ist auch hier zu befürchten. Da die Normung, wie sich in 17.4.2 bzw. 17.3.2 ergab, die Anforderungen an eine Organisation zur Arbeit an Evaluationsmethoden jeweils mindestens genauso gut und meist besser erfüllt als eine geschlossene Behördengruppe, ist es auch bei dieser Arbeit (wie bei der an den Kriterien selbst) eher sinnvoll, die staatlichen Mittel zur Förderung der Normungsarbeit zu nutzen.

Sinnvoll wäre dann wie bei der Arbeit an den Kriterien auch bei der Arbeit an Evaluationsmethoden eine Förderung *der* Gruppen, die zwar prinzipiell teilnehmen können, sich dies aber nicht oder nur eingeschränkt finanziell leisten können. Wie bei der Kriterienarbeit könnten dies Vertreter privater Anwender und Verbraucher sowie der Forschung sein. Förderungswürdig sind hier außerdem vermutlich noch die Evaluationsstellen bzw. ihre Vertreter: Ihnen muß möglicherweise ein Anreiz und Ausgleich dafür geboten werden, daß sie in erheblichem Maße Know-how in die Öffentlichkeit und damit auch in die Hände ihrer jeweiligen Konkurrenten tragen.

Nachwort

Schon die Entwicklung *eines* sicheren IT-Systems ist eine anspruchsvolle und schwere Aufgabe, denn man muß sich dabei sehr früh überlegen, welche Probleme auftauchen können und was dagegen zu tun ist. Wer allgemeine oder gar allgemeingültige Kriterien für sichere IT-Systeme entwerfen will, muß sich demzufolge schon vorher überlegen, was bei beliebigen Systemen passieren kann und was sich dagegen tun ließe. Daß diese Aufgabe aus sich heraus nicht abschließend zu lösen ist, liegt auf der Hand. Es dürfte im Rahmen dieses Buches aus der Diskussion der verschiedenen Kriterienentwürfe und ihren — selbst bei weiterentwickelten Versionen — immer neuen Schwächen und Defiziten klar geworden sein.

Auch die in Teil D vorgestellten neuen Konzepte für die Gliederung sicherer Funktionalität erheben nicht den Anspruch, IT-Sicherheit allgemeingültig und abschließend zu modellieren. Sie wollen eher als Fortschritt in Richtung auf die Berücksichtigung der Sicherheitsanforderungen vieler, möglichst aller, Beteiligter verstanden werden — darum auch der Begriff „Mehrseitige IT-Sicherheit". Entsprechend konstruierte und zertifizierte Technik kann ihren Nutzern dann auch bei der Umsetzung mancher persönlicher und zum Zeitpunkt der Technikentwicklung noch gar nicht erkennbarer Anforderungen helfen.

Die Weiterentwicklung von Konzepten und Kriterien wird jedoch weiterhin nötig sein, sei es wegen der Entwicklung der Informationstechnik allgemein, wegen Fortschritten in der Sicherheitstechnik oder auch wegen neuer Anwendungen. Weder ist gegenwärtig das Potential der rechnergestützten Kommunikationstechnik ausgeschöpft, noch das der elektronischen Implementierung von Märkten und Zahlungssystemen: Beide Bereiche mit ihrer großen Zahl involvierter Partner stellen hohe Anforderungen an die Mehrseitigkeit von IT-Sicherheit und laden zu Untersuchungen an Beispielen ein. Auch das Verhältnis zwischen Funktionalität und Qualitätssicherung kann wieder ein wichtiger Untersuchungsgegenstand werden, etwa wenn sich analog der „Protection Profile"-Idee und der möglicherweise entstehenden Sammlung von „Protection Profiles" neue Anregungen für die Gliederung von Sicherheit ergeben sollten.

Daß Sicherheit stets Weiterentwicklung bedeutet und ständige Weiterentwicklung verlangt, ist auch *ein* Grund für die Erarbeitung von Teil E zur Organisation der Zertifizierung und der Weiterentwicklung ihrer fachlichen Grundlagen, besonders der Kriterien. Letztendlich geht es um Vorschläge, wie sich einerseits die allgemein angelegten Kriterien möglichst nützlich auf konkrete Systeme anwenden lassen und wie andererseits die Erkenntnisse aus der Arbeit an den in der Realität vorkommenden Systemen, Problemen und Lösungsansätzen wieder in eine Weiterentwicklung der Kriterien einfließen können. Das Verständnis von Sicherheit als einer mehrseitigen Angelegenheit legt dabei die Erkenntnis nahe, daß unterschiedliche Interessen unterschiedlicher und unterschiedlich starker Gruppen vorliegen.

Die plastischste Erkenntnis aus Teil E dürfte sein, daß eine sehr starke oder gar monopolähnliche Stellung einer Institution weder der informationstechnischen Sicherheit noch dem Vertrauen in Organisationen und Institutionen dient. Daneben bleibt festzuhalten, daß gute Lösungen zur Verteilung von Kompetenzen zunächst aufwendiger als blindes Vertrauen und „Hauruck"-Methoden sind. Auch in diesem wichtigen Bereich konnten in diesem Buch viele Themen nur partiell bearbeitet oder angerissen werden. Es zeigte sich allerdings deutlich, daß die ob ihrer vermeintlichen Langsamkeit vielgescholtene, jedoch vergleichsweise offene ISO/IEC-Normung gerade zur Erarbeitung von IT-Sicherheits-Evaluationskriterien die bislang beste Basis bietet. Dies mag einerseits daran liegen, daß Evaluationskriterien weniger auf technische Details abheben als eine Richtung aufzeigen; zum anderen liegt es wohl daran, daß gerade bei mehrseitiger Sicherheit die Beteiligung möglichst vieler interessierter Kreise wichtig ist.

Weitere Arbeit lohnen vertiefte Untersuchungen, wie Nutzer bezüglich der für sie relevanten IT-Systeme das richtige Maß an handlungsermöglichendem Vertrauen und schadensvermeidendem Mißtrauen erreichen können und welche Institutionen imstande sind, ihnen dabei zu helfen. Dies gilt besonders für den in diesem Buch ebenfalls nur angerissenen Bereich der Systemzertifizierung. Darüberhinaus gilt es, den Aufwand für Evaluation und Zertifizierung zu senken. Ein Ansatz, der in diesem Buch nur am Rande vorkommt, ist die weitergehende Integration der Evaluations- und Zertifizierungaktivitäten in die Entwicklung und Qualitätssicherung der Hersteller. Vorschläge, Evaluationsleistungen teilweise dort erbringen zu lassen, verdienen Aufmerksamkeit, sowohl bezüglich ihrer Chancen zur Aufwandssenkung als auch bezüglich der Herausforderung, das Sicherheitsniveau und das Vertrauen in dieses Niveau zu halten.

Es bleibt also weiter viel zu tun, und wenn dieses Buch oder sein Nachwort als Anregung für das eine oder andere Projekt oder Vorwort dienten, wäre das dem Autor nur recht.

Anhänge

Anhang A: Literatur

[Abrams, Toth 1994] Marshall D. Abrams, Patricia R. Toth: A Head Start on Assurance; Proceedings of an Invitational Workshop on Information Technology Assurance and Trustworthiness, Williamsburg, Virginia, March 21-23, 1994; National Institute of Standards and Technology Internal Report NISTIR 5472; http://csrc.ncsl.nist.gov/nistir/ir5472.txt

[Anderson 1972] J.P. Anderson: Computer Security Technology Planning Study, ESD-TR-73-51, Vol. I, AD-758 206, Oktober 1972, ESD/AFSC, Hanscom AFB, Bedford, Massachussetts, USA

[Baumgart u.a. 1996] Rainer Baumgart, Frank Beuting, Torsten Henn, Thomas Rottke: Evaluation und Akkreditierung von Systemen zur digitalen Signatur und deren Infrastruktur; S. 93-107 in Patrick Horster: Digitale Signaturen – Grundlagen, Realisierungen, Rechtliche Aspekte, Anwendungen; Proceedings der Arbeitskonferenz vom 18. - 19. 9. 1996 in Darmstadt; DuD-Fachbeiträge; Vieweg 1996; ISBN 3-528-05548-0

[Bell, LaPadula 1973] D.E. Bell und L.J. La Padula: Secure Computer Systems: A Mathematical Model, MTR-2547, Vol. II, November 1973, MITRE Corporation, Bedford, Massachussetts, USA

[Bertsch, Damker, Federrath 1996] Andreas Bertsch, Herbert Damker, Hannes Federrath: Persönliches Erreichbarkeitsmanagement; Informationstechnik und Technische Informatik (it+ti), 38. Jg., Heft 4, August 1996, S. 20-23

[Blind 1996] Knut Blind: Allokationsineffizienzen auf Sicherheitsmärkten: Ursachen und Lösungsmöglichkeiten; Fallstudie Informationssicherheit in Kommunikationssystemen; Band 74 in: Finanzwissenschaftliche Schriften; Hg. Albers, Krause-Junk, Littmann, Oberhauser, Pohmer, Schmitt; Peter Lang Verlag; Frankfurt u.a.; 1996

[Boly u.a. 1994] Jean-Paul Boly, Antoon Bosselaers, Ronald Cramer, Rolf Michelsen, Stig Mjølsnes, Frank Muller, Torben Pedersen, Birgit Pfitzmann, Peter de Rooij, Berry Schoenmakers, Matthias Schunter, Luc Vallée, Michael Waidner: The ESPRIT Project CAFE – High Security Digital Payment Systems; ESORICS 94 (Third European Symposium on Research in Computer Security), Brighton, LNCS 875, Springer-Verlag, Berlin u.a. 1994, p. 217-230.

[Borrett 1995] Alan Borrett: A Perspective of Evaluation in the UK Versus the US; in: 18th National Information Systems Security Conference Compact Disc, 1995, Record 1544-1648

[Brunnstein, Fischer-Hübner 1992] Klaus Brunnstein, Simone Fischer-Hübner: Möglichkeiten und Grenzen von Kriterienkatalogen; Wirtschaftsinformatik, Jg. 34, Heft 4, August 1992, S. 391-400

[Bundesanzeiger 1996] Bundesanzeiger Verlag: Weltweit vernetzt – aber sicher! Prospekt zur Schriftenreihe des BSI (Bundesamt für Sicherheit in der Informationstechnik); Bundesanzeiger Verlag, Köln, 1996

[Bürk, Pfitzmann 1990] Holger Bürk, Andreas Pfitzmann: Value Exchange Systems Enabling Security and Unobservability; Computers & Security 9/8 (1990) p. 715-721

[CCEB 1994] Common Criteria Editorial Board (CCEB): Common Criteria for Information Technology Security Evaluation (CC), Version 0.9, 31st October 1994; 3 of 5 Parts + Example Protection Profiles + Technical Rationale (Version 0.5), ca. 800 pages or 1 CD-ROM

[CCEB 1996a] Common Criteria Editorial Board (CCEB): Common Criteria for Information Technology Security Evaluation (CC), Version 1.0, 31st January 1996 4 of 5 Parts, ca. 800 pages or 1 CD-ROM; www.cse.dnd.ca/cse/english/cc.html; auch als Dokument BSI 7213 erschienen

[CCEB 1996b] Common Criteria Editorial Board (CCEB): Common Criteria for Information Technology Security Evaluation (CC), Draft Technical Report Evaluation Criteria for Cryptography, Version 0.99b, CCEB-96/018R, 30th March 1996, 58 pages

[CCIB 1996] Common Criteria Implementation Board (CCIB): Liaison statement to ISO/IEC JTC 1/SC27/WG3 from 19 April 1996; in: Document ISO/IEC JTC1/SC27/WG3/N306; 1996-04-22

[CCIB 1997a] Common Criteria Implementation Board (CCIB): CC Preliminary Recommendation, 21 March 1997; in: Document ISO/IEC JTC1/SC27/WG3/ N358; 1997-03-26

[CCIB 1997b] Common Criteria Implementation Board (CCIB): Liaison statement to ISO/IEC JTC 1/SC27/WG3 from 25 March 1997; in: Document ISO/IEC JTC1/SC27/WG3/ N357; 1997-03-26

[CDN_SSC 1990] Canadian System Security Centre: The Canadian Trusted Computer Product Evaluation Criteria, Version 2.0, Final Draft; December 1990, 76 pages; Communications Security Establishment, Government of Canada

[CDN_SSC 1992] Canadian System Security Centre: The Canadian Trusted Computer Product Evaluation Criteria, Draft Version 3.0e; 29 April 1992, 240 pages, Communications Security Establishment, Government of Canada

[CDN_SSC 1993a] Canadian System Security Centre: The Canadian Trusted Computer Product Evaluation Criteria, Version 3.0e; January 1993, 233 pages; Communications Security Establishment, Government of Canada

[CDN_SSC 1993b] Canadian System Security Centre: Cryptographic Modules – Cryptographic and Exchange Services, Draft Version 1.0e; July 1993, 45 pages; Communications Security Establishment, Government of Canada

[CEC 1990] Commission of the European Communities, (Informal) EC advisory group SOG-IS: Information Technology Security Evaluation Criteria (ITSEC), Harmonised Criteria of France, Germany, the Netherlands, the United Kingdom – Version 1; 02 May 1990; herausgegeben vom deutschen Bundesminister des Innern, Bonn

[CEC 1991a] Commission of the European Communities, (Informal) EC advisory group SOG-IS: Information Technology Security Evaluation Criteria (ITSEC), Harmonised Criteria of France, Germany, the Netherlands, the United Kingdom – Version 1.1; 10 January 1991;printed and published by the UK Department of Trade and Industry, London

[CEC 1991b] Commission of the European Communities, (Informal) EC advisory group SOG-IS: Information Technology Security Evaluation Criteria (ITSEC) – Provisional Harmonised Criteria – Version 1.2; 28 June 1991; 163 pages, Office for Official Publications of the European Communities, Luxembourg; ISBN 92-826-3004-8; auch erschienen im Bundesanzeiger-Verlag, ISBN 3-88784-363-0; www.itsec.gov.uk/docs/pdfs/ITSEC.PDF

[CEC 1991c] Commission of the European Communities, (Informal) EC advisory group SOG-IS: Kriterien für die Bewertung der Sicherheit von Systemen der Informationstechnik – Vorläufige Form der harmonisierten Kriterien – Version 1.2; 28 June 1991; 163 Seiten, Amt für amtliche Veröffentlichungen der Europäischen Gemeinschaften, Luxembourg; ISBN 92-826-3003-X; auch erschienen im Bundesanzeiger-Verlag, ISBN 3-88784-344-0

[CEC 1993] Commission of the European Communities, Directorate-General XIII Telecommunications, Information Market and Exploitation of Research: Information Technology Security Evaluation Manual (ITSEM) – Provisional Harmonised Methodology – Version 1.0; 10th September 1993; 262 pages, Office for Official Publications of the European Communities, Luxembourg; ISBN 92-826-7087-2

[Chaum 1981] David Chaum: Untraceable Electronic Mail, Return Addresses, and Digital Pseudonyms, Communications of the ACM, 24. Jg., Heft 2, Februar 1981, S. 84-88;

[Chaum 1985] David Chaum: Security without Identification: Transaction Systems to make Big Brother Obsolete; Communications of the ACM, 28.Jg., Heft 10, Oktober 1985, S. 1030-1044

[Chaum 1987] David Chaum: Sicherheit ohne Identifizierung, Scheckkartencomputer, die den Großen Bruder der Vergangenheit angehören lassen; Informatik-Spektrum, 10. Jg., Heft 5, Mai 1987, S. 262-277 und Datenschutz und Datensicherung DuD, 12. Jg., Heft 1, Januar 1988, S. 26-41;

[Chaum 1988] David Chaum: The Dining Cryptographers Problem: Unconditional Sender and Recipient Untraceability; Journal of Cryptology, 1.Jg., Heft 1, 1988, S. 65-75

[Chokhani 1992] S. Chokhani: Trusted Products Evaluation, Communications of the ACM 35. Jg., Heft 7, 1992, S. 64-76

[Clark, Wilson 1987] D. Clark, D. Wilson: A Comparison of Commercial and Military Computer Security Policies; Proc. 1987 IEEE Symp. on Security and Privacy, April 27-29, 1987, Oakland, California, S. 184-194

[Corbett 1992] Chris Corbett: ITSEC in Operation – an Evaluation Experience, Proc. 4th Annual Canadian Computer Security Conference, Mai 1992, Ottawa, Kanada, S. 439-460

[Cugini u.a. 1995] Janet Cugini, Rob Dobry, Virgil Gligor, Terry Mayfield: Functional Security Criteria for Distributed Systems; in: 18th National Information Systems Security Conference Compact Disc, 1995, Record 1445-1543

[D_BMF 1996] Bundesministerium der Finanzen: »Schlanker Staat«: Fitneßprogramm für Deutschland; perSALDO; Ausgabe 2/1996, S. 2-3

[D_BMI 1992] Bundesminister des Innern: Bekanntmachung der EG-einheitlichen „Kriterien für die Bewertung der Sicherheit von Systemen der Informationstechnik – ITSEC" vom 15. Juli 1992; GMBl Bundesanzeiger vom 8. August 1992, 44. Jg., Nummer 147, S. 545 ff

[D_BReg 1996a] Bundesregierung: Entwurf eines Gesetzes zur digitalen Signatur (Signaturgesetz – SigG); Artikel 3 in: Entwurf eines Gesetzes zur Regelung der Rahmenbedingungen für Informations- und Kommunikationsdienste (Informations- und Kommunikationsdienste-Gesetz – IuKDG); Beschluß des Bundeskabinetts vom 11. Dezember 1996; Drucksache 966/96 des Bundesrats

[D_BReg 1996b] Bundesregierung: Entwurf einer Verordnung zur digitalen Signatur (Signaturverordnung – SigV), Stand 20. Dezember 1996

[D_BReg 1997a] Bundesregierung: Gesetz zur digitalen Signatur (Signaturgesetz – SigG); Artikel 3 in: Gesetz zur Regelung der Rahmenbedingungen für Informations- und Kommunikationsdienste (Informations- und Kommunikationsdienste-Gesetz – IuKDG) vom 22. Juli 1997; Bundesgesetzblatt I, S. 1870; www.iid.de/rahmen/iukdgk.html

[D_BReg 1997b] Bundesregierung: Verordnung zur digitalen Signatur (Signaturverordnung – SigV) in der Fassung des Beschlusses der Bundesregierung vom 8. Oktober 1997; www.iid.de/rahmen/sigv.html

[D_BSI 1992] Bundesamt für Sicherheit in der Informationstechnik: IT-Sicherheitshandbuch, Handbuch für die sichere Anwendung der Informationstechnik, Version 1.0 – März 1992, BSI 7105, viii + 329 Seiten

[D_BSI 1994a] Bundesamt für Sicherheit in der Informationstechnik: IT-Grundschutzhandbuch – Maßnahmenempfehlungen für den mittleren Schutzbedarf, Version 1.0 – Juli 1994; Schriftenreihe zur IT-Sicherheit, Band 3, BSI 7152; Loseblattsammlung

[D_BSI 1994b] Bundesamt für Sicherheit in der Informationstechnik: BSI-Zertifizierung; BSI 7148, November 1994

[D_BSI 1994c] Bundesamt für Sicherheit in der Informationstechnik: BSI-Zertifikate – Sicherheit von IT-Produkten und -Systemen; BSI 7148; Stand Dezember 1994

[D_BSI 1994d] Bundesamt für Sicherheit in der Informationstechnik: BSI-Zertifizierung – Grundlagen; BSI 7144, April 1994

[D_BSI 1995a] Bundesamt für Sicherheit in der Informationstechnik: BSI-Akkreditierung – Verfahrensbeschreibung; BSI 7113, Version 2.1, Januar 1995

[D_BSI 1995b] Bundesamt für Sicherheit in der Informationstechnik: BSI-Zertifikate – Sicherheit von IT-Produkten und -Systemen; BSI 7148; Stand Oktober 1995

[D_BSI 1995c] Bundesamt für Sicherheit in der Informationstechnik: Organisationsübersicht des Bundesamtes für Sicherheit in der Informationstechnik; BSI 7092; Stand Juni 1995

[D_BSI 1996a] Bundesamt für Sicherheit in der Informationstechnik: IT-Sicherheit: Heute und in der Zukunft – Der Beitrag des BSI; ohne Dokumentennummer, vermutlich BSI 7233; undatiert, vermutlich Juni 1996

[D_BSI 1996b] Bundesamt für Sicherheit in der Informationstechnik: BSI-Zertifikate – Sicherheit von IT-Produkten und -Systemen; BSI 7148; Stand Juni 1996

[D_BSI 1997a] Bundesamt für Sicherheit in der Informationstechnik: BSI-Zertifikate – Sicherheit von IT-Produkten und -Systemen; BSI 7148; Sonderausgabe CeBIT 1997

[D_BSI 1997b] Bundesamt für Sicherheit in der Informationstechnik: BSI-Zertifikate – Sicherheit von IT-Produkten und -Systemen; BSI 7148; Stand Dezember 1997; www.bsi.bund.de/ literat/index.htm

[D_BSI 1997c] Bundesamt für Sicherheit in der Informationstechnik: IT-Sicherheitszertifizierung-nunmehr auch durch private Zertifizierstellen; Dezember 1997; www.bsi.bund.de/aktu-ell/presse/index.htm

[D_BT 1990] Bundestag der Bundesrepublik Deutschland: Gesetz über die Errichtung des Bundesamtes für Sicherheit in der Informationstechnik (BSI-Errichtungsgesetz – BSIG) vom 17.12.1990; in Bundesgesetzblatt Jg. 1990, Teil I, S. 2834-2836, Nr. 71 vom 22.12.1990

[D_BVerfG 1992] Bundesverfassungsgericht: Entscheidung zum Schutz des Kommunikationsvorgangs, abgedruckt in Computer und Recht, 8. Jg., Heft 7, 1992, S. 431-435

[D_RegTP 1998] Regulierungsbehörde für Telekommunikation und Post (RegTP): Bekanntmachung zur digitalen Signatur nach Signaturgesetz und Signaturverordnung vom 09.02.1998; Bundesanzeiger Nr. 31; 14. Februar 1998; auch via www.regtp.de/Fachinfo/ Digitale%20Signatur

[D_ZSI 1989a] Zentralstelle für Sicherheit in der Informationstechnik: IT-Sicherheitskriterien – Kriterien für die Bewertung der Sicherheit von Systemen der Informationstechnik (IT), 1. Fassung vom 11. Januar 1989; Bundesanzeiger-Verlag, ISBN 3-88784-192-1

[D_ZSI 1989b] German Information Security Agency: IT-Security Criteria, Criteria for the Evaluation of Trustworthiness of Information Technology (IT) Systems; January 1989, Bundesanzeiger-Verlag, ISBN 3-88784-200-6

[DEKITZ 1992] Deutsche Koordinierungsstelle für IT-Normenkonformitätsprüfung und -zertifizierung (DEKITZ): Akkreditierung als Zertifizierungsstelle auf dem Gebiet der Informations- und Telekommunikationstechnik durch die Deutsche Koordinierungsstelle für IT-Normenkonformitätsprüfung und -zertifizierung (DEKITZ) – Informationspaket für den Antragsteller; Oktober 1992

[DEKITZ 1993] Deutsche Koordinierungsstelle für IT-Normenkonformitätsprüfung und -zertifizierung (DEKITZ): Akkreditierung als Prüflaboratorium auf dem Gebiet der Informations- und Telekommunikationstechnik durch die Deutsche Koordinierungsstelle für IT-Normenkonformitätsprüfung und -zertifizierung (DEKITZ) – Informationspaket für den Antragsteller; Stand: Juli 1993

[Denning 1985] Dorothy E. Denning: Commutative Filters for Reducing Inference Threats in Multilevel Database Systems; Proceedings of the 1985 Symposium on Security and Privacy, April 22-24, 1985, Oakland, California, IEEE Computer Society, p. 134-146

[Dierstein 1990] Rüdiger Dierstein: The Concept of Secure Information Processing Systems and their Basic Functions; Proc. IFIP/Sec'90, Helsinki, Finland, 23-25 May 1990; North-Holland; Amsterdam 1990

[DIN 1990a] Deutsches Institut für Normung: DIN EN 45001, Ausgabe 1990-05: Allgemeine Kriterien zum Betreiben von Prüflaboratorien (identisch mit EN 45001:1989)

[DIN 1990b] Deutsches Institut für Normung: DIN EN 45002, Ausgabe:1990-05: Allgemeine Kriterien zum Begutachten von Prüflaboratorien (identisch mit EN 45002:1989)

[DIN 1997] Deutsches Institut für Normung: DIN EN 45001 (Norm-Entwurf), Ausgabe:1997-06: Allgemeine Anforderungen an die Kompetenz von Prüf- und Kalibrierlaboratorien (dreisprachige Fassung prEN 45001:1997)

[DIN 1998a] Deutsches Institut für Normung: DIN EN 45010, Ausgabe:1998-03: Allgemeine Anforderungen an die Begutachtung und Akkreditierung von Zertifizierungsstellen (dreisprachige Fassung EN 45010:1998)

[DIN 1998b] Deutsches Institut für Normung: DIN EN 45011, Ausgabe:1998-03: Allgemeine Anforderungen an Stellen, die Produktzertifizierungssysteme betreiben (dreisprachige Fassung EN 45011:1998)

[Duden 1993] Duden „Informatik“: ein Sachlexikon für Studium und Praxis, 2. Auflage; Lektorat des BI-Wiss.-Verlags unter Leitung von Herrmann Engesser (Hg.), Volker Claus, Andreas Schwill (Bearbeiter); Dudenverlag; Mannheim u.a.; 1993; ISBN 3-411-05232-5

[ECMA 1993a] European Computer Manufacturers Association (ECMA): Commercially Oriented Functionality Class for Security Evaluation (COFC) – Final Draft; Document ECMA/TC36-TG1/93/27 or ECMA/TC36/93/22, August 1993; Gottfried Sedlak, Gino Lauri, ECMA Technical Committee 36

[ECMA 1993b] European Computer Manufacturers Association (ECMA): Secure Information Processing versus the Concept of Product Evaluation – Final Draft; Document ECMA/ TC36-TG1/93/28 or ECMA/TC36/93/23, August 1993; Gottfried Sedlak, Gino Lauri, ECMA Technical Committee 36

[ECMA 1993c] European Computer Manufacturers Association (ECMA): Commercially Oriented Functionality Class for Security Evaluation (COFC); Standard ECMA-205; December 1993; www.ecma.ch/stand/standard.htm

[ECMA 1993d] European Computer Manufacturers Association (ECMA): Secure Information Processing versus the Concept of Product Evaluation; Technical Report ECMA TR/64; December 1993; www.ecma.ch/techrep/techrep.htm

[ECMA 1997] European Association for Standardizing Information and Communication Systems (ECMA): Extended Commercially Oriented Functionality Class for Security Evaluation (E-COFC); Standard ECMA-271; December 1997; www.ecma.ch/stand/standard.htm

[v. Essen 1991] Ulrich van Essen (Hg.): Sicherheit des Betriebssystems VMS; Studien des BSI, Band 4; Oldenbourg-Verlag; München, Wien; 1991; ISBN 3-486-22114-0

[Eurobit 1991] European Association of Manufacturers of Business Machines and Information Technology Industry (Eurobit): Towards Mutual Recognition of Security Evaluations – a study elobarated by VDMA/ZVEI Working Group on IT Security; October 1991; erhältlich bei Eurobit, Frankfurt

[F_PM 1995] Premier Ministre: Avis relatif à la delivrance de certificats pour la sécurité offerte par les produits informatiques vis-à-vis de la malveillance; Journal officiel de la République Française, 1er Septembre 1995, pp.12981-12982

[F_SCSSI 1989] Service Central de la Sécurité des Systèmes d'Information: Catalogue de Critères Destinés à évaluer le Degré de Confiance des Systèmes d'Information, 692/SGDN/DISSI/ SCSSI, Service Central de la Sécurité des Systèmes d'Information, Juillet 1989

[Federrath u.a. 1996] Hannes Federrath, Anja Jerichow, Dogan Kesdogan, Andreas Pfitzmann, Otto Spaniol: Mobilkommunikation ohne Bewegungsprofile; Informationstechnik und Technische Informatik (it+ti), 38. Jg., Heft 4, August 1996, S. 24-29

[Fischer-Hübner 1992] Simone Fischer-Hübner: IDA (Intrusion Detection and Avoidance System): ein einbruchsentdeckendes und einbruchsvermeidendes System; Dissertation Universität Hamburg 1992; Verlag Shaker, Aachen, 1992; ISBN 3-86111-334-1

[Flahavin, Toth 1992] Ellen Flahavin, Patricia Toth: An Overview of the Proposed Trust Technology Assessment Program , Proceedings of the 15th National Computer Security Conference Baltimore, USA, 13-16 October 1992; Volume 1, pp. 84-92

[Francke, Blind 1996] Hans-Hermann Francke, Knut Blind: Informationssicherheit in offenen Kommunikationssystemen: Ein volkswirtschaftliches Problem? in: Informationstechnik und Technische Informatik, 38. Jg., Heft 4, August 1996, S. 38-41

[Gehrke, Pfitzmann, Rannenberg 1992] Michael Gehrke, Andreas Pfitzmann, Kai Rannenberg: Information Technology Security Evaluation Criteria – a Contribution to Vulnerability? in R. Aiken: Education and Society – Information Processing 92 – Proceedings of the IFIP 12th World Computer Congress Madrid, Spain, 7-11 Sept. 1992, Volume II, North-Holland, ISBN 0-444-89748-8; pp. 579-587

[GGS 1994] Gütegemeinschaft Software: Sichere Software, in: Zeitschrift für Kommunikations- und EDV-Sicherheit (KES), 10. Jg., Heft 4, September 1994, S. 6-7

[GI 1992a] Privacy Protection and Data Security Task Force of the German Society for Informatics: Statement of Observations concerning the Information Technology Security Evaluation Criteria (ITSEC) V1.2; 24 February 1992, edited in Data Security Letter, No. 32, April 1992

[GI 1992b] Präsidiumsarbeitskreis Datenschutz und Datensicherung der Gesellschaft für Informatik e.V., Bonn: Stellungnahme zu den Kriterien für die Bewertung der Sicherheit von Systemen der Informationstechnik (ITSEC) V. 1.2; Informatik-Spektrum 15. Jg., Heft 4, August 1992, S. 221-224; auch Datenschutz-Berater, 15. Jg., Heft 4, April 1992, S. 7-12; auch Datenschutz und Datensicherung DuD 16. Jg., Heft 5, Mai 1992, S. 233-236

[GI 1992c] Präsidiumsarbeitskreis Datenschutz und Datensicherung der Gesellschaft für Informatik e.V., Bonn: Stellungnahme zum Evaluationshandbuch für die Bewertung der Sicherheit von Systemen der Informationstechnik (ITSEM) V0.2; Datenschutz-Berater 15. Jg., Heft 8, August 1992, S. 8-11

[GI 1995] Gesellschaft für Informatik e.V., Bonn: GI gegen Ersetzung unabhängiger Püfungen für IT-Sicherheit; Datenschutz und Datensicherung DuD 19. Jg., Heft 10, Oktober 1995, S. 624-625; stark gekürzt auch Datenschutz-Berater, 18. Jg., Heft 9, September 1995, S. 25

[Herrigel, French, Tabuchi 1995] Alexander Herrigel, Roger French, Haruki Tabuchi: ECMA's Approach for IT Security Evaluation; in: 18th National Information Systems Security Conference Compact Disc, 1995, Record 1649-1795

[Heß 1990] Klaus-Dieter Heß: Personaldatenverarbeitung und Arbeitnehmerrechte, Band 2; Bund-Verlag, 1990, ISBN 3-7663-2161-7

[Hirsch 1990] Burkhard Hirsch: Nicht ohne Witz – Aber: Bundesamt für Informationstechnik zu eng mit den Geheimdiensten verbunden; SIEG TECH Heft 4, April 1990, S.20

[Holl, Schlag 1989] Friedrich-L. Holl, Roger Schlag: Digitale Telefonanlagen – Die neue Welt der Kommunikation?, Bd. 2 in: Informations- und Kommunikationstechnik – Basiswissen für Arbeitnehmer, Hg. Friedrich-L. Holl und DGB-Technologieberatung e.V. Berlin, Bund-Verlag 1989, ISBN-3-7663-2109-9

[I_ANS 1995a] Autorità Nazionale per la Sicurezza: Disposizioni per la valutazione, certificazione ed approvazione, ai fini della sicurezza informatica, di sistemi o prodotti destinati a gestire dati coperti dal segreto di stato o di vietata divulgazione; 1995-08-30

[I_ANS 1995b] Autorità Nazionale per la Sicurezza: Disposizioni per l'omologazione di un Centro di Valutazione della sicurezza informatica di sistemi o prodotti destinati a gestire dati coperti dal segreto di stato o di vietata divulgazione; 1995-08-30

[ISO/IEC 1989] International Organization for Standardization / International Electrotechnical Commission: ISO 7498-2: Information processing systems – Open Systems Interconnection – Basic Reference Model – Part 2: Security Architecture, First edition 1989-02-15.

[ISO/IEC 1992a] International Organization for Standardization / International Electrotechnical Commission, Joint Technical Committee 1, Subcommittee 27: Proposal for a New Work Item on Procedures for the Creation of a Restricted Registry for Functionality Classes; 1992-11-23; Document ISO/IEC JTC1/SC27 N635

[ISO/IEC 1992b] International Organization for Standardization / International Electrotechnical Commission, Joint Technical Committee 1, Subcommittee 27: Evaluation Criteria for IT Security, Part 1-3, Working Drafts December 1992; Documents ISO/IEC JTC1/SC27 N649, ISO/IEC JTC1/SC27 N647, ISO/IEC JTC1/SC27 N651

[ISO/IEC 1993] International Organization for Standardization / International Electrotechnical Commission, Joint Technical Committee 1: Summary of Voting on the Proposal for a New Work Item on Procedures for the Creation of a Restricted Registry for Functionality Classes; 1993-04-14; Document ISO/IEC JTC1 N 2510 = ISO/IEC JTC1/SC27 N745

[ISO/IEC 1994a] International Organization for Standardization / International Electrotechnical Commission, Joint Technical Committee 1, Subcommittee 27: Evaluation Criteria for IT Security, Part 1-3, Working Drafts May/July 1994; Documents ISO/IEC JTC1/SC27 N887, ISO/IEC JTC1/SC27 N891, ISO/IEC JTC1/SC27 N911

[ISO/IEC 1994b] International Organization for Standardization / International Electrotechnical Commission, Joint Technical Committee 1, Subcommittee 27: Evaluation Criteria for IT Security, Part 1-3, Working Drafts December/January 1994/95; Documents ISO/IEC JTC1/SC27 N1005, ISO/IEC JTC1/SC27 N1006, ISO/IEC JTC1/SC27 N1007

[ISO/IEC 1995a] International Organization for Standardization / International Electrotechnical Commission, Joint Technical Committee 1, Subcommittee 27: Evaluation Criteria for IT Security, Part 1-3, Working Drafts 1995-12-15; Documents ISO/IEC JTC1/SC27/N1269, ISO/IEC JTC1/SC27/N1270, ISO/IEC JTC1/SC27/N1271

[ISO/IEC 1995b] International Organization for Standardization / International Electrotechnical Commission, Joint Technical Committee 1, Subcommittee 27: Liaison statement to the Common Criteria Editorial Board; 1995-04-28 bzw. 1995-10-10; Document ISO/IEC JTC1/SC27/WG3/N246 = ISO/IEC JTC1/SC27/N1129

[ISO/IEC 1995c] International Organization for Standardization / International Electrotechnical Commission, Joint Technical Committee 1, Subcommittee 27: Liaison statement to the Common Criteria Editorial Board; 1995-11-10 resp. 1995-12-19; Document ISO/IEC JTC1/SC27/WG3/N279 = ISO/IEC JTC1/SC27/N1260

[ISO/IEC 1995d] International Organization for Standardization / International Electrotechnical Commission, Joint Technical Committee 1, Subcommittee 27, Working Group 3: Combinations of ISO criteria and CC; 1995-04-28; Document ISO/IEC JTC1/SC27/WG3/N257

[ISO/IEC 1996a] International Organization for Standardization / International Electrotechnical Commission, Joint Technical Committee 1, Subcommittee 27: New Work Item for Protection Profile Registration Procedures; 1996-01-12; Document ISO/IEC JTC1 N 3944 = ISO/IEC JTC1/SC27 N1262rev = ISO/IEC JTC1/SC27/WG3/N281

[ISO/IEC 1996b] International Organization for Standardization / International Electrotechnical Commission, Joint Technical Committee 1: Summary of Voting on the Proposal for a New Work Item for Protection Profile Registration Procedures; 1996-06-12; Document ISO/IEC JTC1 N 4124 = ISO/IEC JTC1/SC27 N1427

[ISO/IEC 1996c] International Organization for Standardization / International Electrotechnical Commission, Joint Technical Committee 1, Subcommittee 27, Working Group 3: A Framework for IT Security Assurance; 1996-04-26; Document ISO/IEC JTC1/SC27/WG3/N321

[ISO/IEC 1996d] International Organization for Standardization / International Electrotechnical Commission, Joint Technical Committee 1, Subcommittee 27: ISO/IEC CD 15408, Evaluation Criteria for IT Security, Part 1-4, 1st Committee Drafts Summer 1996; 1996-06-17; Documents ISO/IEC JTC1/SC27/N1401, ISO/IEC JTC1/SC27/N1402, ISO/IEC JTC1/SC27/N1403, ISO/IEC JTC1/SC27/N1404

[ISO/IEC 1996e] International Organization for Standardization / International Electrotechnical Commission, Joint Technical Committee 1, Subcommittee 27: Proposal for a Resolution to be approved by ISO/IEC JTC1/SC27; 1996-08-20; Document ISO/IEC JTC1/SC27 N1444

[ISO/IEC 1996f] International Organization for Standardization / International Electrotechnical Commission, Joint Technical Committee 1, Subcommittee 27: Reasons for German NB Disapproval of ISO/IEC CD15408-2 and 15408-3 (ISO/IEC JTC1/SC27/N1402 and N1403); in Documents ISO/IEC JTC1/SC27 N1476 and N1477; 1996-10-07

[ISO/IEC 1996g] International Organization for Standardization / International Electrotechnical Commission, Joint Technical Committee 1, Subcommittee 27: Summary of Voting on ISO/IEC CD 15408 Evaluation Criteria for IT Security, Part 1-4, 1st Committee Drafts 1996; Documents ISO/IEC JTC1/SC27 N1475, N1476, N1477 and N1478; 1996-10-07

[ISO/IEC 1996h] International Organization for Standardization / International Electrotechnical Commission, Joint Technical Committee 1, Subcommittee 27, Working Group 3: SC 27 WG 3 Programme of Work; Document ISO/IEC JTC1/SC27/WG3/N351 = ISO/IEC JTC1/ SC27/N1555; 1996-10-25

[JEIDA 1992] Japanese Electronic Industry Development Association: Computer Security Evaluation Criteria – Functionality Requirements, Draft Version 1.0; 31 August 1992, 30 pages, Special Committee for Security Evaluation Criteria, JEIDA, 3-5-7 Shiba-koen, Minato-ku, Tokyo 105, Japan

[Kaspersen 1992] Henrik Kaspersen: Security measures, standardisation and the law, in: INFORMATION PROCESSING 92 – Proceedings of the IFIP 12th World Computer Congress Madrid, Spain, 7-11 Sept. 1992, ed. by R. Aiken, p. 393-400

[KBV 1993] Kassenärztliche Bundesvereinigung: Technische Spezifikation der Arztausstattung – Lesegeräte; Stand 22.11.1993; Kassenärztliche Bundesvereinigung, Hauptgeschäftsführung, Informatik; Köln

[Konrad-Klein 1995] Jürgen Konrad-Klein: Anforderungen an die überprüfbare Gestaltung personaldatenverarbeitender Systeme aus Sicht der Mitarbeitervertetung, in: Fachvorträge 4. Deutscher IT-Sicherheitskongreß, Bonn, 8.-11. Mai 1995; BSI 7165

[Lampson 1973] Butler W. Lampson: A Note on the Confinement Problem; Communications of the ACM, 16. Jg., Heft 10, Oktober 1973, S. 613-615

[Langenheder, Pordesch 1996] Werner Langenheder, Ulrich Pordesch: Sicherheit und Vertrauen in der Kommunikationstechnik, in: Informationstechnik und Technische Informatik (it+ti), 38. Jg., Heft 4, August 1996, S. 42-46

[Mackenbrock 1995] Markus Mackenbrock: ITSEC-Funktionalitätsklasse für die Sicherheit von digitalen TK-Anlagen; BSI-Forum, 3.Jg., in: Zeitschrift für Kommunikations- und EDV-Sicherheit (KES), 11. Jg., Heft 3, Juni/Juli 1995, S. 47-51

[Mahow 1995] Sean Mahow: Reengineering the Certification and Accreditation Process: Security is Free; in: 18th National Information Systems Security Conference Compact Disc, 1995, Record 1802-1880

[Meyer, Rannenberg 1991] Martin Meyer, Kai Rannenberg: Eine Bewertung der „Information Technology Security Evaluation Criteria"; S. 243-258 in Andreas Pfitzmann, Eckart Raubold: Proc. Verläßliche Informationssysteme (VIS'91), März 1991, Darmstadt; Informatik-Fachberichte 271, Springer-Verlag, Heidelberg 1991, ISBN 3-540-53911-5, 0-387-53911-5; auch erschienen in: Datenschutz und Datensicherung (DuD); 15. Jg., Heft 3, März 1991, S. 131-138

[Müller 1994] Günter Müller: Schöne neue Telewelten? Das thematische Umfeld des neuen Kollegs „Sicherheit in der Kommunikationstechnik"; Info der Gottlieb Daimler- und Karl Benz-Stiftung, 3. Jg., Heft 4, September 1994, S. 1-3

[Nash 1998] Michael Nash: Product Security Evaluation in the UK; Datenschutz und Datensicherheit (DuD); 22. Jg., Heft 4, April 1998, S. 199-202

[Parker 1995] Donn B. Parker: A new Framework for Information Security to avoid Information Anarchy; in Jan H.P. Eloff und Sebastiaan H. von Solms: Information Security – the Next Decade, Proceedings of the IFIP TC11 11th International conference on Information Security, IFIP/SEC '95; Chapmann & Hall; London u.a.; ISBN 0-412-64020-1

[Pfitzmann 1990a] Andreas Pfitzmann: Diensteintegrierende Kommunikationsnetze mit teilnehmer-überprüfbarem Datenschutz; Dissertation Universität Karlsruhe 1988/89; IFB 234, Springer-Verlag, Heidelberg u.a., Januar 1990

[Pfitzmann 1990b] Andreas Pfitzmann: Entwicklungslinien der Informationstechnik und Informatik und ihre Auswirkungen auf rechtliche Beherrschung; Datenschutz und Datensicherung (DuD); 14. Jg., Heft 12, Dezember 1990, S. 620-627

[Pfitzmann 1990c] Andreas Pfitzmann: Statement of Observations concerning the Draft of the Information Technology Security Evaluation Criteria (ITSEC) Version 1, 02 May 1990; Institut für Rechnerentwurf und Fehlertoleranz, Universität Karlsruhe, 3. September, 1990

[Pfitzmann 1991] Andreas Pfitzmann: Statement of Observations concerning the Draft of the Information Technology Security Evaluation Criteria (ITSEC) Version 1.1, 10 January 1991; Institut für Rechnerentwurf und Fehlertoleranz, Universität Karlsruhe, 29. März und 18. April 1991

[Pfitzmann 1992] Andreas Pfitzmann: Statement of Observations – ITSEC V1.2; ACM SIGSAC Review 10. Jg., Heft 1, Winter 1992, S. 44-53

[Pfitzmann 1993] Andreas Pfitzmann: Technischer Datenschutz in öffentlichen Funknetzen; Datenschutz und Datensicherung (DuD) 17. Jg., Heft 8, August 1993, S. 451-463

[Pfitzmann, Pfitzmann, Waidner 1988] Andreas Pfitzmann, Birgit Pfitzmann, Michael Waidner: Datenschutz garantierende offene Kommunikationsnetze; Informatik-Spektrum 11. Jg., Heft 3, Juni 1988, S. 118-142

[Pfitzmann, Pfitzmann, Waidner 1989] Andreas Pfitzmann, Birgit Pfitzmann, Michael Waidner: Telefon-MIXe: Schutz der Vermittlungsdaten für zwei 64-kbit/s-Duplexkanäle über den (2•64 + 16)-kbit/s-Teilnehmeranschluß, Datenschutz und Datensicherung (DuD); 13. Jg., Heft 12, Dezember 1989, S. 605-622;

[Pfitzmann, Pfitzmann, Waidner 1991] Andreas Pfitzmann, Birgit Pfitzmann, Michael Waidner: ISDN-MIXes — Untraceable Communication with very small Bandwidth Overhead; pp. 245-258 in David T. Lindsay, Wyn L. Price: Creating Confidence in Information Processing — Proceedings of the IFIP TC11 7th International Information Security Conference (IFIP/Sec '91): 15-17 May 1997, Brighton, UK; North-Holland; Amsterdam 1991; ISBN 0-444-89219-2

[Pfitzmann, Rannenberg 1993] Andreas Pfitzmann, Kai Rannenberg: Staatliche Initiativen und Dokumente zur IT-Sicherheit — Eine kritische Würdigung; Computer und Recht, 9. Jg., Heft 3, März 1993, S. 170-179

[Pfitzmann, Waidner, Pfitzmann 1987] Birgit Pfitzmann, Michael Waidner, Andreas Pfitzmann: Rechtssicherheit trotz Anonymität in offenen digitalen Systemen; Computer und Recht, 3. Jg., Hefte 10,11,12, 1987, S. 712-717, 796-803, 898-904

[Pohl 1995] Hartmut Pohl: Das Vertrauen der Anwender in Zertifikate kann verspielt werden; Gastkommentar in Computerwoche, 22. Jg., Heft 45, 10. November 1995, S. 8

[Pohl 1996] Hartmut Pohl: Vollkostenerstattung beim BSI; Online — Erfolgreiches Informationsmanagement ÖVD, 33. Jg., Heft 6, Juni 1996, S. 40

[Rannenberg 1991a] Kai Rannenberg: GI-Fachgruppe VIS zu den ITSEC-Plänen; Zeitschrift für Kommunikations- und EDV-Sicherheit (KES), 7. Jg., Heft 4, August 1991, S. 261-263

[Rannenberg 1991b] Kai Rannenberg: IT-Sicherheit — Bewertungskriterien; Computer und Recht, 7. Jg., Heft 11, November 1991, S. 699-701

[Rannenberg 1992a] Kai Rannenberg: Services and Levels of Services for Part 2 of the Evaluation Criteria for IT Security — Contribution to the ISO/IEC Evaluation Criteria for IT Security, Part 2; 1992-11-15; Part of Correspondence with the Part 2 Editor, Michael J. Nash, 5 pages

[Rannenberg 1992b] Kai Rannenberg: Tagungsbericht: 15. National Computer Security Conference; Datenschutz-Berater, 16. Jg., Heft 12, 15. Dezember 1992, S. 13-15

[Rannenberg 1993] Kai Rannenberg: Die USA präsentieren den Orange-Book-Nachfolger; Datenschutz-Berater, 17. Jg., Heft 5, 14. Mai 1993, S. 8-10

[Rannenberg 1994a] Kai Rannenberg: Recent Development in Information Technology Security Evaluation – The Need for Evaluation Criteria for Multilateral Security; pp. 113-128 in Richard Sizer, Louise Yngström, Henrik Kaspersen und Simone Fischer-Hübner: Security and Control of Information Technology in Society – Proceedings of the IFIP TC9/WG 9.6 Working Conference August 12-17, 1993, onboard M/S Ilich and ashore at St. Petersburg, Russia; North-Holland, Amsterdam 1994; ISBN 0-444-81831-6

[Rannenberg 1994b] Kai Rannenberg: Version 1.0 des Evaluationshandbuches ITSEM; Datenschutz-Berater, 18. Jg., Heft 5, 16. Mai 1994, S. 5-6

[Rannenberg 1995] Kai Rannenberg: Evaluationskriterien zur IT-Sicherheit – Entwicklungen und Perspektiven in der Normung und außerhalb; S. 45-68 in Hans H. Brüggemann, Waltraud Gerhardt-Häckl: Verläßliche IT-Systeme – Proceedings der GI-Fachtagung vom 5. - 7. 4. 1995 in Rostock; Bd. 22 der Reihe DuD-Fachbeiträge; Vieweg 1995; ISBN 3-528-05483-2

[Rannenberg u.a. 1995] Kai Rannenberg, Herbert Damker, Werner Langenheder, Günter Müller: Mehrseitige Sicherheit als integrale Eigenschaft von Kommunikationstechnik – Kolleg „Sicherheit in der Kommunikationstechnik" eingerichtet; in: Kubicek, Müller, Neumann, Raubold, Roßnagel (Hrsg.): Jahrbuch Telekommunikation und Gesellschaft 1995; R. v. Decker's Verlag, Heidelberg 1995, S. 254-260

[Rannenberg, Pfitzmann, Müller 1996] Kai Rannenberg, Andreas Pfitzmann, Günter Müller: Sicherheit, insbesondere mehrseitige IT-Sicherheit; Informationstechnik und Technische Informatik (it+ti), 38. Jg., Heft 4, August 1996, S. 7-10

[Reichenbach u.a. 1997] Martin Reichenbach, Herbert Damker, Hannes Federrath, Kai Rannenberg: Individual Management of Personal Reachability in Mobile Communication; pp. 163-174 in Louise Yngström, Jan Carlsen : Information Security in Research and Business; Proceedings of the IFIP TC11 13th International Information Security Conference (SEC '97): 14-16 May 1997, Copenhagen, Denmark; Chapman & Hall, London; ISBN 0-412-8178-02

[Reitz 1991] Michael Reitz: Ziviler Geheimdienst? Porträt: Die neue Bonner Sicherheitsbehörde; WirtschaftsWoche, Heft 12, 15. März 1991, S. 157-161

[Rihaczek 1990] Karl Rihaczek: Die harmonisierten Evaluationskriterien für IT-Systeme; in Datenschutz und Datensicherung (DuD); 14. Jg., Heft 12, Dezember 1990, S. 628-634

[Rihaczek 1991a] Karl Rihaczek: The Harmonised ITSEC Evaluation Criteria; Computers & Security 10 (1991) pp. 101-110

[Rihaczek 1991b] Karl Rihaczek: Anmerkungen zu den harmonisierten Evaluationskriterien für IT-Systeme; in Andreas Pfitzmann, Eckart Raubold: Proc. Verläßliche Informationssysteme (VIS'91), März 1991, Darmstadt; Informatik-Fachberichte 271, Springer-Verlag, Heidelberg 1991, S. 259-276

[Robinson 1992] John Robinson: Computer Security Evaluation: Developments in the European IT-SEC Programme; Comp. & Sec. 11.6 (1992); pp. 518-524

[Rohde, Witzel 1998] Martina Rohde, Wolfgang Witzel: Akkreditierung von Prüflaboratorien; Datenschutz und Datensicherheit (DuD); 22. Jg., Heft 4, April 1998, S. 203-206

[Ruhrmann 1996] Irmela Ruhrmann: German IT Security Evaluation and Certification Scheme of BSI; Presentation at the European Conference on IT Security Evaluation and Common Criteria, Brussels, 7 November 1996; available via http://www.cordis.lu/infosec/src/itsecon1.htm

[Schaumüller-Bichl 1992] Ingrid Schaumüller-Bichl: Sicherheitsmanagement: Risikobewältigung in informationstechnologischen Systemen; BI-Wissenschafts-Verlag, Mannheim, Leipzig, Wien, Zürich; 1992; ISBN 3-411-15501-9

[Schock 1995] Margret Schock: Akkreditierung von Prüflaboratorien durch DEKITZ, europäisches Umfeld; Beitrag zum Workshop: Neue Ansätze zur Produktprüfung und -zertifizierung in der IT-Sicherheit – Ein Workshop von DEKITZ und GGS am 15. 11. 1995 in Berlin

[Schramm 1995] Christof Schramm: Praktische Erfahrungen bei der Prüfung von Betriebssystemen und Sicherheitskomponenten für Mainframes am Beispiel von MVS und RACF; S. 275-296 in Hans H. Brüggemann, Waltraud Gerhardt-Häckl: Verläßliche IT-Systeme – Proceedings der GI-Fachtagung vom 5. - 7. 4. 1995 in Rostock; Bd. 22 der Reihe DuD-Fachbeiträge; Vieweg 1995; ISBN 3-528-05483-2

[Schützig 1991] Roland Schützig: Evaluierung komplexer Systeme – Folgerungen für Sicherheitskriterien; S. 116-132 in Andreas Pfitzmann, Eckart Raubold: Proc. Verläßliche Informationssysteme (VIS'91), März 1991, Darmstadt; Informatik-Fachberichte 271, Springer-Verlag, Heidelberg 1991, ISBN 3-540-53911-5, 0-387-53911-5

[Schützig 1993] Roland Schützig: Die Evaluation des BS2000 V10.0 – Erfahrungen mit Evaluationskriterien bei einem umfangreichen System; S. 205-224 in Gerhard Weck, Patrick Horster: Proc. Verläßliche Informationssysteme (VIS'93), Mai 1993, München; DuD-Fachbeiträge 16, Vieweg, Braunschweig und Wiesbaden 1993; ISBN 3-528-05344-5

[Schützig 1998] Roland Schützig: Prüfung und Zertifizierung von IT-Installationen; Datenschutz und Datensicherheit (DuD); 22. Jg., Heft 4, April 1998, S. 207-210

[Sieber 1996] Peter Sieber: Datenschutz als Qualitätsmerkmal; S. 51-58 in Der Landesbeauftragte für den Datenschutz Schleswig-Holstein: Dokumentation Sommerakademie'96 „Datenschutz durch Technik" – Technik im Dienst der Grundrechte, 26. August 1996, Kiel; erhältlich beim Landesbeauftragten für den Datenschutz Schleswig-Holstein, Kiel; auch erschienen in Datenschutz und Datensicherung (DuD); 20. Jg., Heft 11, November 1990, S. 661-663

[Sobirey, Fischer-Hübner, Rannenberg 1997] Michael Sobirey, Simone Fischer-Hübner, Kai Rannenberg: Pseudonymous Audit for Privacy Enhanced Intrusion Detection; pp. 151-163 in Louise Yngström, Jan Carlsen: Information Security in Research and Business; Proceedings of the IFIP TC11 13th International Information Security Conference (SEC '97): 14-16 May 1997, Copenhagen, Denmark; Chapman & Hall, London; ISBN 0-412-8178-02

[Sobirey, Richter, König 1996] Michael Sobirey, Birk Richter; Hartmut König: The Intrusion Detection System AID. Architecture and experiences in automated audit analysis; pp. 278-290 in Patrick Horster: Communications and Multimedia Security II; Proc. of the IFIP TC6/TC11 International Conference on Communications and Multimedia Security, 23-24 September 1996, Essen, Germany; Chapman & Hall, London

[Stelzer 1990] Dirk Stelzer: Kritik des Sicherheitsbegriffs im IT-Sicherheitsrahmenkonzept; Datenschutz und Datensicherung (DuD), 14. Jg., Heft 10, Oktober 1990, S. 501-506

[Stiegler 1991] Helmut G. Stiegler: Welche Sicherheit bietet ein evaluiertes System; S. 277-288 in Andreas Pfitzmann, Eckart Raubold (Hrsg.): Proc. Verläßliche Informationssysteme (VIS'91), März 1991, Darmstadt, Informatik-Fachberichte 271, Springer-Verlag, Heidelberg 1991, ISBN 3-540-53911-5, 0-387-53911-5

[Stiegler 1992] Helmut G. Stiegler: Stellenwert von Sicherheitskriterien für Lehre und Forschung aus Herstellersicht; Datenschutz und Datensicherung (DuD), 16. Jg., Heft 12, Dezember 1992, S. 638-642

[Stiegler 1998] Helmut G. Stiegler: Alternativen zur heutigen Evaluations- und Zertifizierungspraxis; Datenschutz und Datensicherheit (DuD); 22. Jg., Heft 4, April 1998, S. 211-214

[Stöcker 1993] Elmar Stöcker: Evaluation eines Großrechnerbetriebssystems – Erfahrungsbericht; in Gerhard Weck, Patrick Horster: Proc. Verläßliche Informationssysteme (VIS'93), Mai 1993, München; DuD-Fachbeiträge 16, Vieweg, Braunschweig und Wiesbaden, 1993, S. 191-204

[TeleTrust 1996] TeleTrust: Functionality classes: Digital signature for electronic data, Version 6; 1996-02-16; TeleTrust AG2 16-95; TeleTrust Deutschland e.V., Erfurt

[Thompson 1984] Ken Thompson: Reflections on Trusting Trust; Communications of the ACM 27 (1984), No. 8, August 1984, pp. 761-763

[UK_CESG 1989] UK Systems Security Confidence Levels, CESG Memorandum No.3, Communications-Electronics Security Group, United Kingdom, January 1989

[UK_DTI 1989a] DTI Commercial Computer Security Centre Evaluation Manual, V22; DTI, UK, Feb. 1989

[UK_DTI 1989b] DTI Commercial Computer Security Centre Functionality Manual, V21; DTI, UK, Feb. 1989

[UK_ITSECS 1991] UK IT Security Evaluation and Certification Scheme: Description of the Scheme, UKSP 01, Issue 1.0, 1 March 1991; Hrsg. Communications-Electronics Security Group & Department of Trade and Industry

[UK_ITSECS 1994a] UK IT Security Evaluation and Certification Scheme: Description of the Scheme, UKSP 01, Issue 2.0, 29 April 1994; Hrsg. UK IT Security Evaluation & Certification Scheme – Certification Body

[UK_ITSECS 1994b] UK IT Security Evaluation and Certification Scheme: Certified Product List, UKSP 06, Issue 5, October 1994; Hrsg. UK IT Security Evaluation & Certification Scheme – Certification Body

[UK_ITSECS 1996a] UK IT Security Evaluation and Certification Scheme: Certified Product List, UKSP 06, Issue 9, October 1996; Hrsg. UK IT Security Evaluation & Certification Scheme – Certification Body

[UK_ITSECS 1996b] UK IT Security Evaluation and Certification Scheme: Description of the Scheme, UKSP 01, Issue 3.0, 2 December 1996; Hrsg. UK IT Security Evaluation & Certification Scheme – Certification Body

[UK_ITSECS 1997a] UK IT Security Evaluation and Certification Scheme: Certified Product List, UKSP 06, Issue 10, April 1997; Hrsg. UK IT Security Evaluation & Certification Scheme – Certification Body

[UK_ITSECS 1997b] UK IT Security Evaluation and Certification Scheme: Certified Product List, UKSP 06, Issue 11, October 1997; Hrsg. UK IT Security Evaluation & Certification Scheme – Certification Body; neuere Fassungen via www.itsec.gov.uk/products

[USA_DOD 1983, 1985] DoD Standard: Department of Defense Trusted Computer System Evaluation Criteria; December 1985, DOD 5200.28-STD, Supersedes CSC-STD-001-83, dtd 15 Aug 83, Library No. S225,711; www.radium.ncsc.mil/tpep/library/rainbow/5200.28-STD.html

[USA_NCSC 1987] United States National Computer Security Center: Trusted Network Interpretation of the Trusted Computer System Evaluation Criteria – Version 1; 31 July 1987, NCSC-TG-005, Library No. S228,526; http://www.radium.ncsc.mil/tpep/library/rainbow/NCSC-TG-005.html

[USA_NCSC 1995] United States National Computer Security Center: Chapter Four – Evaluated Products Listing as of 10 March 1995; die Liste wird fortgeschrieben auf www.radium.ncsc.mil/tpep/epl/index.html

[USA_NIST 1990] United States National Institute of Standards and Technology: Security Requirements for Cryptographic Modules (Draft) – Federal Information Processing Standards Publication 140-1; 13 July 1990; Computer Security Division, Computer Systems Laboratory, NIST

[USA_NIST 1992] United States National Institute of Standards and Technology: Minimum Security Requirements for Multi-User Operating Systems – Issue 2; 07 August 1992; 54 pages; Computer Security Division, Computer Systems Laboratory, NIST; neuere Fassung (März 1993) als NISTIR 5153 erhältlich via http://csrc.ncsl.nist.gov/nistir/ir5153.txt

[USA_NIST 1994] United States National Institute of Standards and Technology: Security Requirements for Cryptographic Modules – Federal Information Processing Standards Publication 140-1; 11 January 1994; 56 pages; Computer Security Division, Computer Systems Laboratory, NIST; http://csrc.ncsl.nist.gov/fips

[USA_NIST_NSA 1992] United States National Institute of Standards and Technology & National Security Agency: Federal Criteria for Information Technology Security – Draft Version 1.0; December 1992, 2 volumes

[Voydock, Kent 1983] Viktor L. Voydock, Stephen T. Kent: Security Mechanisms in High-Level Network Protocols; ACM Computing Surveys 15 (1983), No. 2, June 1983, pp. 135-170

[Ware 1995] Willis H. Ware: A Retrospective on the Criteria Movement; in: 18th National Information Systems Security Conference Compact Disc, 1995, Record 5197-5320

[Weber u.a. 1995] Arnd Weber, Bob Carter, Birgit Pfitzmann, Matthias Schunter, Chris Stanford, Michael Waidner: Secure International Payment and Information Transfer - Towards a Multi-Currency Electronic Wallet; Project CAFE, Conditional Access for Europe; Frankfurt 1995

Anhang B: TK-Funktionalitätsklasse nach ITSEC

Um die in Kapitel 11 vorgenommene Untersuchung der „ITSEC-Funktionalitätsklasse für die Sicherheit von digitalen TK-Anlagen" leichter nachvollziehbar zu machen, wird diese Funktionalitätsklasse im folgenden so wiedergegeben, wie sie in [Mackenbrock 1995] enthalten ist.

ITSEC-Funktionalitätsklasse für die Sicherheit von digitalen TK-Anlagen

Diese Funktionalitätsklasse ist für digitale TK-Anlagen gedacht, für die sehr hohe Anforderungen insbesondere an die Identifizierung und Authentisierung, die Zugriffskontrolle (Steuereinheit) und an die Integrität von Informationen bei der Datenübertragung gestellt werden.

1. Identifizierung und Authentisierung

Für die Ausführung *aller* Aktionen gilt:

1.1   Bei jeder Interaktion muß die Steuereinheit die Identität des Endgerätes feststellen können.

Für die Ausführung sicherheitsrelevanter Aktionen gilt:

1.2   Die Steuereinheit muß Benutzer eindeutig identifizieren und authentisieren. Die Identifizierung und Authentisierung des Systemadministrators muß durch einen geeigneten kombinierten Mechanismus aus Wissen, Besitz oder Merkmal erfolgen (z.B. sowohl Paßwort als auch Chipkarte).

1.3   Jeder Benutzer muß sein eigenes Paßwort jederzeit ändern können. Es muß ein Alterungsmechanismus für alle Administratorpaßwörter vorhanden sein. Die Identifizierung und Authentisierung muß vor jeder anderen Interaktion der Steuereinheit mit dem Benutzer erfolgen. Weitere Informationen dürfen nur nach der erfolgreichen Identifizierung und Authentisierung möglich sein. Die Authentisierungsinformationen müssen so gespeichert sein, daß nur autorisierte Benutzer darauf Zugriff haben. Identifizierung und Authentisierung müssen über einen vertrauenswürdigen Pfad zwischen Benutzer und Steuereinheit abgewickelt werden, initiiert durch den Benutzer.

1.4   Für die Benutzung bestimmter Leistungsmerkmale oder Dienste (z.B. Konferenzschaltung, direktes Ansprechen, Rufweiterschaltung, Mikrofonfreischaltung, Amtsgespräche, Paßwortrücksetzung) ist ein geeigneter Authentisierungsmechanismus erforderlich (insbesondere auch bei Fernbedienung).

2. Zugriffskontrolle

Obligatorische Mechanismen:

2.1   Es wird verlangt, daß die Zugriffskontrolle durch einen einzigen „Referenz-Validierungs-mechanismus" realisiert wird, der das „Referenzmonitor-Konzept" erfüllt, d.h. der Mechanismus ist sicher gegen Veränderungen, immer eingeschaltet und so klein (ausreichend einfach), daß er Analysen und Tests unterzogen werden kann, deren Vollständigkeit garantiert werden kann.

Zugriff auf Steuereinheit:

2.2   Die digitale TK-Anlage muß in der Lage sein, Zugriffsrechte von jedem Benutzer/Endgerät auf Objekte (Dienste, Leistungsmerkmale), die der Rechteverwaltung unterliegen, zu unterscheiden und zu verwalten. Dies geschieht auf der Basis eines einzelnen Benutzers oder der Zugehörigkeit zu einer Benutzergruppe oder beidem. Es muß möglich sein, die Zugriffsrechte zur Unterstützung von Rollen in Gruppen zusammenzufassen. Mindestens die Rollen des Systemadministrators, des Wartungstechnikers, des Endgeräteadministrators, des Administrators für Gebührenabrechnung, des Revisors und des internen und externen Endgerätebenutzers müssen definierbar sein.

2.3   Es muß möglich sein, Benutzern/Endgeräten den Zugriff auf ein Objekt ganz zu verwehren. Daneben muß es ebenfalls möglich sein, den Zugriff eines Benutzers/Endgerätes auf ein Objekt auf nicht-modifizierende Operationen einzuschränken. Es muß möglich sein, für jeden Benutzer/Endgerät einzeln die Zugriffsrechte bzgl. eines Objektes zu erteilen. Nur ein autorisierter Benutzer darf die Möglichkeit haben, Rechte bzgl. eines Objektes zu vergeben oder zu entziehen.

2.4   Für jedes der Rechteverwaltung unterliegende Objekt muß es möglich sein, eine Liste von Benutzern/Endgeräten sowie eine Liste von Benutzergruppen unter Angabe ihrer jeweiligen Zugriffsrechte zu diesem Objekt anzugeben. Daneben muß es für jedes Objekt ebenfalls möglich sein, ein Verzeichnis von Benutzern/Endgeräten sowie eine Liste von Benutzergruppen anzugeben, denen der Zugriff zu diesem Objekt verweigert ist. Die Rechteverwaltung muß die Weitergabe von Zugriffsrechten kontrollieren. Ebenso darf das Einbringen neuer Benutzer/Endgeräte, das Löschen von Benutzern/Endgeräten sowie das zeitweilige Sperren aller Rechte eines Benutzers/Endgerätes nur durch autorisierte Benutzer (Systemadministrator) möglich sein.

2.5   Bei jedem Zugriffsversuch von Benutzern/Endgeräten bzw. Benutzergruppen auf Objekte, die der Rechteverwaltung unterliegen, hat das System die Berechtigung der Anforderung zu überprüfen. Unberechtigte Zugriffsversuche müssen abgewiesen werden.

2.6   Es darf keine bekannten Speicherkanäle geben, die Informationen zwischen Prozessen ohne Prüfung von Zugriffsrechten (d.h. verdeckt) übertragen können und die außerdem eine nichtakzeptabel hohe Bandbreite haben (festgestellt durch aktuelle Messung oder ingenieurmäßige Abschätzung).

2.7   Der Wartungs- und Administratorzugang auf die Steuereinheit darf nur von speziellen Anschlüssen innerhalb des eigenen Anlagenverbundes möglich sein und muß über einen vertrauenswürdigen Pfad erfolgen.

2.8   Die Fernwartung und -administration muß über einen geeigneten Authentisierungs- und Authentifizierungsmechanismus erfolgen, der den Zugang eines Unbefugten erfolgreich verhindert. Bei sicherheitskritischen Ereignissen wie z.B. einer Leitungsunterbrechung muß ein Zwangs-Logout erfolgen. Dieser Zugang muß im Normalfall abgeschaltet sein.

Zugriff auf Endgerät:

2.9   Es muß IT-technische Verfahren geben, die den Austausch oder das Öffnen von Endgeräten erschweren und nachweisen und nach erfolgter Tat alle Leistungsmerkmale sperren (außer normale Telefonie).

2.10   Nichtabschließbare oder sensible Endgeräte müssen vor unberechtigtem Zugang bzw. vor unberechtigter Benutzung hinreichend geschützt sein.

3. Beweissicherung

3.1   Die Steuereinheit muß eine Protokollierungskomponente enthalten, die jedes der folgenden Ereignisse mit den angegebenen Daten verschlüsselt protokolliert.

a) Benutzung des Identifizierungs- und Authentisierungsmechanismus der Steuereinheit. Geforderte Daten: Datum, Uhrzeit, Benutzer-ID; Kennung des Gerätes, an dem der Identifizierungs- und Authentisierungsmechanismus benutzt wurde; Autorisierung des Benutzers.

b) Alle erfolgreichen und erfolglosen Zugriffe aus der Rolle des Systemadministrators oder eines nicht Berechtigten auf ein der Rechteverwaltung unterliegendes Objekt und alle bei diesem Zugriff durchgeführten Aktionen. Geforderte Daten: Datum, Uhrzeit, Benutzer-ID; Bezeichnung des Objektes; Art der Aktion (Solche Aktionen sind z.B. das Einbringen, Zuordnen oder Löschen von Leistungsmerkmalen eines bestimmten Teilnehmers, Zugriff auf Gebührendaten).

c) Alle versuchten Anforderungen von unzulässigen, sicherheitsrelevanten Leistungsmerkmalen und Diensten durch Endgerätebenutzer. Geforderte Daten: Datum, Uhrzeit, Benutzer-ID; Art der Aktion; Kennung des Endgerätes; Art und Inhalt der versuchten Anforderung; Erfolg bzw. Mißerfolg des Versuches.

d) Protokollierung aller Gespräche in öffentliche Netze. (Im Rahmen der Datenschutzbestimmungen - Zweckbindung bei Privatgesprächen). Geforderte Daten: Datum, Uhrzeit, Benutzer-ID; Rufnummer der Gegenstelle; Beginn und Ende; Gebühren

e) Starten und Stoppen des Systems. Geforderte Daten: Datum, Uhrzeit, Benutzer-ID und Autorisierung des Benutzers.

3.2   Für alle oben genannten Aktionen wird die Pflege eines Historie-Log-Files gefordert.

3.3   Die Protokollierungskomponente muß einem Mechanismus unterliegen, der dafür sorgt, daß bei abgeschalteter oder ausgefallener Protokollierungskomponente keines der obengenannten Ereignisse möglich ist mit Ausnahme von Amtsgesprächen für den Notbetrieb.

3.4   Zur Überprüfung der Systemkonfiguration müssen in individuell festgelegten Zeitabständen Kontrollprotokolle erstellt werden. Zusätzlich sollen zur Überprüfung der Systemdaten (Dienste, Leistungsmerkmale) eines sicherheitskritischen Personenkreises Verifikationsprotokolle erstellt werden.

3.5   Der Zugriff auf Protokollinformationen darf nur dem dazu autorisierten Revisor möglich sein.

4. Protokollauswertung

4.1   Es müssen Werkzeuge zur Überprüfung der Protokolldaten zu Revisionszwecken vorhanden und dokumentiert sein. Diese Werkzeuge müssen es ermöglichen, Aktionen sowohl ereignisspezifisch als auch benutzerspezifisch selektiv zu identifizieren. Zusätzlich muß das System in der Lage sein, bekannte Ereignisse zu protokollieren, die ausgenutzt werden können, um einen nichtautorisierten Informationsfluß durch Ausnutzung eines verdeckten Kanals zu erzeugen.

4.2   Daneben muß es einen Mechanismus zur Überwachung von Ereignissen geben, die entweder besonders sicherheitsrelevant sind oder aufgrund der Häufigkeit ihres Auftretens eine kritische Bedrohung der Sicherheit des Systems werden könnten. Dieser Mechanismus muß in der Lage sein, einen speziellen Benutzer bzw. einen Benutzer mit einer speziellen Rolle unverzüglich über das Auftreten solcher Ereignisse zu informieren. Dieser Mechanismus muß daneben auch in der Lage sein, in solchen Fällen selbst geeignete Maßnahmen in die Wege zu leiten, durch welche ein weiteres Auftreten solcher Ereignisse unterbunden wird, der allgemeine Betrieb der digitalen TK-Anlage jedoch nicht beeinträchtigt wird.

5. Wiederaufbereitung

5.1   Alle Speicherobjekte, die der digitalen TK-Anlage wieder zur Verfügung gestellt werden, müssen vor einer Wiederverwendung durch andere Benutzer so aufbereitet werden, daß keine Rückschlüsse auf ihren früheren Inhalt möglich sind.

6. Unverfälschtheit

6.1   Es muß ein Verfahren bereitgestellt werden, das sicherstellt, daß die Systemkonfiguration zur Aufrechterhaltung der Integrität regelmäßig überprüft wird.

6.2   Die Gesamtkonfiguration muß identifizierbar, überprüfbar und gesichert sein (z.B. durch Verschlüsselung).

6.3   Es muß möglich sein, Systemdaten zu klassifizieren, auf die nur der Wartungstechniker Zugriff hat.

7. Anonymität

7.1   Es muß ein klares Konzept für die Anzeige, die Dauer der Speicherung und das Löschen der Identifizierungsnummer und der Rufnummer im Endgerät realisiert sein. Dies betrifft sowohl die Anzeige und Speicherung der Nummer eines eintreffenden Rufes als auch die Weiterleitung der Nummer des Rufenden an eine Gegenstelle.

8. Benutzerinformation

8.1   Die aktuelle Benutzung von sicherheitssensiblen Diensten und Leistungsmerkmalen (z.B. Konferenzschaltung, Rufweiterschaltung, Mikrofonfreischaltung, direktes Ansprechen) muß an allen daran beteiligten Endgeräten deutlich und fortwährend angezeigt werden.

8.2   Nur den jeweils beteiligten Kommunikationspartnern dürfen Daten zu ihrer Identität im Display aktuell angezeigt werden. Die Benutzung von Aufzeichnungsgeräten, und das Zuschalten von Mithöreinrichtungen (z.B. Lautsprecher, weitere Teilnehmer) muß beim Kommunikationspartner angezeigt werden („Zeugen zuschalten").

9. Zuverlässigkeit der Dienstleistung

9.1   Aus Gründen der Verfügbarkeit muß bei einem Stromausfall ein geeigneter Notbetrieb gewährleistet sein.

9.2   Die Blockierung eines Teilnehmers/Endgerätes oder von Amtsleitungen sowie die Reduzierung der Performance durch andere Teilnehmer darf nicht möglich sein.

9.3   Es muß ein geeignetes Verfahren für das Schließen eines freigeschalteten Zugangs zum öffentlichen Netz vorliegen (nach Gesprächsende).

9.4   Das System muß in der Lage sein, unabhängig von seiner momentanen Belastung für bestimmte festgelegte Aktionen eine maximale Reaktionszeit zu garantieren. Außerdem muß für festgelegte Aktionen die Verklemmungsfreiheit (kein dead lock) des Systems gewährleistet sein.

9.5   Das System muß in der Lage sein, den Ausfall bestimmter einzelner Hardwarekomponenten (z.B. einer Platte oder eines einzelnen Prozessors in einem Mehrprozessorsystem) so zu überbrücken, daß alle fortlaufend benötigten Funktionen auch in dem Restsystem kontinuierlich zur Verfügung stehen. Nach Reparatur oder Austausch der ausgefallenen Komponente muß diese wieder so in das System integriert werden können, daß eine kontinuierliche Aufrechterhaltung der fortlaufend benötigten Funktionen gegeben ist. Nach der Integration muß das System wieder den ursprünglichen Grad der Ausfallsicherheit erreicht haben. Für die Dauer eines solchen Reintegrationsprozesses müssen Maximalzeiten eingehalten werden.

10. Übertragungssicherung

10.1   Die elektromagnetische Abstrahlung aller Anlagenteile der TK-Anlage muß hinreichend klein sein.

10.2   Die Fernwartung und -administration muß mit Hilfe geeigneter sicherer Verfahren geschehen (z.B. Ende-zu-Ende-Verschlüsselung).

10.3   Befehle oder Kommandos, die Leistungsmerkmale oder Dienste betreffen, dürfen nur nach der Prüfung der Autorisierung des Anfordernden durch das D-Kanal-Protokoll übertragen werden. Insbesondere dürfen keine Kommandos an Endgeräte weitergereicht werden, die gesperrte Leistungsmerkmal oder Dienste aktivieren können (Filterfunktion).

10.4   Es muß sichergestellt sein, daß D-Kanal-Protokolle externer Benutzer/Teilnehmer überprüft werden, so daß nur die von der digitalen TK-Anlage für externe Benutzer zugelassenen Dienste und Leistungsmerkmale verwendet werden können.

Anhang C: Stichwortverzeichnis

M

N

O

P

Q

R

Anhang D: Abkürzungsverzeichnis

AAWG	Assurance Approaches Working Group
AISEF	Australian Information Security Evaluation Facility
ANS	Autorità Nazionale per la Sicurezza
BMI	Bundesministerium des Innern, Bundesminister des Innern
BND	Bundesnachrichtendienst
BSI	Bundesamt für Sicherheit in der Informationstechnik
CASE	Computer Aided Software Engineering
CB	Certification Body
CC	Common Criteria
CCEB	Common Criteria Editorial Board
CCIB	Common Criteria Implementation Board
CCOR	Common Criteria Observation Report
CD	Committee Draft
CEC	Commission of the European Communities
CEM	Common Evaluation Methodology
CEMEB	Common Evaluation Methodology Editorial Board
CESG	Communications-Electronics Security Group
CLEF	Commercial Licensed Evaluation Facility, Commercial Evaluation Facility
COFC	Commercially Oriented Functionality Class for Security Evaluation
COFRAC	Comité français d'accréditation
CSE	Communications Security Establishment
CSSC	Canadian System Security Center
CTCPEC	Canadian Trusted Computer Product Evaluation Criteria
DEKITZ	Deutsche Akkreditierungsstelle für Informations- und Telekommunikationstechnik (ehemals Deutsche Koordinierungsstelle für IT-Normenkonformitätsprüfung und -zertifizierung)
DIN	Deutsches Institut für Normung
DIN-NI	Normenausschuß Informationsverarbeitungssysteme des DIN
DIS	Draft International Standard

DoC	Department of Commerce
DoD	Department of Defense
DSD	Defence Signals Directorate
DTI	Department of Trade and Industry
EAL	Evaluation Assurance Level
ECITS	Evaluation Criteria for IT Security
ECMA	European Association for Standardizing Information and Communication Systems (ehemals European Computer Manufacturers Association)
EDI	Electronic Data Interchange
EG	Europäische Gemeinschaft
EU	Europäische Union
EVG	Evaluationsgegenstand
FC-ITS	Federal Criteria for Information Technology Security
FIPS	Federal Information Processing Standard (der USA)
GGS	Gütegemeinschaft Software
GI	Gesellschaft für Informatik
GISA	German Information Security Agency
IEC	International Electrotechnical Commission
IPAS	Informatives Personalabrechnungssystem
IS	International Standard
ISDN	Integrated Services Digital Network
ISO	International Organization for Standardization
ISO-ECITS	ISO Evaluation Criteria for IT Security
IT	Informationstechnik, Information Technology
ITSEC	Information Technology Security Evaluation Criteria
ITSEF	Information Technology Security Evaluation Facility
ITSEM	Information Technology Security Evaluation Manual
JEIDA	Japanese Electronic Industry Development Association
JTC	Joint Technical Committee
MRG	Mutual Recognition Group
MSR	Minimum Security Requirements (for Multi-User Operating Systems)

NAMAS	National Measurement Accreditation Service
NATA	National Association of Testing Authorities
NB	National Body
NBS	National Bureau of Standards
NCSC	National Computer Security Center
NIST	National Institute for Standards and Technology
NLNCSA	Netherlands National Communications Security Agency
NPL	National Physical Laboratory
NSA	National Security Agency
PAISY	Personalabrechnungs- und Informationssystem
PC	Personal Computer
PP	Protection Profile
RegTP	Regulierungsbehörde für Telekommunikation und Post
SC	Subcommittee
SCSSI	Service Central de la Sécurité des Systèmes d'Information
SigG	Gesetz zur digitalen Signatur (Signaturgesetz)
SigV	Verordnung zur digitalen Signatur (Signaturverordnung)
ST	Security Target
TCB	Trusted Computing Base
TCSEC	Trusted Computer Security Evaluation Criteria
TEF	TTAP Evaluation Facility
TEMPEST	Transient ElectroMagnetic Pulse Emanation Standard
TK	Telekommunikation
TOE	Target of Evaluation
TPEP	Trusted Product Evaluation Program
TTAP	Trust Technology Assessment Program
TÜV	Technischer Überwachungsverein
UCSi	Ufficio Centrale per la Sicurezza
UK	United Kingdom
UKAS	United Kingdom Accreditation Service
U.S.	United States (of America)

USISS	U.S. Information Security Standard
WD	Working Draft
WG	Working Group
ZfCh	Zentralstelle für das Chiffrierwesen
ZSI	Zentralstelle für Sicherheit in der Informationstechnik
ZSISC	ZSI Security Criteria

IT-Sicherheit
Grundlagen und Umsetzung in der Praxis

von Rolf Oppliger

1997. XXIV, 541 S. (DuD-Fachbeiträge; hrsg. von Pfitzmann, Andreas/ Reimer, Helmut/ Rihaczek, Karl/ Roßnagel, Alexander) Br. DM 98,00 ISBN 3-528-05566-9

Aus dem Inhalt: Kryptologische Grundlagen, Kryptosysteme - Anwendungen, Schlüsselverwaltung - Allgemeine Schutzmaßnahmen - Zugangs- und Zugriffskontrollen - Evaluation und Zertifikation - Softwareanomalien und -manipulationen - Offene Systeme, lokale Netze und Weitverkehrsnetze - Internet, elektronische Nachrichtenvermittlungssysteme - Authentifikations- und Schlüsselverteilsysteme

Das Buch bietet eine umfassende und aktuelle Einführung in das Gebiet der IT-Sicherheit. In drei getrennten Teilen werden Fragen der Kryptologie, bzw. der Computer- und Kommunikationssicherheit thematisiert. Der Leser wird dabei schrittweise in die jeweiligen Sicherheitsprobleme eingeführt und mit den zur Verfügung stehenden Lösungsansätzen vertraut gemacht.

Das Buch kann sowohl zum Eigenstudium als auch als Begleitmaterial für entsprechende Vorlesungen, Kurse und Seminare verwendet werden.